内蒙古电力科学研究院　组织编著
张志勇　武 洁　高正平　等编著

燃煤电厂
非常规污染物的测试与控制

RANMEI DIANCHANG
FEICHANGGUI WURANWU DE
CESHI YU KONGZHI

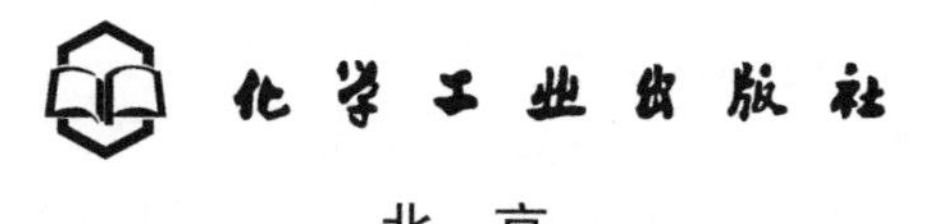

·北　京·

内 容 简 介

非常规污染物的综合治理已经成为燃煤电厂环保从业人员关注的研究重点。

本书根据国家最新环保政策，重点介绍了电力行业环保发展概况，燃煤电厂污染物概述，燃煤电厂三氧化硫的产生、测试及控制，燃煤电厂氨的产生、测试及控制，燃煤电厂可凝结颗粒物的产生、测试及控制，燃煤电厂其他非常规污染物的产生、测试及控制，燃煤电厂有色烟羽控制，有色烟羽治理技术的后评价等内容。

本书不仅适合燃煤电厂环保技术人员、科研人员和管理人员阅读，也可供高等学校环境工程、环境科学、煤化工、电力工程等相关专业的师生参考。

图书在版编目（CIP）数据

燃煤电厂非常规污染物的测试与控制/内蒙古电力科学研究院组织编著；张志勇等编著. —北京：化学工业出版社，2020.12

ISBN 978-7-122-37809-5

Ⅰ.①燃…　Ⅱ.①内…②张…　Ⅲ.①燃煤发电厂-烟气排放-大气污染物-污染控制　Ⅳ.①X773.01

中国版本图书馆CIP数据核字（2020）第183926号

责任编辑：卢萌萌　　加工编辑：王文莉　陈小滔

责任校对：李　爽　　装帧设计：史利平

出版发行：化学工业出版社（北京市东城区青年湖南街13号　邮政编码100011）

印　　装：天津盛通数码科技有限公司

787mm×1092mm　1/16　印张14　字数333千字　2021年9月北京第1版第1次印刷

购书咨询：010-64518888　　售后服务：010-64518899

网　　址：http://www.cip.com.cn

凡购买本书，如有缺损质量问题，本社销售中心负责调换。

定　　价：98.00元

版权所有　违者必究

《燃煤电厂非常规污染物的测试与控制》
编 委 员

主　任：张叔禹

副主任：刘永江　张振民　禾志强

编　委：张志勇　武　洁　高正平　刘显丽　张文平
　　　　张　晗　李　霞　王　猛　杨学宝　那　钦
　　　　姜　冉　陈媛媛

前言

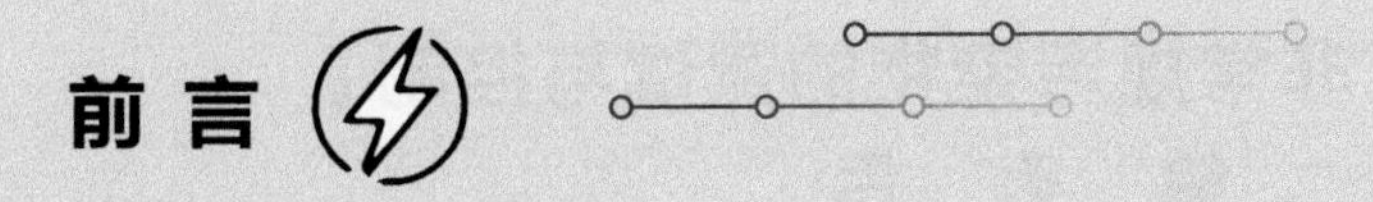

我国是一个多煤少油的国家，煤炭在我国一次能源结构中处于主导地位。我国的一次能源消费中，火力发电量占据总发电量的63.7%，用于发电的原煤在煤炭的消费总量中占比超过50%，燃煤火力发电厂是排放大气污染物的重要排放源。2014年9月1日，我国针对主要污染排放源——火电燃煤机组，提出“超低排放改造”政策，污染物的排放限值严于各国现行标准。经过不断的探索与努力，2014～2019年间我国火电行业污染物排放量呈显著下降趋势。然而，在“后超低”时代，对于新增的超低排放设备对非常规污染物的脱除方面的研究，目前，国内并没有太多的现场测试数据与研究。

本书以燃煤电厂非常规污染物为主线，围绕各污染物的产生、测试、控制进行各个方面的评价和阐述，详细介绍了燃煤电厂烟气中三氧化硫、氨、可凝结颗粒物、重金属、VOCs的产生机理、污染物危害、测试方法及控制技术。

本书从燃煤电厂常规污染物的产生、排放、治理到非常规污染物（三氧化硫、氨、可凝结颗粒物、其他非常规污染物）的产生、排放、治理，再到有色烟羽的控制、治理、后评价等进行了全面、系统的阐述，并结合应用实例，对有色烟羽的治理改造进行经济性、环境效益分析，针对目前有色烟羽存在的不足给出建议。书中还介绍了电力行业环保最新相关法律法规及标准。

本书立足于燃煤电厂非常规污染物的产生、测试与控制这个点，围绕形成机理与控制技术，着重阐述各污染物的来源、危害、测试方法。

本书共分8章。第1章介绍了电力行业现行环保政策与相关制度。第2章详细介绍了燃煤电厂常规污染物的排放情况、治理现状。第3～6章主要探讨燃煤电厂非常规污染物的产生、测试及控制。第7、8章是对有色烟羽进行介绍，并结合改造实例，对有色烟羽治理技术进行后评价，给出相关建议。

本书由内蒙古电力科学研究院组织编著，张志勇、武洁、高正平等编著，刘显丽、张文平、张晗、李霞、王猛、杨学宝、那钦、姜冉、陈媛媛也参与了书稿的编著工作。本书在编写过程中，得到了内蒙古电力（集团）有限责任公司相关领导，生态环境部环境工程评估中心、内蒙古电力科学研究院领导和同事的大力支持和帮助。本书既可以为从事燃煤电厂环保运行和管理人员提供技术指导，也可作为相关专业学生的参考书籍，具有较强的理论性、实用性和可操作性。

本书参阅了许多近年来我国电力、环保、化工等领域专家及专业技术人员撰写的报告、文献、总结资料，在此一并表示感谢！

限于编著者水平，书中难免存在疏漏和不足之处，恳请读者批评指正！

编著者

目录

第1章 电力行业环保发展的概况

1.1 电力行业环保发展概述

煤炭是我国的主要能源。据统计，我国一次能源消费构成中，煤炭消耗大约占总能源量的66%，预计到2050年，这一比例仍将占50%以上。但是，由于煤炭资源属于不可再生资源，并且燃烧过程中会产生大量的二氧化碳、二氧化硫等有毒有害污染物对环境造成污染。因此，采用新技术降低煤炭消耗量、减少煤炭燃烧过程中产生的污染物成为了实现煤炭资源可持续发展和利用的重要课题。

目前火电厂锅炉热效率利用率不高的主要原因是煤炭燃烧不完全造成锅炉的能量损失。按当前煤炭产量计算，如果使煤炭热效率提高8%左右，我国每年将节煤2亿吨，减排10%，其工业产值可达千亿元以上。同时，火力发电也是重要的排污行业之一，是烟尘、二氧化硫、氮氧化物等大气污染物排放的主要来源。二氧化硫和氮氧化物排放量仍占全国排放总量的40%以上，并且随着我国能源需求的不断增长，火电行业二氧化硫、氮氧化物及烟尘排放还将不断增加。因此，若火电厂大气污染物排放得不到有效控制，将直接影响我国大气环境质量的改善和电力工业的可持续和健康发展。为控制火电厂大气污染物排放，近年来我国采取了发展清洁发电技术，降低发电煤耗，淘汰落后产能，强化节能减排，关停小火电机组，推进电力工业结构调整等一系列重要措施，并取得了显著成效。

现行的《火电厂大气污染物排放标准》（GB 13223—2011）是基于环境保护工作要求，对烟尘、二氧化硫和氮氧化物的排放提出了较上一版标准更为严格的要求。随着时间的推移，该标准的内容已经不能适应当前和今后国家经济社会发展和环境保护的需要：一是部分污染物排放限值已经滞后于技术经济条件的发展，对于行业技术进步的促进作用在不断减弱；二是污染物指标体系已不能完全适应新的环境保护形势，未将火电行业的特征污染物有毒重金属、非常规污染物等纳入指标体系；三是环境保护新举措对污染物排放监控方式和标准体系提出了新的要求，开展区域大气污染联防联控工作，需要制定实施重点行业大气污染物特别排放限值；四是国家环境保护目标的新变化要求排放标准做出响应，国家“十三五”规划将氮氧化物增设为总量控制污染物，并规定了减排目标，标准中的氮氧化物等污染物排放控制水平有必要根据规划做出调整。我国已经进入经济发展新常态、生态文明建设新阶段、能源生产和消费革命的新时期。未来一段时期，我国将大力推进经济转型升级，加快化解产能过剩，限产关停高耗能产业，第三产业比例将持续上升，电力需求增速减缓。经济新常态下的电力工业发展，与各行各业一样，需要正确认识新常态，主动适应新常态，积极引领新常态。据国家能源局发布的数据统计，在电网容量不断扩大及电源结构不断调整的背景下，全国火电设备平均利用小时数持续下降。2015 年底全国火电装机容量 9.9×10^8kW，火电设备平均利用小时数为 4329h，同比降低 410h，是 1978 年以来的最低水平；2016 年 9 月末，全国 6000kW 及以上电厂火电装机容量 10.3×10^8kW，前三季度火电设备平均利用小时数为 3071h，是 2005 年以来同期最低水平；2017 年底全国火电装机容量 1.1×10^9kW，火电设备平均利用小时数为 3786h，同比降低 11h；2018 年底全国火电装机容量 1.14×10^9kW，火电设备平均利用小时数为 3862h，同比降低 73h；2019 年底全国火电装机容量 1.19×10^9kW，火电设备平均利用小时数为 3825h，同比降低 54h。大型火电机组参与深度调峰，持续低负荷工况运行，对机组安全、环保、经济性等方面提出了更高的要求。

在当前经济、社会、环境发展的新形势下，火力发电尤其是燃煤发电面临新的挑战。在电力发展过程中，环境保护法律法规对行业发展的引导和约束作用越来越强。我国目前已经制定了环保相关的法律 9 部，颁布了环境保护行政法规 50 余项，环境保护部门规章和规范性文件近 200 件。日趋严格的环保法律法规总体上促进了电力环保工作，提高了污染治理水平，推动了结构调整，加大了电力行业环保投入，自从“十二五”期间以来，我国陆续出台了一系列大气污染物治理的法规及政策，近些年已引起足够重视。

随着脱硫脱硝除尘技术和设备的发展，以及全球环境问题的日益突出，我国的烟气排放标准会越来越健全，要求也会越来越高。对火电企业而言，新标准对火电企业大气污染物排放限值更加严格，提高了火电行业环保的准入门槛，有利于推动火电行业排放强度降低，加快火电行业发展方式转变和产业结构优化调整，促进电力工业可持续和健康发展。

1.2 电力行业现行环保政策与制度

1.2.1 国家政策与制度

目前火电厂污染物排放要求越来越严格。为落实加快推动能源生产和消费革命，进一步提升火电厂高效清洁发展水平的要求，火电厂超低排放改造已在全国各地区稳步推进。自 2011 年，新版《火电厂大气污染物排放标准》《煤电节能减排升级与改造行动计划（2014—2020 年）》等多项政策的颁布，明确要求东部地区新建燃煤发电机组大气污染物排放浓度基本达到燃气轮机组排放限值［烟尘$\leqslant$10mg/m^3（6%O_2）、$SO_2\leqslant$35mg/m^3（6%O_2）、$NO_x\leqslant$50mg/m^3（6%O_2）］。在超低排放改造发展的背景下，火电厂污染物排放限值越来越低。国家发改委、国家环境保护部在 2014 年 3 月，联合印发了《燃煤发电机组环保电价及环保设施运行监管办法》。燃煤发电厂在上网电价基础上执行脱硫、脱硝和除尘电价加价等环保电价政策。

2015 年 3 月超低排放首次正式出现在政府文件中，两会通过的政府工作报告中要求“加强煤炭清洁高效利用，推动燃煤电厂超低排放改造”。2015 年 12 月国务院常务会议决定，在 2020 年前，对燃煤机组全面实施超低排放和节能改造，东、中部地区提前至 2017

年和 2018 年完成。此后，国家发改委出台了超低排放环保电价政策，环境保护部（现生态环境部）、国家发改委、能源局联合印发《全面实施燃煤电厂超低排放和节能改造工作方案》（环发［2015］164 号），将“燃煤电厂超低排放与节能改造”提升为国家专项行动。2020 年，全国所有具备改造条件的燃煤电厂已实现超低排放（即在基准含氧量 6%的条件下，烟尘、SO_2、NO_x 排放浓度分别不高于 $10mg/m^3$、$35mg/m^3$、$50mg/m^3$）。同时，继续完善超低排放监测手段、监管、技术标准体系，制定燃煤电厂超低排放环境监测评估技术规范。在相关配套政策方面，首先继续执行电价补贴政策及超低排放环保电价，给予发电量奖励，至 2018 年以后逐步统一和降低标准；落实排污费激励政策，根据污染物排放浓度，落实减半征收排污费政策；财政支持方面，中央财政已有的大气污染防治专项资金，向节能减排效果好的区域适度倾斜；信贷融资方面，开发银行和其他金融机构对燃煤电厂超低排放和节能改造项目继续给予优惠信贷。

2016 年 5 月，国务院印发了《土壤污染防治行动计划》，为切实加强土壤污染防治，逐步改善土壤环境质量，提出明确的要求、工作目标及主要指标。“十三五”期间，将逐渐建立土壤环境基础数据库，构建全国土壤环境信息化管理平台，研究制定土壤污染防治地方性法规，也陆续出台土壤环境质量标准。2016 年 1 月 1 日新修订的《中华人民共和国大气污染防治法》施行，推行区域大气污染联合防治，对颗粒物、二氧化硫、氮氧化物、挥发性有机物、氨氮等大气污染物和温室气体实施协同控制。2016 年 11 月，国务院办公厅印发的《控制污染物排放许可制实施方案》指出，到 2020 年，完成覆盖所有固定污染源的排污许可证核发工作，全国排污许可证管理信息平台有效运转，各项环境管理制度精简合理、有机衔接，企事业单位环保主体责任得到落实，基本建立法规体系完备、技术体系科学、管理体系高效的排污许可制度，对固定污染源实施全过程管理和多污染物协同控制，实现系统化、科学化、法治化、精细化、信息化的“一证式”管理。2016 年 12 月 25 日，十二届全国人大常委会第二十五次会议表决通过了《中华人民共和国环境保护税法》（简称《环境保护税法》）。作为我国第一部推进生态文明建设的单行税法，《环境保护税法》将于 2018 年 1 月 1 日起施行，征税对象和范围与现行排污费的征收对象和范围基本相同，为直接向环境排放的大气、水、固体和噪声等四类污染物。为贯彻《中华人民共和国环境保护法》，改善环境质量，保障人体健康，完善环境技术管理体系，推动污染防治技术进步，环境保护部组织制定了《火电厂污染防治技术政策》，于 2017 年 1 月 10 日公布，同年 6 月 1 日环境保护部实施《火电厂污染防治可行技术指南》，11 月 6 日《排污许可管理办法（试行）》由环境保护部部务会议审议通过并公布。2018 年 1 月 15 日，环境保护部发布了《关于京津冀大气污染传输通道城市执行大气污染物特别排放限值的公告》，要求火电、钢铁、石化、化工、有色（不含氧化铝）、水泥行业以及锅炉等排放标准中已有特别排放限值要求的现有企业，自 2018 年 10 月 1 日起，执行二氧化硫、氮氧化物、颗粒物和挥发性有机物特别排放限值。2019 年 6 月生态环境部印发了《重点行业挥发性有机物综合治理方案》，明确了石化、化工、工业涂装、包装印刷、油品储运销、工业园区和产业集群这 7 个重点行业的治理对策，强调要完善相关的标准体系，强化监测监控和监督执法以保障方案的实施。2019 年 11 月 12 日《危险废物鉴别标准通则》（GB 5085.7—2019）修订完善，修改了危险废物混合后判定规则，修改了针对具有毒性危险特性的危险废物利用过程的判定规则，自 2020 年 1 月 1 日起实施。2019 年 11 月 13 日《危险废物鉴别技术规范》（HJ 298—2019）修订完善，此次修订扩大了适用范围，优化技术要求，完善鉴别程序，进一步细化了危险废物鉴别的采样对象、份样数、采样方法、样品检测、检测结果判断等技术要求；增加了环境事件涉及的固体废物危险特性鉴别的采样、检测、判断等技术要求，自 2020 年 1 月 1 日起实施。《生活垃圾焚烧发电厂自动监测数据应用管理规定》2020 年 1 月 1 日起施行，明确了自动监测数据可用于环境执法，提出了自动监测数据超标判断和处理，确定了焚烧炉炉温不达标的判定和处理。

面对推进生态文明建设、落实新《环境保护法》、推进环境治理体系及环境保护管理战略转型的新形势，我国电力环保行业发展面临重大战略机遇与挑战。

1.2.2 地方政策与制度

(1) 北京市

2014 年，北京市将划定生态保护红线、实行严格保护写入《环境保护法》。2015 年，将划定并严守生态保护红线相继写入中共中央、国务院《关于加快推进生态文明建设的意见》和《生态文明体制改革总体方案》。2017 年 2 月，中共中央办公厅、国务院办公厅印发《关于划定并严守生态保护红线的若干意见》，对划定和严守生态保护红线做出全面部署。2017 年 9 月，中共中央、国务院批复《北京城市总体规划（2016—2035 年）》，要求强化生态底线管理，以资源环境承载力为硬约束，倒逼城市转型发展；设置城市开发边界和生态控制线，实施两线三区空间管控；划定并严守生态保护红线，强化刚性约束。北京市委、市政府高度重视生态环境保护和建设工作，坚定不移贯彻新发展理念，将划定和严守生态保护红线作为本市生态文明建设的重要内容予以推进。2017 年，编制完成《北京市生态保护红线划定方案》。2018 年 2 月，获得国务院批准同意。

(2) 山东省

随着环保政策和法律法规日趋严格和不断地更新，适应新的环保形势的发展，山东省第十三届人民代表大会常务委员会第十五次会议通过《山东省土壤污染防治条例》，2020 年 1 月 1 日起施行。违反本条例规定，构成违反治安管理行为的，由公安机关依法给予治安管理处罚；构成犯罪的，依法追究刑事责任。山东省市场监管局、省生态环境厅联合发布《关于进一步加强生态环境监测（检测）机构监督管理的通知》，要求夯实检测机构主体责任，落实企业委托把关原则。2020 年 1 月 1 日起，未满足《检验检测机构资质认定生态环境监测机构评审补充要求》（国市监检测［2018］245 号），未获得生态环境监测机构资质认定的，不得从事生态环境监测（检测），生态环境部不再认可其出具的生态环境监测（检测）数据和报告。2020 年 1 月 1 日起，山东省所有锅炉或燃气轮机组执行《火电厂大气污染物排放标准》（DB 37/664—2019）排放浓度限值。《青岛市生活垃圾分类管理办法》自 2020 年 1 月 6 日起正式实施。2019 年 10 月 24 日东营市第八届人民代表大会常务委员会第 22 次会议通过《东营市大气污染防治条例》，2019 年 11 月 29 日山东省第十三届人民代表大会常务委员会第十五次会议批准，2020 年 1 月 1 日起施行。除以上政策法规标准外，为了更好地适应新形势下环境保护发展的要求，山东省还对挥发性有机物排放标准、流域水污染综合排放标准、饮用水水源地保护条例等多项标准与措施进行了修订与更新，并于 2020 年 1 月 1 日起实施。

(3) 天津市

天津市环保局全面开展燃煤锅炉及重点行业大气污染综合治理，2019 年 10 月 1 日起，准予保留的非发电用途燃煤锅炉全面执行大气污染物特别排放限值，同年 10 月底前，所有燃煤发电机组完成超低排放改造；2019 年 11 月 1 日起，燃煤发电机组排放的颗粒物、二氧化硫、氮氧化物达到超低排放限值要求；2019 年 10 月 1 日起，钢铁行业排放的颗粒物、二氧化硫、氮氧化物执行国家大气污染物特别排放限值要求；2019 年 11 月 1 日起，水泥、铝工业排放的颗粒物、二氧化硫、氮氧化物执行国家大气污染物特别排放限值要求；2019 年 11 月 1 日起，石化行业排放的颗粒物、二氧化硫、氮氧化物和挥发性有机物（VOCs）执行国家大气污染物特别排放限值要求，同时满足天津市地方标准中对苯、甲苯、二甲苯和 VOCs 排放限值要求。2019 年 12 月 11 日，天津市十七届人大常委会第十五次会议表决通过《天津市土壤污染防治条例》，2020 年 1 月 1 日起施行。

(4) 上海市

上海出台了《清洁空气行动计划（2018—2022 年）》，为未来 5 年的大气治理勾勒了蓝图。行动计划共梳理主要措施 131 项，包括六大领域治理措施 88 项，保障措施 43 项。河南省污染防治攻坚战领导小组办公室发布《关于印发河南省 2019—2020 年秋冬季大气污染综合治理攻坚行动方案的通知》。要求根据《2019 年全国生态环境监测方案》及《2019 年国家大气颗粒物组分监测方案》具体要求，按照省生态环境厅统一安排。

(5) 安徽省

2019 年 1 月，安徽省组织开展了大气颗粒物组分监测工作。2019 年 4 月，生态环境部、国家发改委等部门联合发布《关于推进实施钢铁行业超低排放的意见》，拉开了全国非电行业实施超低排放改造的序幕。之后，多个地方政府出台实施钢铁行业超低排放更加细化的措施。

(6) 山西省

2011 年 1 月 1 日起《山西省减少污染物排放条例》正式实施。作为全国首个地方性污染减排环保法规，对污染减排进行了详尽的细化，重点对大气、水体、固体废物、噪声 4 方面规定了严格的减排措施，具有很强的针对性和可操作性。2019 年 11 月 29 日山西省第十三届人民代表大会常务委员会第十四次会议通过《山西省土壤污染防治条例》，2020 年 1 月 1 日起施行。

(7) 内蒙古自治区

内蒙古自治区第十三届人民代表大会常务委员会第十六次会议通过《内蒙古自治区水

污染防治条例》，2019 年 11 月 28 日公布，自 2020 年 1 月 1 日起施行。2019 年 6 月 27 日鄂尔多斯市第四届人民代表大会常务委员会第十三次会议通过《鄂尔多斯市大气污染防治条例》，2019 年 8 月 1 日内蒙古自治区第十三届人民代表大会常务委员会第十四次会议批准，自 2020 年 1 月 1 日起施行。防治大气污染，应当以改善大气环境质量为目标，遵循规划先行、源头治理、预防为主、防治结合、区域联动、公众参与、损害担责的原则，建立全社会共同治理的科学防治机制。

(8) 浙江省

2019 年 9 月 27 日浙江省第十三届人民代表大会常务委员会第十四次会议通过《浙江省农村生活污水处理设施管理条例》，自 2020 年 1 月 1 日起施行。

(9) 广东省

2019 年 11 月 22 日，广东省级地方标准《农村生活污水处理排放标准》（DB 44/2208—2019）发布，自 2020 年 1 月 1 日起实施。

1.3 相关标准

为贯彻《中华人民共和国环境保护法》等法律法规，防治火电厂排放废气、废水、噪声、固体废物等造成的污染，改善环境质量，保护生态环境，促进火电行业健康持续发展及污染防治，国家相应出台了许多标准和规范。本章总结了关于火电厂的部分标准和规范，包括火电机组调试、验收、管理方面的标准；除尘、脱硫、脱硝验收、测试方面的标准；废水、固体废物处理、噪声等相关标准。以便参考，如下所列。

1.3.1 公用部分标准

《火力发电建设工程启动试运及验收规程》（DL/T 5437—2009）

《火力发电建设工程机组调试质量验收及评价规程》（DL/T 5295—2013）

《锅炉启动调试导则》（DL/T 852—2016）

《火电工程达标投产验收规程》（DL/T 5277—2012）

《火电厂环境监测管理规定》（DL/T 382—2010）

《火电厂环境监测技术规范》（DL/T 414—2012）

《火力发电厂环保设施运行状况评价技术规范》（DL/T 362—2016）

《火力发电厂燃料试验方法　第 5 部分：煤粉细度的测定》（DL/T 567.5—2015）

《电力环境保护技术监督导则》（DL/T 1050—2016）

《固定污染源烟气（SO_2、NO_x、颗粒物）排放连续监测技术规范》（HJ 75—2017）

《固定污染源烟气（SO_2、NO_x、颗粒物）排放连续监测系统技术要求及检测方法》（HJ 76—2017）

《火电厂建设项目环境影响报告书编制规范》（HJ/T 13—1996）

《污染源在线自动监控（监测）数据采集传输仪技术要求》（HJ 477—2009）
《环境空气质量标准》（GB 3095—2012）
《火电厂大气污染物排放标准》（GB 13223—2011）
《煤灰成分分析方法》（GB/T 1574—2007）
《制定地方大气污染物排放标准的技术方法》（GB/T 3840—1991）
《固定污染源排气中颗粒物测定与气态污染物采样方法》（GB/T 16157—1996）
《质量管理体系要求》（GB/T 19001—2016）
《环境管理体系要求及使用指南》（GB/T 24001—2016）
《职业健康安全管理体系要求》（GB/T 28001—2011）
《工作场所空气中硫化物的测定方法》（GB/Z-T 160.33—2004）
《室内空气质量标准》（GB/T 18883—2020）
《电业安全工作规程 第一部分：热力和机械》（GB 26164.1—2010）

1.3.2 除尘部分标准

《袋式除尘器安装技术要求与验收规范》（JB/T 8471—2010）
《脉冲喷吹类袋式除尘器》（JB/T 8532—2008）
《回转反吹类袋式除尘器》（JB/T 8533—2010）
《电除尘器性能测试方法》（GB/T 13931—2017）
《湿式除尘器性能测定方法》（GB/T 15187—2017）
《除尘器术语》（GB/T 16845—2017）
《火力发电厂锅炉烟气袋式除尘器滤料滤袋技术条件》（DL/T 1175—2012）

1.3.3 脱硫部分标准

《湿法烟气脱硫工艺性能检测技术规范》（DL/T 986—2005）
《火电厂石灰石一石膏湿法脱硫废水水质控制指标》（DL/T 997—2006）
《湿法烟气脱硫工艺性能检测技术规范》（DL/T 986—2016）
《火电厂石灰石/石灰—石膏湿法烟气脱硫系统运行导则》（DL/T 1149—2010）
《火电厂烟气脱硫装置验收技术规范》（DL/T 1150—2012）
《石灰石-石膏湿法烟气脱硫系统化学及物理特性试验方法》（DL/T 1483—2015）
《湿法烟气脱硫工艺性能检测技术规范》（DL/T 986—2016）
《石灰石-石膏湿法烟气脱硫装置性能验收试验规范》（DL/T 998—2016）
《火力发电厂脱硫装置技术监督导则》（DL/T 1477—2015）
《火电厂烟气脱硫装置可靠性评定导则》（DL/T 1158—2012）
《燃煤烟气脱硫设备性能测试方法》（GB/T 21508—2008）
《火电厂烟气脱硫工程技术规范　烟气循环流化床法》（HJ/T 178—2018）
《火电厂烟气脱硫工程技术规范 石灰石、石灰-石膏法》（HJ/T 179—2005）
《燃煤烟气电石渣湿法脱硫设备》（JB/T 11648—2013）

1.3.4 脱硝部分标准

《火电厂烟气脱硝（SCR）系统运行技术规范》（DL/T 335—2010）
《燃煤电厂烟气脱硝装置性能验收试验规范》（DL/T 260—2012）
《火电厂烟气脱硝技术导则》（DL/T 296—2011）
《火电厂烟气脱硝（SCR）装置检修规程》（DL/T 322—2010）
《火电厂烟气脱硝（SCR）系统运行技术规范》（DL/T 335—2010）
《火电厂烟气脱硝催化剂检测技术规范》（DL/T 1286—2013）
《火电厂烟气脱硝工程施工验收技术规程》（DL/T 5257—2018）
《火电厂烟气脱硝技术导则》（DL/T 296—2011）
《燃煤烟气脱硝技术装备》（GB/T 21509—2008）
《火电厂烟气脱硝工程技术规范 选择性催化还原法》（HJ 562—2010）
《火电厂烟气脱硝工程技术规范 选择性非催化还原法》（HJ 563—2010）
《燃煤烟气净化 SCR 脱硝流场模拟试验技术规范》（JB/T 12131—2015）

1.3.5 噪声部分标准

《工业企业厂界环境噪声排放标准》（GB 12348—2008）
《社会生活环境噪声排放标准》（GB 22337—2008）
《建筑施工场界环境噪声排放标准》（GB 12523—2011）
《城市轨道交通车站站台声学要求和测量方法》（GB 14227—2006）
《声环境质量标准》（GB 3096—2008）

1.3.6 水质部分标准

《地表水环境质量标准》（GB 3838—2002）
《地下水环境质量标准》（GB 14848—2017）
《海水水质标准》（GB 3097—1997）
《农田灌溉水质标准》（GB 5084—2005）
《生活饮用水卫生标准》（GB 5749—2006）
《火力发电厂水汽分析方法》（DL/T 502.1—2006）
《火电厂排水水质分析方法》（DL/T 938—2005）

1.3.7 土壤、固体废物、污泥、生活垃圾部分标准

《土壤环境质量标准》（GB 15618—2008）
《固体废物　浸出毒性浸出方法　醋酸缓冲溶液法》（HJ/T 300—2007）
《固体废物　浸出毒性浸出方法　翻转法》（GB 5086.1—1997）

《固体废物　浸出毒性浸出方法　硫酸硝酸法》（HJ/T 299—2007）
《危险废物鉴别标准　浸出毒性鉴别》（GB 5085.3—2007）
《危险废物鉴别标准　反应性鉴别》（GB 5085.5—2007）
《农用污泥中污染物控制标准》（GB 4284—2018）
《生活垃圾焚烧污染控制标准》（GB 18485—2014）
《生活垃圾填埋场污染控制标准》（GB 16889—2008）
《危险废物焚烧污染控制标准》（GB 18484—2020）
《危险废物填埋污染控制标准》（GB 18598—2019）
《危险废物贮存污染控制标准》（GB 18597—2001）（2013 年修订）
《一般工业固体废物贮存处置场污染控制标准》（GB 18599—2001）

第2章 燃煤电厂污染物概述

2.1 常规污染物

2.1.1 常规污染物概述

受行业、能源消费结构等因素的影响，大气污染物排放情况和特征有所不同。燃煤电厂常规大气污染物的特点如下：①属于电厂一次污染物；②煤炭燃烧过程中直接产生的；③排放量大（即未经过除尘、脱硫、脱硝处理设施处理前的排放量）。同时满足以上三项特征的污染物为燃煤电厂常规污染物。燃煤电厂排入大气的常规污染物主要是指烟尘、二氧化硫（SO_2）、氮氧化物（NO_x）。

(1) 烟尘

排入大气的污染物种类很多，按照其在大气中存在的形态，可分为颗粒污染物与气态污染物，而污染物主要来源于自然过程和人类活动。大气颗粒物指除气体之外的所有包含在大气中的物质，包括各种各样的固体或液体气溶胶。气溶胶指沉降速度可以忽略的小固体粒子、液体粒子或它们在气体介质中的悬浮体系，一般粒径分布在100～10000nm之间。气溶胶根据其产生原理和状态的差异，主要有自然形成的气溶胶和人类活动产生的气溶胶，如烟尘、灰尘、雾等。

烟尘是指在燃料的燃烧、高温熔融和化学反应等过程中形成的且飘浮于大气中的颗粒物。烟尘的粒子粒径很小，一般小于1μm。它包括了因升华、焙烧、氧化等过程所形成的烟气，也包括了燃料不完全燃烧所造成的黑烟和飞灰，以及由于蒸汽的凝结所形成的烟雾。超低排放改造后，燃煤电厂排放烟气中的烟尘实际上是指颗粒物，不仅包括未被除尘器捕捉去除的烟尘，还包括脱硝、脱硫过程中产生且未被捕集的衍生物，如石膏、雾滴等，这些物质在现场监测过程中是难以严格区分的。

烟尘主要来源于燃料中的灰分，其主要成分是铝（Al）、硅（Si）、钙（Ca）、铁（Fe）、镁（Mg）等地壳元素，不完全燃烧产生的黑碳、碳氢化合物、铅（Pb）、镉（Cd）、铬（Cr）、汞（Hg）、砷（As）等重金属元素，以及硫酸盐、硝酸盐等二次粒子。

烟尘由于其粒径小，比表面积大，吸附力强，长期飘浮在空中，可吸附空气中大量有害物质，如金属粉尘、病原微生物、致癌物等，被人体吸入到体内，会造成呼吸系统、免疫系统、神经系统及生长发育系统等的损伤，严重时会导致人体组织、器官受损，甚至致畸、致癌。其次由于 PM_{10} 和 $PM_{2.5}$ 对光的散射、吸收效应等，影响空气能见度。另外，颗粒物飘浮在大气层中，直接阻挡抵达地球表面的太阳光通量，造成地表空气温度降低，高空的空气温度增高，影响空气垂直对流。

燃煤烟尘是大气中最主要的一次颗粒物，是 $PM_{2.5}$ 的主要来源，由于 $PM_{2.5}$ 严重影响大气能见度，燃煤烟尘也就成为大气中霾产生的重要原因。黑碳作为烟尘中的重要组分，既是大气污染物，也是重要的温室气体，目前也引起了大气科学界的广泛关注。

(2) 二氧化硫

二氧化硫（SO_2）常温下为无色有刺激性气味的有毒气体，密度比空气大，易液化，易溶于水（约为1∶40），密度2.551g/L（气体，20℃下），熔点：－72.4℃（200.75K），沸点：－10℃（263K）。火山喷发时会喷出该气体，在许多工业过程中也会产生 SO_2。人为活动是造成 SO_2 大量排放的主要原因。由于煤和石油通常都含有硫元素，因此燃烧时会生成 SO_2。SO_2 溶于水中，会形成亚硫酸（酸雨的主要成分）。若把 SO_2 进一步氧化，通常在催化剂（如 NO_2）的存在下，便会生成硫酸，进而污染区域环境，导致酸沉降。

SO_2 是大气中的主要污染物之一。世界上有很多城市发生过受 SO_2 危害的严重事件，使很多人中毒或死亡。1952年骇人听闻的“伦敦烟雾”事件仅12月5日～8日四天时间内，死亡人数高达4000多人。据清洁空气联盟的测算数据显示，伦敦当时空气污染中 SO_2 的浓度超过世界卫生组织标准的190倍。1948年发生在美国多诺拉的雾霾事件中，空气中散发着刺鼻的 SO_2 气味，令小镇中6000余人出现呼吸道疾病，其中有20人很快死亡。1955年以来，受重金属微粒与 SO_2 形成的硫酸烟雾的影响，日本四日市市民的哮喘疾病发病率不断增加，1972年患者人数达到871人，其中不乏一些患者因不堪忍受折磨而自杀。

SO_2 易溶于水，进入呼吸道后，大部分被阻滞在上呼吸道，在湿润的黏膜上生成具有腐蚀性的亚硫酸、硫酸和硫酸盐，刺激作用增强，同时刺激上呼吸道的平滑肌产生窄缩反应，使气管和支气管的气道阻力增加。上呼吸道对 SO_2 的这种阻留作用，在一定程度上可以减轻 SO_2 对肺部的刺激。但 SO_2 可被吸收进入血液，进入血液的 SO_2 仍可通过血液循环抵达肺部产生刺激作用，甚至会对全身产生毒副作用，比如破坏酶的活力，从而明显地影响碳水化合物及蛋白质的代谢，并对肝脏造成一定损害。SO_2 与飘尘一起被吸入人体，飘尘气溶胶微粒可把 SO_2 带到肺部，使毒性增加3～4倍。若飘尘表面吸附金属微粒，在其催化作用下，SO_2 会被氧化为硫酸雾，其刺激作用比 SO_2 本身增强约1倍。

近年来，人们开始关注由 SO_2 等气态污染物在大气中形成的二次细颗粒，它不仅影响人体健康、大气可见度，甚至会导致全球气候变化。

(3) 氮氧化物

氮氧化物（NO_x）是指由氮、氧两种元素组成的各种形式的化合物，包括一氧化二氮（N_2O）、一氧化氮（NO）、二氧化氮（NO_2）、三氧化二氮（N_2O_3）、四氧化二氮（N_2O_4）和五氧化二氮（N_2O_5）等。NO是无色、无刺激气味的不活泼气体，可被氧化成 NO_2。NO_2 是棕红色有刺激性臭味的气体。除 NO_2 以外，其他氮氧化合物均极不稳定，遇光、湿或热变成NO_2及NO，N_2O_5为固体，其余均为气体。氮氧化合物都具有不同程度的毒性。燃烧产生的NO_x主要是NO，占排放总量的90%以上，NO_2的数量很少，占排放总量的0.5%～10%。但是，NO在大气中极易被氧化生成NO_2，故大气中的氮氧化物普遍以NO_2的形式存在。

对于大气污染来说，我们常说的NO_x主要指NO和NO_2。NO_x的排放给人类生产、生活以及自然环境带来极大的危害。在人体健康方面，NO易于结合血红蛋白，造成人体缺氧；NO_2主要刺激人体肺部和呼吸道，造成人体器官的腐蚀损害，严重时会导致死亡；此外，NO_2还会导致支气管炎、哮喘、慢性支气管炎。在生态环境方面，NO_x会引起酸雨、酸雾及光化学烟雾，促进全球变暖。此外，氮沉降量的增加，会导致地表水的富营养化和陆地、湿地、地下水系的酸化和毒化，进一步对陆地和水生态系统造成破坏。其影响范围已经由局地性污染发展成为区域性污染，甚至成为全球性污染。鉴于NO_x对人类和生存环境存在的危害，控制NO_x的生成和排放是十分重要的。

2.1.2 常规污染物排放情况

大气污染物会随着使用能源种类不同而有所不同。从20世纪50年代煤炭燃烧时排放煤尘开始，由于二十世纪五六十年代工业化迅速进展，各地的大气污染问题不断激化。进入20世纪60年代，石油在能源消费结构中所占比例逐渐增大，大气污染问题也从煤尘变为粉尘和硫氧化物问题。20世纪70年代，随着除尘和脱硫技术的进步以及飞速的机械化，大气污染问题转移到悬浮颗粒物、氮氧化物和光化学烟雾。进入20世纪80年代，矿物燃料燃烧时排放的CO_2等气体造成的地球温室效应，硫氧化物、氮氧化物等气体引起的酸雨，氟利昂排放带来的臭氧层破坏等环境问题越加严重。

我国大气污染控制技术与对策研究始于20世纪80年代。2000年以后科技部首先启动"北京市大气污染控制对策研究"，之后在"863计划"和科技支撑计划中加大了投入，研究范围从"两控区"（酸雨区和二氧化硫控制区）扩展至京津冀、珠江三角洲、长江三角洲等重点地区，研究内容从硫氧化物、氮氧化物、挥发性有机物及氨等气态污染物的污染特征扩展到气溶胶，从酸沉降控制延伸至区域性复合大气污染的联防联控，大气污染控制技术与策略研究的层次不断攀升。近年来，我国的大气污染成因与控制研究取得了长足进步，有力支撑了我国大气污染的综合防治。

2.1.2.1 我国燃煤电站常规污染物的排放控制标准

1973年，中国环境保护会议筹备小组办公室主持制订了《工业"三废"排放试行标准》（GBJ 4—1973），对5种工业部门13类有害废气的容许排放量、排放浓度做出了规定，其中包括对燃煤电站废气排放的限制。我国对火电厂烟气进行治理，始于1991年《燃煤电厂大气污染物排放标准》（GB 13223—1991）（代替GBJ 4—1973废气电站部分）的颁布实施，伴随着火电厂发展及其烟气治理情况，该标准先后经历了三次修订与颁布实施，分别为《火电厂大气污染物排放标准》（GB 13223—1996）《火电厂大气污染物排放标准》（GB 13223—2003）及《火电厂大气污染物排放标准》（GB 13223—2011）。

《火电厂大气污染物排放标准》（GB 13223—1996）对烟尘排放标准的修订主要为推

动四电场高效静电除尘器的应用，《火电厂大气污染物排放标准》（GB 13223—2003）加强了对烟尘排放的控制。该标准规定，自2004年1月1日起，新建机组的烟尘排放浓度均按不大于50mg/m^{3}的标准要求进行设计和建设，这一标准的二次修订大力推进了静电除尘器和袋式除尘器在火力发电厂的应用，大量的高效除尘设备投入运行，有力地推动了火电厂的烟尘治理。据统计，从1980年到2008年，火电装机容量增长了12倍以上，但烟尘排放总量基本持平并略有下降，单位发电量烟尘排放量逐年较大幅度地降低，烟尘排放得到了有效控制。

由于我国大气SO_2及酸雨污染日趋加剧，火力发电厂又是排放SO_2的重点行业，GB 13223—2003对火电厂烟尘、SO_2和NO_x三种污染物的排放限值进行了修订。本次修订控制的重点之一是推动火电厂烟气脱硫。标准实施后，我国在总结“十五”期间烟气脱硫示范工程的基础上，全面启动了电力行业SO_2减排工作。随着脱硫装机比例快速增加，2007年全国SO_2排放总量比2006年下降，首次出现“拐点”，单位发电量SO_2排放量明显下降，脱硫总装机容量超过2.7×10^8kW。

与西方发达国家相比，我国对电站锅炉的NO_x排放控制起步较晚。1997年开始实施的《火电厂大气污染物排放标准》（GB 13223—1996）首次规定了排放NO_x的标准限值，但该标准仅对第Ⅲ阶段（1997年1月1日起环境影响报告书待审查批准的新、扩、改建火电厂）额定蒸发量≥1000t/h的煤粉电站锅炉规定了NO_x最高允许排放浓度限值，而对于燃煤、燃气锅炉和额定蒸发量低于1000t/h的燃煤电站锅炉机组没有任何限制。火电厂NO_x排放控制是自GB 13223—2003颁布后逐步开始的。此后，一批新建火电机组大多采用低氮燃烧技术，已建火电机组经技术改造后安装了低氮燃烧器，商业化烟气脱硝装置开始在300MW、600MW装机容量的多台机组上投入运行，为火电厂降低NO_x的排放积累了经验。但是，随着装机容量和发电量的快速增长，火电厂NO_x排放总量呈稳步增长态势，酸雨污染已由硫酸型向硫酸、硝酸复合型转变，大气污染问题日益突出。我国NO_x的排放控制要求与发达国家相比还有相当大的差距，GB 13223—2003中NO_x的浓度限值为450～1100mg/m^3，而发达国家的NO_x排放限值一般在200mg/m^{3}及以下，欧盟现行的NO_x排放限值为200mg/m^3，美国为0.11～0.15lb/MBtu，折算后约为135～184mg/m^3，日本为100ppm，折算后约为200mg/m^3。现行排放标准已明显滞后于社会发展，无法适应当前及未来一段时期内火电行业环境保护的要求，提高排放控制要求，控制火电厂NO_x排放迫在眉睫，GB 13223—2003需要修订，以满足环境保护工作的需求。

2010年1月，《火电厂氮氧化物防治技术政策》（环发［2010］10号）明确指出：燃煤电厂应首先选择低氮燃烧技术控制氮氧化物的排放，当采用低氮燃烧技术后，氮氧化物排放浓度依然不能达标或不能满足总量控制要求时，应建设烟气脱硝设施。同年5月，《关于推进大气污染联防联控工作改善区域空气质量的指导意见》（国办发［2010］33号）规定：建立氮氧化物排放总量控制制度；新建、扩建、改建火电厂应根据排放标准和建设项目环境影响报告书批复要求建设烟气脱硝设施，重点区域内的火电厂应在“十二五”期间全部安装脱硝设施，其他区域的火电厂应预留烟气脱硝设施空间。为进一步控制燃煤氮氧化物排放，环境保护部提出将NO_x列入“十二五”国家大气污染物排放总量控制指标中，要求脱硝企业特别是火电企业“十二五”期间必须完成好氮氧化物的节能减排工作。

2011年7月29日，我国环境保护部正式发布了新的《火电厂大气污染物排放标准》(GB 13223—2011)，对所有燃煤、燃油和燃气轮机组大气污染物给出了排放限值。该标准还要求重点地区将执行大气污染物特别排放限值（见表2-1），该限值的排放控制水平达到国际先进或领先水平。同时，明确要求2014年7月1日起全国火电厂必须强制性执行。

表2-1　火电厂大气污染物特别排放限值

单位：mg/m^3（烟气黑度除外）

序号	燃料和热能转化设施类型	污染物项目	适用条件	限值	污染物排放监控位置
1	燃煤锅炉	烟尘	全部	20	烟囱或烟道
		SO_2	全部	50	
		氮氧化物(以 NO_2 计)	全部	100	
		汞及其化合物	全部	0.03	
2	以油为燃料的锅炉或燃气轮机组	烟尘	全部	20	
		SO_2	全部	50	
		氮氧化物(以 NO_2 计)	燃油锅炉	100	
			燃气轮机组	120	
3	以气体为燃料的锅炉或燃气轮机组	烟尘	全部	5	
		SO_2	全部	35	
		氮氧化物(以 NO_2 计)	燃气锅炉	100	
			燃气轮机组	50	
4	燃煤锅炉，以油、气体为燃料的锅炉或燃气轮机组	烟气黑度(林格曼黑度，级)	全部	1	烟囱排放口

2012年8月，国务院印发《节能减排“十二五”规划》(国发［2012］40号)，要求大力推进电力行业脱硫脱硝工作。新建燃煤机组全面实施脱硫脱硝，实现达标排放。尚未安装脱硫设施的现役燃煤机组要配套建设烟气脱硫设施；不能稳定达标排放的燃煤机组要实施脱硫改造。加快燃煤机组低氮燃烧技术改造和烟气脱硝设施建设，对单机容量3×10^5kW及以上的燃煤机组、东部地区和其他省会城市单机容量2×10^5kW及以上的燃煤机组，均要实行脱硝改造，综合脱硝效率达到75%以上。到2015年，燃煤机组脱硫效率达到95%，脱硝效率达到75%以上，火电行业SO_2、NO_x排放分别降到8×10^6t和7.5×10^6t。

2013年冬，我国中东部地区出现大规模灰霾污染，影响范围近2.7×10^6km^2，影响人口达6亿。大气污染已经成为影响我国经济社会发展的重要因素，引起全社会的广泛关注。同年，为改善空气质量和保护公众健康，国务院出台了《大气污染防治行动计划》，简称为“大气十条”。该计划被誉为我国有史以来力度最大的空气清洁行动。“大气十条”明确提出了2017年全国与重点区域空气质量改善目标，指出未来几年要全面整治燃煤小锅炉，加快重点行业除尘脱硫脱硝改造；要加快能源结构调整，加大清洁能源供应；要建立联防联控机制，加强$PM_{2.5}$治理等，从国家层面上对大气污染防治进行了全方位、分层次的战略布局。

2014年9月12日，国家发展和改革委员会、环境保护部、国家能源局三部委联合印发了《煤电节能减排升级与改造行动计划（2014—2020年）》的通知（发改能源［2014］

2093号），以下简称“行动计划”。该计划提出，东部地区新建燃煤发电机组大气污染物排放基本达到燃气轮机组排放限值：烟尘、SO_2、NO_x 排放浓度分别不高于 $10mg/m^3$、$35mg/m^3$、$50mg/m^3$，中部地区新建机组原则上接近或达到燃气轮机组排放限值，鼓励西部地区新建机组接近或达到燃气轮机组排放限值。到2020年，现役燃煤发电机组改造后平均供电煤耗低于310g/(kW·h)，其中现役 6×10^5kW 及以上机组（除空冷机组外）改造后平均供电煤耗低于300g/(kW·h)，东部地区现役 3×10^5kW 及以上公用燃煤发电机组、1.0×10^5kW 及以上自备燃煤发电机组及其他有条件的燃煤发电机组，改造后大气污染物排放浓度基本达到燃气轮机组排放限值。我国成为全世界环保排放要求最严格的国家。

在“行动计划”的推动下，2015年我国燃煤电厂陆续开展了超低排放环保设施建设改造，依据环境保护部、国家发展和改革委员会、国家能源局颁布的《关于印发〈全面实施燃煤电厂超低排放和节能改造工作方案〉的通知》（环发［2015］164号），将火电厂大气污染物烟尘、二氧化硫、氮氧化物排放浓度分别控制在 $10mg/m^3$、$35mg/m^3$、$50mg/m^3$。

《中华人民共和国国民经济和社会发展第十三个五年规划纲要》（2016—2020年），简称“十三五”规划。规划纲要前所未有地提出绿色发展理念，通篇贯穿了绿色发展理念，将我国环境保护工作提高到了新的历史性高度。“十三五”期间，我国将继续对 SO_2 和 NO_x 实施总量控制，并将细颗粒物纳入约束性指标。纲要还提出燃煤锅炉脱硫脱硝除尘改造、钢铁烧结机脱硫改造、水泥窑脱硝改造等为重点改造工程。

2018年，山东、浙江、山西等省地方政府批准了对燃煤电厂超低排放实施 $5mg/m^3$、$35mg/m^3$、$50mg/m^3$ 的限值。天津市政府批准了《火电厂大气污染物排放标准》（DB 12/810—2018），该标准规定自2018年7月1日起，新建燃煤电厂烟尘、二氧化硫、氮氧化物的排放限值不高于 $5mg/m^3$、$10mg/m^3$、$30mg/m^3$。这些标准的制定，使燃煤电厂在大气污染物排放控制方面面临更大的挑战。

2.1.2.2　污染物排放量变化情况

（1）烟尘排放情况

我国烟尘治理技术始于二十世纪六七十年代，燃煤电厂对除尘器的选型经历了湿法洗涤、干法旋风、静电除尘的过程，“十五”期间燃煤电厂烟尘排放显著降低。2005年以来，我国装机容量快速扩大、发电量持续增长、燃煤量不断增加的情况下，全国发电企业不断加大烟尘治理力度，火力发电机组采用高效除尘设施的比例逐年增加。其间，电力除尘技术国产化也取得历史性突破，适用于电站锅炉的布袋除尘、电袋除尘技术已逐渐成熟，并在国内 $2\times10^5\sim1\times10^6$kW 机组上成功应用。随着除尘设施比例逐年增加，除尘器效率也不断提高，全国6000kW及以上燃煤电厂平均除尘效率提高到98.8%以上。火力发电行业烟尘排放量连续九年实现下降，排放绩效也逐年呈下降趋势。2013年我国火力发电行业烟尘排放量为 1.42×10^6t，同比下降5.96%。在火电装机容量同比增长6.20%、火力发电量同比增长7.54%的情况下，全国火电厂烟尘平均排放绩效值为0.34g/(kW·h)，同比下降0.06g；与美国同期水平0.15g/(kW·h)相比，我国火电烟尘减排还有空间。2014年，电力行业兴起的以湿式电除尘器、低低温电除尘器为核心的超低排放技术，更是提高了对于细颗粒物 $PM_{2.5}$ 及其前体物的去除效率。大量高效除尘设备的使用，有力地推动了火电厂的烟尘治理，从而使中国燃煤电厂烟尘的排放得到了更加有效的控制。2017 年，全国电力烟尘排放量约 2.6×10^5t，同比下降约 25.7%，每千瓦时火电发电量烟尘排放量约 0.06g，同比下降 0.02g。截至 2017 年底，火电厂安装袋式除尘器、电袋复合式除尘器的机组容量约 3.3×10^8kW，占全国煤电机组容量的 33.4% 以上。其中，袋式除尘器机组容量约 8×10^7kW，电袋复合式除尘器的机组容量约 2.5×10^8kW，分别占全国燃煤机组容量的 7.8% 和 25.4%。2001—2018 年电力烟尘排放绩效变化情况见图 2-1。

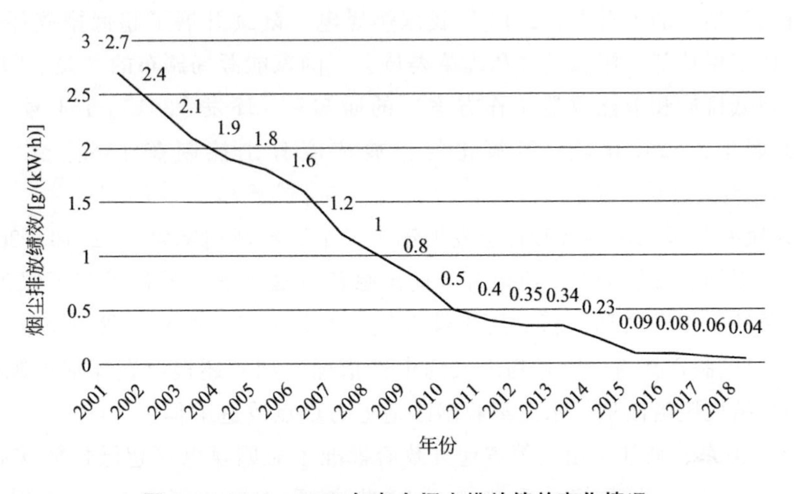

图 2-1　2001—2018 年电力烟尘排放绩效变化情况

(2) SO_2 排放情况

“十一五”期间，火电行业脱硫机组装机容量逐年增加，截至 2010 年底，全国已投运烟气脱硫机组容量超过 5.6×10^8kW，约占全国火电机组总装机容量的 79.2%。火电行业 SO_2 排放量从 2007 年开始连续下降，排放绩效也逐年呈下降趋势。2013 年我国火电行业 SO_2 排放量为 7.8×10^6t，同比下降 11.7%，相当于 1999 年的电力行业 SO_2 排放水平。与 2005 年相比，2013 年火电 SO_2 排放量下降了 40%。电力行业 SO_2 排放量占全国 SO_2 排放量的比例由 2005 年的 51.0%下降到 38.2%，降低了 12.8%。全国电力行业 SO_2 排放绩效值由 2005 年的 6.7g/(kW·h) 下降到 2013 年的 1.85g/(kW·h)，单纯从数据比较而言，我国电力行业 SO_2 排放绩效已低于 2012 年美国煤电的 SO_2 排放绩效 2.45g/(kW·h)。截止到 2017 年年底，全国燃煤电厂 100%实现脱硫后排放。其中，已投运煤电烟气脱硫机组容量超过 9.4×10^8kW，占全国煤电机组容量的 95.8%，其余为燃烧中脱硫技术的循环流化床锅炉。2017 年在运火电厂烟气脱硫特许经营的机组容量超过 1.3×10^8kW，在运火电厂烟气脱硫委托运营的机组容量超过 7×10^7kW。2017 年，全国电力 SO_2 排放量约 1.2×10^6t，同比下降约 29.4%，每千瓦时火电发电量 SO_2 排放量约 0.26g，比上年下降 0.13g。

2001—2018 年电力 SO_2 排放绩效变化情况见图 2-2。

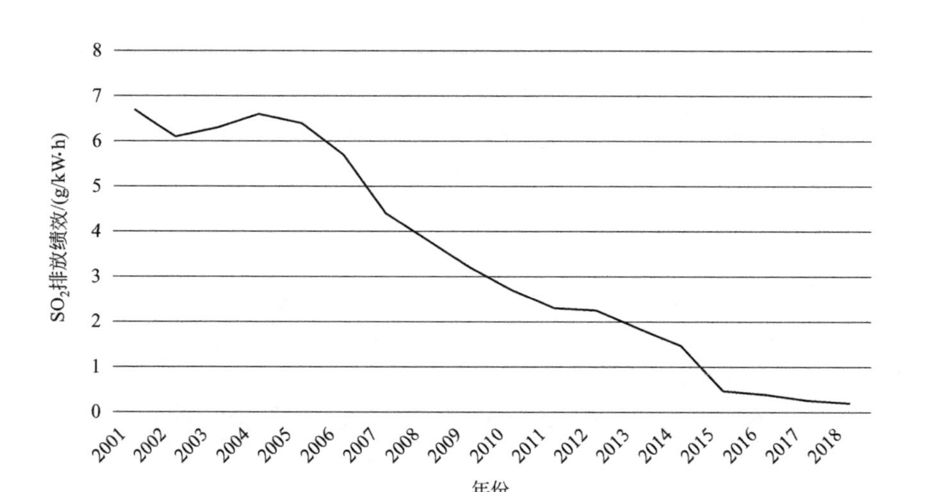

图 2-2 2001—2018 年电力 SO_2 排放绩效变化情况

(3) NO_x 排放情况

我国燃煤电站锅炉 NO_x 排放控制是随着具有低 NO_x 燃烧系统的燃煤电站锅炉的设计与制造技术的引进而逐步开始的。随着国民经济的快速发展，工业自动化和电气化程度不断提高，以煤电为主的发电装机容量也得以快速增长，火力发电部门 NO_x 排放量逐年增加，2000—2010 年十年间 NO_x 排放量增长了近 2 倍，为了控制电厂的排放，我国制定了一系列 NO_x 减排标准，随着 2004 年《火电厂大气污染物排放标准》（GB 13223—2003）的实施，2005—2010 年 NO_x 减排了 2.5%。为进一步控制 NO_x 的排放，环境保护部在“十二五”期间将 NO_x 新增为约束性减排控制指标，火电行业作为我国 NO_x 排放的重要贡献部门之一，不断加大控制力度，新建燃煤机组全部按照要求同步采用低氮燃烧与烟气脱硝相结合的技术，现役机组也大幅度进行脱硝改造，电力行业 NO_x 排放量增长趋势逐步放缓。2012 年，电力行业 NO_x 排放量并未随着装机容量的增加而增加，反而实现了下降，全年电力 NO_x 排放 9.48×10^6t，比 2011 年减少约 5.2×10^5t，单位发电量 NO_x 排放量为 2.4g/(kW·h)，比上年下降约 0.2g。2013 年全国火电行业 NO_x 排放量为 8.34×10^6t，同比下降 12.0%，这是继 2012 年实现电力行业年度 NO_x 排放总量下降之后的再次下降。截至 2017 年年底，已投运火电厂烟气脱硝机组容量约 10.2×10^9kW，占全国火电机组容量的 92.3%，其中，煤电烟气脱硝机组容量约 9.6×10^8kW，占全国煤电机组容量的 98.4%。常规煤粉炉以选择性催化还原（SCR）脱硝技术为主，循环流化床锅炉则以选择性非催化还原（SNCR）脱硝技术为主；全国累计完成燃煤电厂超低排放改造 7×10^8kW，占全国煤电机组容量比例超过 70%，提前两年多完成 2020 年改造目标任务。2017 年，全国电力 NO_x 排放量约 1.14×10^6t，同比下降约 26.5%，每千瓦时火电发电量氮氧化物排放量约 0.25g，比上年下降 0.11g。2006—2018 年电力氮氧化物排放绩效变化情况见图 2-3。

在“大气十条”《能源发展战略行动计划（2014—2020 年）》《煤电节能减排升级与改造行动计划（2014—2020 年）》《全面实施燃煤电厂超低排放和节能改造工作方案》等相

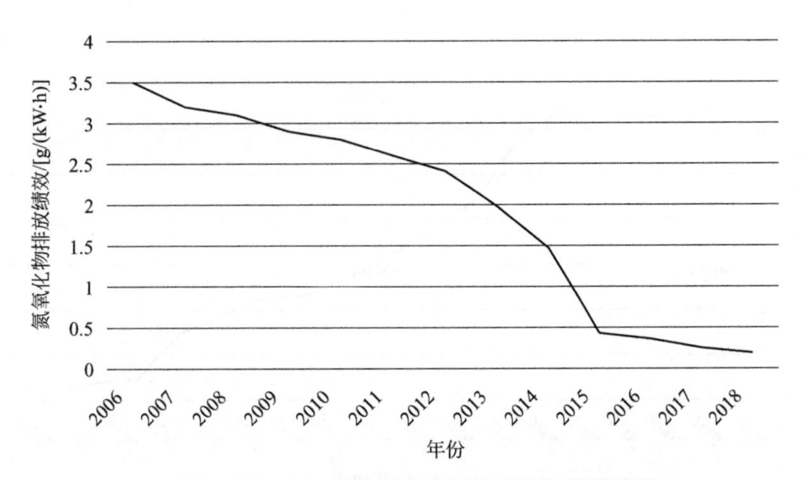

图 2-3 2006—2018 年电力氮氧化物排放绩效变化情况

关国家政策的推动下，我国燃煤电厂全面推行超低排放改造。根据中电联统计分析，2018年，全国电力烟尘、二氧化硫、氮氧化物排放量分别约为 2.1×10^5 t、9.9×10^5 t、9.6×10^5 t，分别比上年下降约为 19.2%、17.5%、15.8%；每千瓦时火电发电量烟尘、二氧化硫、氮氧化物排放量约为 0.04g、0.20g、0.19g，分别比上年下降 0.02g、0.06g、0.06g。截至 2018 年年底，达到超低排放限值的煤电机组约 8.1×10^8 kW，约占全国煤电总装机容量 80%；东、中部地区基本实现超低排放改造，河南、安徽、甘肃等省份提前完成超低排放改造目标。

2.1.3 常规污染物治理现状

“十二五”期间我国燃煤电厂大气污染物排放控制水平发生了历史性飞跃。首先，从史上最严排放标准《火电厂大气污染物排放标准》（GB 13223—2011）的发布，到《煤电节能减排升级与改造行动计划（2014—2020 年）》的实施，我们不仅要实现常规污染物烟尘、二氧化硫和氮氧化物超低排放，而且节能管理也要达到国际先进水平；其次，环保技术和装备方面，从“十二五”之前的学习、引进、消化、吸收国外先进技术，到研究、开发、应用、改进、集成再创新出适合我国国情的，尤其是大型的超低排放配套技术及装备，使得我国的电力环保技术及装备跻身世界前列甚至领先行列；再次，排放指标与节能管理标准双双趋严，促进电力企业必须对环保和节能进行全盘综合考虑，在保证超低排放带来的环境效益的同时，不断提升节能减排效应。回首“十二五”，国内的污染控制技术、装备、指标已经跟国际先进水平并驾齐驱甚至处于领先地位，关键技术和装备实现了国产化。

2.1.3.1 烟尘治理现状

从《火电厂大气污染物排放标准》（GB 13223—2011）的颁布，到《煤电节能减排与改造行动计划（2014—2020 年）》的提出，再到超低排放要求的实施，我国燃煤电厂烟尘排放限值在短时间内经历了三次跳跃式的变化，从 50mg/m^3 到 30mg/m^3 再到 10mg/m^3

(甚至 5mg/m^3)。电除尘技术具有除尘效率高、适应性广、运行成本低等优点，被我国大多数电厂采用，已成为燃煤锅炉控制烟尘排放的主力设备。但是，随着超低排放政策在国内大规模推行，现役机组在政策要求下必须达到超净排放要求，而经现有电除尘器处理后，烟尘排放浓度一般只能达到 30mg/m^3，已经不能满足新的排放限值要求。新形势下，对现有除尘设备的性能进行升级、改造是必要手段。另外，综合利用脱硝设施、除尘设备和脱硫系统的协同治理作用也是控制燃煤电厂烟气污染物的重要措施。

标准的不断升级迫使烟尘治理技术快速进步。电除尘技术得到迅速发展，并取得了重大突破，使得除尘效率大幅提高，除尘系统能耗大大降低，同时滤袋材质的创新升级、结构改进、流场优化等也为电袋复合除尘、袋式除尘技术的推广应用提供了有利条件，为实现烟尘超低排放控制提供了有力的技术支撑和装备保证。

(1) 电除尘技术

“十二五”期间，通过优化工况条件、改变除尘工艺路线、解决反电晕和二次扬尘等方面的大量研究，我国开发出大批新型高效电除尘技术，使电除尘技术适应范围显著扩大、除尘效率持续提高、能耗显著下降。主要技术有：结合余热利用技术开发的低低温电除尘技术、布置在湿法脱硫后的湿式电除尘技术、末电场采用旋转电极的电除尘技术、高频电源或高频脉冲电源等供电技术、粉尘凝聚技术、隔离振打、关断气流振打等新技术，近几年来在燃煤电厂超低排放工程中均已得到采用，并取得良好效果。

1) 低低温电除尘技术

我国燃煤电厂传统锅炉普遍存在锅炉排烟温度高于设计值的问题，这一问题会造成烟气体积流量增大、烟尘比电阻升高，从而影响除尘效率，同时造成引风机电耗增大、湿法脱硫降温水耗增大，厂用电耗、水耗相应增加，发电成本上升。针对这些难题，我国环保企业对低低温电除尘器提效机理、电除尘效率与粉尘比电阻关系、烟气特性与烟气温度内在变化规律等进行了深入研究，并攻克了余热利用装置与电除尘有机结合、余热利用装置、烟温调节与电除尘自适应控制等关键技术，成功自主研发了低低温电除尘技术。

低低温电除尘技术与常温电除尘器的除尘原理是一致的。但是由于通过低低温电除尘器的烟气温度一般为 90℃左右，比通常的要低，烟气通过低低温除尘器后，烟尘的比电阻大幅降低，烟气量相应地减少。在电除尘器规模尺寸不变的情况下，烟气通过电场的流速降低，粉尘在电场停留的时间相应增加，比集尘面积增大，从而使低低温电除尘器的除尘效率得以显著提高。通过低低温电除尘器，不仅烟尘排放浓度能够达到 20mg/m^3 或者更低的要求，而且烟气处理量的降低也会使系统能耗降低 10%左右。江西新昌电厂 2×700MW 机组、天津北疆 2×1000MW 机组等大型火力发电机组上的应用表明，该技术成果不但实现了电除尘器出口烟尘浓度小于 20mg/m^3 的目标，而且通过烟气余热回收利用，单位供电煤耗降低也超过了 1.5g/(kW·h)，达到了节能减排的双重利好。

在超低排放的背景下，该技术已得到成功应用。为顺应煤质变化且达到超低排放要求，2000 年华能某 300MW 机组进行了脱硫、除尘系统提效改造，改造方案主要包括增设低低温高效燃煤烟气处理系统、低低温电除尘器改造及增设湿法脱硫系统。2014 年 8 月该机组投入运行，经测试，电除尘器出口烟尘浓度为 18mg/m^3，经湿法脱硫系统后，

烟尘排放浓度为 $8mg/m^3$，达到超低排放要求。2014 年 12 月中旬投运的华能某新建 2×660MW 超超临界燃煤机组，同样采用了以低低温电除尘技术为核心的烟气协同治理技术路线。经测试，经过低低温电除尘器的处理，除尘器出口烟尘浓度已降至 $12mg/m^3$，后经湿法脱硫系统的协同脱除，烟尘排放浓度直降至 $3.64mg/m^3$，小于 $5mg/m^3$，完全满足超低排放的标准要求。

低低温电除尘技术在国外应用非常成熟。2000 年以来，日本新建燃煤电厂锅炉大部分采用三电场的低低温电除尘处理工艺，结合湿法脱硫，可达到 $10mg/m^3$ 以下的烟尘排放，部分电厂更是在湿法脱硫后增加配套湿法电除尘器，进一步解决超细微烟尘的排放，实施低至 $5mg/m^3$ 以下的烟尘排放。低低温电除尘器在实现高效除尘效果的同时，还能脱除 SO_3 且降低烟气处理系统能耗，具有广阔的应用前景。

2）湿式电除尘器技术

湿式电除尘器是一种用来处理微细颗粒物的新式电除尘设备，通常简称为 WESP。它与干式电除尘器（ESP）的除尘原理完全相同，要经历荷电、收集和清灰三个阶段，都是靠高压电晕放电使得粉尘荷电，荷电后的粉尘在电场力的作用下到达集尘板，最后清灰。但二者的重要区别在于对集尘板上捕集到的粉尘的清除方式不同，干式电除尘器一般采用机械振打或声波清灰等方式清除电极上的积灰，而湿式电除尘器是改传统的振打、声波等清灰方式为液体喷淋清灰，采用冲刷液冲洗电极，在极板上形成连续的液膜，使粉尘随着冲刷液的流动以泥浆的形式被清除并排出。液体喷淋清灰的技术克服了传统干式电除尘技术的反电晕、二次扬尘等瓶颈，与干式电除尘器相比较，湿式电除尘器具有更好的除尘效果。湿式电除尘器适用于处理含尘浓度较低的气体，常被用于处理经湿法脱硫系统后的烟气，以有效去除脱硫塔后湿烟气中的微细颗粒物，同时它对烟气中的 SO_3、重金属和二噁英等也有一定的脱除作用，是治理燃煤电厂大气污染物排放的精处理环保设备。

湿式电除尘器具有除尘效率高、压力损失小、操作简单、能耗小、无运动部件、无二次扬尘、维护费用低、生产停工期短、可工作于烟气露点温度以下、由于结构紧凑可与其他烟气治理设备相互结合、设计形式多样化等优点。在发达国家，湿式电除尘器被广泛应用于电力工程领域，仅日本三菱重工就已有 32 台（套）应用于电厂。美国布鲁斯·曼斯菲尔德电厂，迈朗公司的迪克森发电厂等多家电厂的测试报告表明，湿式电除尘器对 $PM_{2.5}$ 有良好的去除效果，去除效率可高达 95%以上，烟气经湿式电除尘器后，烟尘排放浓度低于 $5mg/m^3$。

3）移动电极电除尘技术

移动电极电除尘器与传统电除尘器一样，都是依靠静电力来收集粉尘。不同之处在于，移动电极电除尘器将原电除尘器末级电场的阳极板改造成可以回转的形式，将传统的振打清灰改造为用清灰刷清灰，且清灰刷布置于非收尘区。当粉尘被收集到收尘极板上尚未达到形成反电晕的厚度时，就随移动电极一起转移到非收尘区，利用非收尘区的清灰刷刷除极板上的粉尘，由于非收尘区没有烟气流通，消除了因振打清灰造成的二次扬尘，而且有效解决了高比电阻粉尘引起的反电晕的发生，实现了对微细、高比电阻、黏性粉尘的高效收集，从而大幅度提高了除尘效率。移动电极电除尘技术可以使电除尘器小型化、占地少，而且节省能耗，特别适合老机组电除尘器的改造项目。

4）高频电源技术

电除尘器电源是电除尘装置中的核心部分，为电除尘器提供所需的高压电场，其性能直接影响除尘的效果和效率。

高频高压直流电源简称高频电源，是新一代电除尘器供电电源，其基本工作原理是：把三相工频输入电源整流成直流电流，经过逆变电路形成高频交流电流，再经过高频变压器升压，最后经高频整流器整流滤波，形成工作频率为20～50kHz的高频脉动电流，供给电除尘器电场。高频电源采用现代高频开关电力电子技术，通过工频交流—直流—高频交流—高频脉动直流的能量转变形式，根据电除尘器的具体工况，供给电场一系列幅度、宽度及频率均可调整的电流脉冲（脉冲宽度在5～20μs之间），提供最合适的电压波形。高频电源输出到电除尘器的电压几乎是无波动的纯直流，相比工频电源，会使其供给电场内的平均电压提高25%以上，电晕电流提高约一倍，电晕功率的输入增大，进而降低除尘器出口烟尘排放浓度。高频电源效率和功率因素均可达到0.95，远高于工频电源，纯直流供电时可以大幅度减少电除尘器电场供电能量损耗。大量的工业现场试验验证，应用高频电源不仅可以较大幅度提高除尘器的除尘效率，而且可以大幅度节能，节能率高达60%以上。因此，高频电源成为业界的热点技术之一。

近年来，我国电除尘器高压供电及控制技术得到了长足的进步，以高频高压直流电源等为代表的一批新型高效电源技术创新取得了重大突破，实现了高频电源国产化。国电环保研究院发明的基于超微晶材料的高频电源，2010年首次在上海外高桥某发电公司1000MW机组上应用，改造后，电除尘器出口烟尘排放浓度降低至15.8mg/m^3，供电能耗降低了69.5%。目前，我国电除尘器用高频电源技术已达到国际先进水平，被科技部认定为“国家重点新产品”，出口欧洲、非洲等地。同时，脉冲高压电源新技术也被成功开发，该供电方式已被世界公认为改善电除尘器性能和降低能耗最有效的方式之一。电除尘器节能优化控制、三相电源等技术的快速发展，也推动了电除尘器节能减排性能的深度优化。

5）其他电除尘技术

粉尘凝聚、烟气调质、隔离振打、关断气流断电振打等一批新型电除尘技术的开发、应用都能较好地实现细颗粒物的捕集。这些新型电除尘技术在不同烟气工况条件下的组合应用，也为电除尘器实现超低排放和节能提供了重要的技术保障。

（2）袋式除尘技术

袋式除尘器具有对细颗粒物捕集率高等优点，但其应用受环境影响大，与发达国家相比，我国燃煤电厂除尘器入口烟气温度和含尘浓度高，SO_2、NO_x、O_3等对滤料有较强破坏作用的成分含量高，在关键技术（如气流组织技术和清灰技术等）、设备加工安装质量、运行维护管理水平上存在差距，因此，袋式除尘器在我国燃煤电厂的应用还需要解决一系列问题。

随着环保排放标准不断趋严，袋式除尘器在滤料、清灰、系统阻力等方面的研究均取得了很大的突破，尤其是滤料在强度、耐温、耐磨以及耐腐蚀等综合性能方面有了大幅度提高。我国袋式除尘器通过不断的结构改进、技术创新和工程实践总结，逐步改善了运行阻力大、滤袋寿命短的问题，可实现烟尘稳定排放不大于30mg/m^3（甚至10mg/m^3）、运行阻力小于 1500Pa、滤袋寿命大于 3 年的目标。近十余年，袋式除尘器在我国电力燃煤机组中得到了推广应用。

(3) 电袋复合除尘技术

电袋复合式除尘器是将电除尘与布袋除尘前后两个区域有机结合的一种新型、高效的复合型除尘器。它的前级电除尘区具有阻力小，高效除尘的特点，能收集烟气中 70%～80%以上的烟尘量，降低了进入后级袋区的含尘浓度；后级袋式除尘装置拦截、收集剩余烟尘。前级电场的预除尘作用和荷电作用不仅能减少后级袋式除尘器的过滤负荷，同时由于前级的预荷电，使细微的烟尘凝聚成较大的颗粒，从而提高滤袋的清灰效果，减少滤袋运行阻力，延长滤袋寿命。

电袋复合式除尘器具有除尘效率高、运行稳定、能耗低及寿命长等特点，其除尘效率在 99.50%～99.99%之间，烟尘排放浓度可控制在 $20mg/m^3$ 以下，系统漏风率小于 3%，电耗占发电量的 0.1%～0.3%。不管电袋复合除尘器的两个收尘区域中哪一方发生故障，另一区域都能保持一定的收尘效果，具有较强的互补性。

此项技术应用在旧的电除尘器改造项目上，已经被不少用户接受。在电除尘器改造过程中可以根据原有电除尘器的内部空间情况，保留电除尘器第一个电场，将后级几个电场改造成袋式除尘器。国电天津第一热电厂、马钢热电厂和吉林热电厂等将电除尘器改为袋式除尘器或电袋复合除尘器的工程，均取得了成功。

2.1.3.2 SO_2 治理现状

我国从 2000 年开始治理 SO_2，采用炉内喷钙、流化床添加石灰石进行炉内脱硫，采用石灰石湿法、半干法及干法进行烟气脱硫，也有采用氨法、活性炭进行烟气脱硫。其中由于石灰石-石膏湿法烟气脱硫技术（FGD）脱硫效率高，可适用于各种机组和燃煤状况的 SO_2 控制，已经成为国内外应用最广泛的脱硫技术。目前，我国火电厂烟气脱硫工艺中，石灰石-石膏湿法烟气脱硫工艺占 92.7%，烟气循环流化床占 3.2%，海水法占 2%，氨法占 0.6%，干/半干法占 0.8%，其他方法占 0.7%。以下重点介绍石灰石-石膏湿法烟气脱硫工艺超低排放改造技术。

“十二五”期间，我国脱硫技术的发展步入了超低排放阶段，在引进消化吸收及自主创新的基础上，基于石灰石-石膏湿法，形成了多个技术方向的一系列超低排放控制技术，如传统空塔喷淋提效技术、单/双塔双循环技术、一塔双区技术、旋汇耦合脱硫除尘一体化技术等。

(1) 传统脱硫技术提效

传统脱硫技术是指基于传统石灰石-石膏湿法烟气脱硫技术，开发的各类提效技术。国电环保研究院开发的凹凸环双相提效、组合喷淋、深度氧化、超细吸收剂等自主技术。通过创新设计多孔环板装置，使脱硫塔壁附近可能逃逸的烟气重新回到脱硫区域，改善塔内气流分布的均匀性，同时汇聚并再分配挂壁的脱硫浆液，提高浆液分配的均匀性和真正参与脱硫的液气比，改善塔壁区域的传质状况，解决吸收塔内 SO_2 逃逸和浆液挂壁的现象，实现脱硫装置提效和节能降耗的双重功能；与国外同类技术相比，综合脱硫效率提高 5%～10%，综合能耗降低 5%～8%。华南理工大学研发团队历时 10 年，开发出第三代高效深度脱硫技术即“旋流雾化”技术，该技术无须在吸收塔内加装喷淋层，而是通过在吸收塔侧面安装浆液喷嘴，采用旋流雾化切圆布置的专利技术，构造脱硫塔内喷雾旋流场，烟气与脱硫剂充分传质混合，加大烟气中 SO_2 与脱硫剂反应概率，实现流场再造，延长了烟气在塔内的停留时间，实现了小液气比情况下的高湍流传质吸收反应，从而达到提高脱硫率的目的。实际应用表明，该技术不仅脱硫效率良好，而且还可以降低 FGD 系统能耗。

(2) 双 pH 值循环脱硫技术

双 pH 值循环脱硫技术综合利用了烟气吸收双膜理论和气液固三相平衡原理，把烟气脱硫系统中需要高 pH 值的 SO_2 吸收区域与需要低 pH 值的亚硫酸钙氧化结晶区域分开，形成了单塔双循环、双塔双循环、单塔双区双循环等多种新型的深度提效脱硫工艺技术。双 pH 值循环脱硫工艺的技术优势在于，可以使脱硫洗涤过程在高 pH 值区域完成，利于 SO_2 的吸收，使石灰石溶解和亚硫酸钙氧化结晶过程在低 pH 值区域完成，利于石灰石溶解和亚硫酸钙氧化结晶，由于两个过程是在各自独立的区域发生，可以在各自最佳的化学反应条件下完成，使得石灰石溶解更迅速彻底，SO_2 吸收更快、效率更高，亚硫酸钙氧化更彻底，石膏结晶品质更好，可实现在较低液气比条件下的高效脱硫。在 SO_2 的脱除过程中，由于不用考虑氧化结晶的问题，浆液 pH 值可以控制在较高水平，达到 5.8～6.0 之间，利于石灰石的溶解和 SO_2 的吸收，可使循环浆液量降低 20%左右，减少石灰石的耗量。另外，pH 值为 4.5～5.0 的酸性条件下，不仅可以提高亚硫酸钙氧化效率，而且可以降低氧化空气系数，从而较大幅度降低氧化风机的电耗，进而减少双 pH 值循环脱硫系统的能耗。

单塔双循环脱硫系统是将同一个吸收塔分为上、下两段，每段分别配置独立的浆液循环泵，形成上、下两级循环回路，使 SO_2 的吸收过程与亚硫酸钙氧化结晶的过程均在其最佳的化学反应条件下完成，这种设计适用于高硫煤和脱硫效率要求高的燃煤电厂。迄今，国外至少已有 10 个国家超过 40 个电厂、总装机容量 26000MW 以上的机组应用单塔双循环 FGD 技术。我国国电龙源环保工程有限公司率先引进德国诺尔的单塔双循环技术，并将此技术第一次运用在广州某电厂，在电厂原有的集液斗设备上设计了导流板，塔内气体经集液斗整流后，气流分布更均匀，气液接触良好，减少了单循环中常遇到的死角，提高了塔内空间的利用率。目前越来越多的电厂开始应用这一技术来达到 SO_2 超低排放的要求。许多研究者也在喷淋系统、浆液池、集液斗等部分进行了不断改进，技术日益成熟。山东大学的董勇在原有集液斗上增加了两级叶栅，两级叶栅交错布置形成俯视为环形的结构，叶栅根部与集液斗相连，集液斗通过浆液回流管与脱硫塔外浆液相通。此设计简单，阻力损失少，气液流场分布均匀，接触效果好，强化了烟气与浆液之间的气液传质能力，促进了 SO_2 的吸收，可提高脱硫率。

上海龙净环保科技工程有限公司研发的以“单塔双区”为核心的高效脱硫除尘新技术，将石灰石-石膏湿法脱硫过程中吸收区域和氧化区域分开，分别满足氧化和吸收所需，该技术与单塔双循环技术异曲同工。

双塔双循环技术即采用两个独立循环的吸收塔串联。烟气依次经过两个吸收塔，通过两级吸收塔的综合作用，使脱硫和除尘效果进一步增强。双塔双循环技术其实是单塔双循环技术的升级，即将单塔双循环技术中的吸收塔外浆液池（AFT）升级为吸收塔，双塔双循环的一级、二级串联吸收塔分别对应于单塔双循环的下回路和上回路。双塔双循环技术尤其适用于我国西南地区，由于该地区煤种含硫量高、灰分高，热值又低，原烟气中 SO_2 浓度常常达到 10000mg/m^3。如广西的合山电厂 2×330MW 机组、贵港电厂 2×600MW 机组等脱硫系统的增容改造。

同时，应用双 pH 值循环脱硫技术能够实现较好的颗粒物协同脱除效果，此技术已经在工程实际中得到验证。国内 300MW、600MW、1000MW 机组工程的应用表明，采用双 pH 值循环脱硫技术，脱硫效率可达到 98% 以上，有些甚至超过 99.5%，能够实现高硫煤电厂 SO_2 的超低排放。

(3) 旋汇耦合脱硫除尘一体化技术

北京清新环境技术股份有限公司自主研发的旋汇耦合湿法脱硫除尘一体化技术中的脱硫吸收塔（SPC-3D），较传统的脱硫吸收塔而言，不同之处主要有：增加了旋汇耦合装置，改变了喷淋层结构与喷嘴布置方式，用离心管束式除尘除雾装置替代了传统除雾器。烟气从引风机出来，进入吸收塔后，首先进入旋汇耦合区，通过旋流和汇流的耦合，与浆液形成湍流度很大的旋转、翻腾的湍流空间，在此空间内气、液、固三相充分接触，有效提高了气液传质速率，完成第一步高效脱硫和除尘。与此同时，烟气温度迅速下降，在旋汇耦合装置和喷淋层之间，烟气的均布效果明显增强。经过旋汇耦合区一级脱硫的烟气继续上升进入高效喷淋系统，与高效雾化浆液在塔中充分反应，实现 SO_2 的深度脱除及烟尘的二次脱除，经二次脱硫除尘后的烟气向上经离心管束式除尘装置进一步完成高效除尘除雾过程，实现 SO_2 与烟尘的超低排放。

该技术首次成功应用于山西某 300MW 机组，该项目是山西省首个脱硫除尘单塔一体化超低排放项目。根据国电环保研究院的测试报告，此电厂电除尘器进口烟尘浓度高达 42.9×10^{3}mg/m^3，电除尘器出口烟尘浓度为 22.5mg/m^3，SO_2 浓度为 2396.8mg/m^3，经旋汇耦合脱硫除尘一体化装置处理后，烟尘排放浓度降低至 3.24mg/m^3，SO_2 排放浓度降低至 17.5mg/m^3，均低于超低排放标准的要求。目前，该技术已应用于内蒙古托克托电厂 1 号 600MW 机组、河南孟津电厂 2 号 630MW 机组（河南省首台实现超低排放的大型燃煤机组）、安徽安庆电厂 2×1000MW 机组（4 号机组为安徽省首台实现超低排放的百万千瓦机组）、神华重庆万州电厂 2×1050MW 机组等近百套机组，均达到甚至低于超低排放标准要求。

旋汇耦合脱硫除尘一体化技术创新性强，具有单塔高效、能耗低、适应性强、工期短、不额外增加场地、操作简便等特点，在不增加湿式电除尘器的条件下，能够实现劣质燃煤电厂 SO_2 和烟尘的超低排放，适用于燃煤烟气 SO_2 与烟尘的深度净化。

(4) 双托盘技术

FGD 合金托盘吸收塔源于美国 B&W 公司，目前国内外许多环保公司开发了类似技术，如美国 Amec Foster Wheeler 公司的双向流托盘、均流增效板等。该技术是在吸收塔内、喷淋层下方布置一层多孔合金托盘，托盘开孔率为 30%～50%，吸收剂浆液在塔板上形成一定厚度的液层，烟气从吸收塔底部进入，气液两相逆向通过托盘上的小孔，烟气在托盘上被分散成小股气流，均匀分布到整个吸收塔截面，并在托盘上方形成湍流，与液滴充分接触，大大提高传质效果，从而获得很高的脱硫效率。在应对高脱硫效率及低排放浓度等深度脱硫项目中，美国巴威公司还开发了双托盘技术，双托盘可以在更高的脱硫效率和更低的 SO_2 排放浓度上发挥作用。

1）双托盘的气流均质作用

较高流速的烟气进入吸收塔后，首先通过塔内下层托盘，并与托盘上的液膜进行气、液相的均质调整。在无托盘时，由于靠近吸收塔壁的烟气受到的阻力比中间的烟气受到的阻力大，因此在吸收塔内四周的烟气流速小，中间的流速大。增加托盘后，托盘阻碍了烟气的上升，这种阻碍使得塔的横截面上气流流速会变得均匀。这种阻碍产生于气体和浆液接触区域的开始阶段或吸收塔内的吸收区域。因此，在吸收区域的整个高度以上可以实现气体与浆液的最佳接触。

2）提高烟气与浆液接触功效

由于托盘可保持一定高度液膜，增加了烟气在吸收塔中的停留时间。当气体通过时，气液接触，可以起到充分吸收气体中部分污染成分的作用，有效降低液气比，提高了吸收剂的利用率，从而提高了脱硫效率。

3）托盘可提高石灰石溶解量，增强 SO_2 吸收

在吸收区域内溶解的石灰石量取决于浆液在吸收区域内滞留的时间，浆液滞留时间取决于托盘上的压差。使用托盘，可以使滞留时间更长一些。因此，改进 L/G（液气比），使其更有效地接触，在吸收区域内增大溶解碱度，可提高 SO_2 的去除率。双托盘吸收塔对于中高硫煤的脱硫效率可以达到98%。

(5) 其他相关技术

针对脱硫设施运行、管理、维护、监督、考核、评价生产全过程，在研究及应用过程中逐渐总结形成了脱硫设施运行、优化、诊断、评价等一系列生产应用及服务性技术，如国电环保研究院开发的脱硫设施运行状态评价及性能诊断技术、运行深度优化技术、烟气治理设施运行管理技术等。

2.1.3.3　NO_x 治理现状

低氮燃烧技术与选择性催化还原法（selective catalytic reduction，SCR）作为现阶段最成熟的烟气脱硝技术，被我国燃煤机组普遍采用。低氮燃烧方面，等离子双尺度、高级复合空气分级、低氧燃烧等一系列低氮燃烧技术的不断创新、换代和升级，使得大型锅炉 NO_x 排放控制水平处于国际领先水平。SCR的技术核心是催化剂，其催化性能的高低直接影响到脱硝系统的整体脱硝效率。因此，SCR工艺研究主要集中在高催化性能催化剂的研发、催化剂寿命的延长和失活催化剂的再生。近年来，我国成功开发了高灰分耐磨催化剂、无毒催化剂配方等。另外在脱硝工艺优化方面也取得了很大的进展，如吹灰改进、氨逃逸在线监测、反应器流场优化、喷氨精准优化、催化剂防堵等技术的成功开发、应用和推广。高性能催化剂的研发和脱硝工艺流程的优化为SCR脱硝系统的高效、稳定、经济、安全运行提供了可靠保障。而省煤器分段、省煤器旁路、烟气再热等技术的研究和应用也为SCR系统全负荷、宽温度范围内脱硝提供了技术支撑。低氮燃烧技术的升级、

SCR 技术的优化和改进、不同脱硝机理的脱硝工艺的联合使用，使得燃煤电厂 NO_x 排放浓度基本可以稳定控制在 50mg/m^3 以下，实现了 NO_x 的超低排放。

(1) 低氮燃烧技术

国内选用的低氮燃烧技术较多，且经历了不同的发展阶段。目前，低氮燃烧技术总体上已达到了先进水平。低氮燃烧技术设计的基本理念是将过量空气燃烧、空气分级燃烧和特殊设计的低氮燃烧相结合，在挥发氮物质形成且非常关键的早期燃烧阶段将 O_2 降低，从而把整个炉膛内分段燃烧和局部性空气分段燃烧时降低 NO_x 的能力结合起来，在初始的富燃料条件下促使挥发氮物质转化成 N_2，从而达到大幅度降低 NO_x 排放的目的。高级复合式空气分级低氮燃烧技术先后经历了三个阶段，才最终形成。其原理是：①采用紧凑的燃尽风（CCOFA）和分离燃尽风（SOFA），控制燃烧区域的过量空气系数，造成弱还原性气氛燃烧，从而使 NO 还原成为 N_2，减少燃料型 NO_x。②强化着火煤粉喷嘴设计。强化着火煤粉喷嘴能使火焰稳定在喷嘴出口一定距离内，使挥发分在富燃料的气氛下快速着火，实现富燃料燃烧；氧气含量少，抑制 NO_x 生成。③采用辅助风喷嘴（CFS）。采用同心切圆（CFS）燃烧方式，部分二次风气流在水平方向分级，在初始燃烧阶段推迟了空气和煤粉的混合，增加了还原反应时间，使更多的燃料 N 被还原成 N_2，减少了 NO_x 的生成量。

超临界和超超临界锅炉中大量应用了第三代低氮燃烧技术，降低 NO_x 的效果非常明显。

(2) 全负荷脱硝技术

一般来说，催化剂的活性温度范围为 300～400℃，而普通机组在低负荷情况下，烟气温度下降，会导致催化剂无法工作，造成脱硝装置无法运行，NO_x 排放容易超标。为了进一步降低 NO_x 的排放，满足更低机组负荷工况的温度窗口，进一步做到在 99%以上概率机组运行时间的全负荷脱硝，将脱硝的最低停运负荷降到 30% THA（热耗保证工况）以下，可采取以下两个方案：

1）省煤器分段方案

对于塔式炉，其布置空间使省煤器容易拆分。具体操作方式是将省煤器拆分成两段，找出一个合适的温度窗口，以满足 30% THA 甚至更低工况下脱硝进口烟温大于 310℃且 100% BMCR（锅炉最大连续出力）工况下脱硝进口烟温小于 400℃，从而使脱硝装置能满足在 99%以上的运行时间都能投运。

2）宽反应窗口区催化剂方案

一些脱硝催化剂公司和高校正在进行催化剂配方的优化和试验，使催化剂适用于 290℃甚至更低的温度。在某些高校的实验室中，已经实现了催化剂在 260℃以下长时间安全连续运行。若催化剂适用温度下限从 310℃降低到 290℃，可以有效提高脱硝在低负荷工况下的投运率。

上海外高桥某发电厂，采用的技术方案是第一个方案，即省煤器分段方案。通常情况下，机组低负荷运行时，由于脱硝效率的低下，为防止脱硝催化剂堵塞，必须退出脱硝装置的运行。但此时锅炉产生的 NO_x 浓度是额定负荷的 2～3 倍，这意味着在更需要脱硝的情况下，脱硝装置反而不能有所作为，增加了污染排放。为了充分发挥脱硝装置的减排作用，外三电厂开发出世界首创的“弹性回热技术”。通过“弹性回热技术”，低负荷下省煤器入口水温得以提高，使其出口烟温相应上升，可确保 SCR 在全负荷范围内处于催化剂的高效区运行。该技术的运用，使脱硝系统投运率接近 100%，彻底攻克了锅炉低负荷必须退出脱硝装置这一难题。

“十二五”以来，火电厂大气污染物排放标准不断提升，国家环保节能减排相关政策不断趋严趋紧，燃煤电厂积极开展超低排放改造。经改造，燃煤发电机组常规污染物烟尘、SO_2、NO_x 的排放总量大幅度降低，烟尘排放浓度降至 $10mg/m^3$ 甚至 $5mg/m^3$ 以下，SO_2 排放浓度降至 $35mg/m^3$ 及以下，NO_x 排放浓度不超过 $50mg/m^3$，排放浓度基本达到燃气机组排放限值，排放标准已达到世界最严水平，创国际领先。截至 2019 年，我国煤电机组实现超低排放的比例已达到 86%，我国煤电行业已经建成了全球最大的高效、节能、清洁燃煤发电体系，为我国大气污染物中烟尘、SO_2、NO_x 的减排作出了巨大的贡献。

2.2 非常规污染物

能源消费总量和能源消费结构是造成环境问题的重要影响原因。为了进一步推动燃煤污染治理，国务院印发的《打赢蓝天保卫战三年行动计划》（以下简称《三年行动计划》）要求加快调整能源结构，在重点地区实施煤炭总量控制，2020 年，煤炭在能源消费中的比例应降至 58%以内。近几年，我国煤炭正由主导能源向基础能源作战略性转变。从能源生产结构来看，煤炭约占 69.1%，石油约占 7.1%，天然气约占 5.6%，非化石能源约占 18.2%。2018 年，全国能源消费结构继续优化，煤炭消费量占能源总量的 59.0%，比上年下降 1.4 个百分点；天然气、水电、核电、风电等清洁能源消费量占能源消费总量的 22.1%，上升 1.3 个百分比，其中天然气占 7.8%，非化石能源消费占 14.3%。2018 年全国能源消费结构如图 2-4。

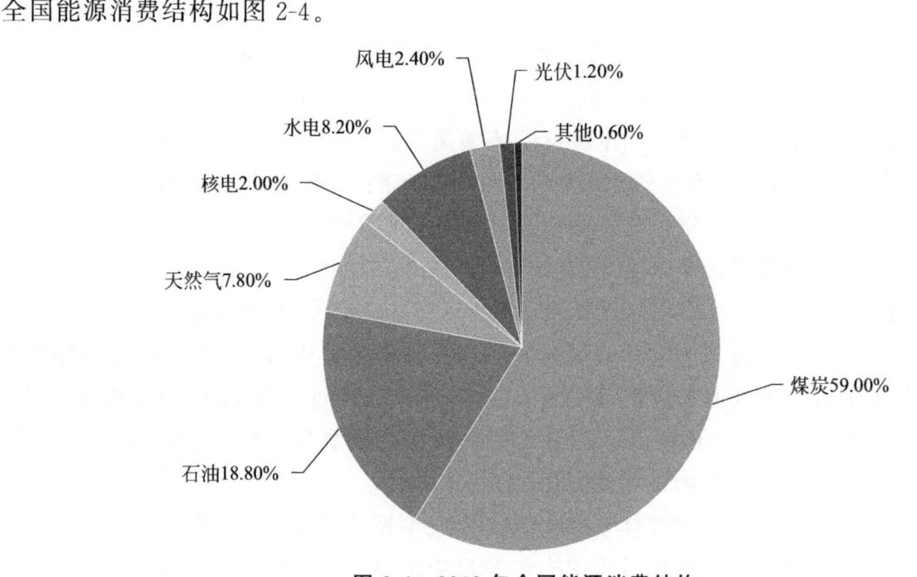

图 2-4　2018 年全国能源消费结构

《电力发展“十三五”规划（2016—2020年）》提出，2020年非化石能源发电量占比要提高至31%。在电价补贴、保障性购买等政策的扶持下，我国电力供应结构持续优化。截至2019年底，全国发电装机容量201066万千瓦；其中，火电装机占总装机容量的59.2%；清洁能源装机占总装机容量的40.8%。清洁能源的推广已成为电力行业污染控制的重要助力。

自“大气十条”发布以来，我国大气污染防治成绩显著。京津冀、珠江三角洲、长江三角洲等地的环境空气质量有了很大提升，珠三角$PM_{2.5}$平均浓度连续三年达标。但是，我国大气污染形势依然严峻，主要城市的颗粒物污染问题尚未完全解决，以可吸入颗粒物（PM_{10}）、细颗粒物（$PM_{2.5}$）为特征污染物的区域性大气环境问题仍然突出。2019年京津冀及周边地区，汾渭平原$PM_{2.5}$平均浓度都为国家二级标准的1.6倍左右，区域空气重污染过程时有发生；其次，臭氧（O_3）污染逐渐凸显。我国大气污染已呈现出多污染源多污染物叠加、城市与区域污染复合、污染与气候变化交叉等显著特征。因此，在继续推进全国各行业烟尘、SO_2、NO_x排放控制的同时，非常规污染物的排放与控制迫在眉睫。

2.2.1 非常规污染物概述

非常规污染物主要具有以下几个特点：

① 属于燃煤电厂生产过程中产生的排放量极小的一次污染物，如：SO_3、VOCs；

② 燃煤电厂生产运行过程中产生的气态污染物及其发生化学反应后，次生出的二次污染物，如氨、可凝结颗粒物等；

③ 煤炭中痕量元素燃烧后直接产生的一次污染物，如单质汞、As等及其化合物。

满足以上其中一个或同时满足以上几个特点的污染物被称为“非常规污染物”。燃煤电厂的非常规污染物主要包括SO_3、氨、挥发性有机物、可凝结颗粒物等物质。

2.2.1.1 三氧化硫（SO_3）

SO_3又称硫酸酐，极易吸水。SO_3进入空气后，会吸收空气中的水蒸气，生成极少的硫酸，并放出大量热，在空气中强烈冒“烟”。SO_3通常以多种形态存在，如气态SO_3、气态H_2SO_4、H_2SO_4气溶胶、颗粒等。当温度低于硫酸蒸汽露点温度时，硫酸蒸汽会被冷凝成液滴，小粒径的硫酸液滴吸附在空气中颗粒物上便形成硫酸气溶胶，即硫酸酸雾气溶胶。

$$SO_3 + H_2O \longrightarrow H_2SO_4\text{（酸雾）} \tag{2-1}$$

硫酸酸雾气溶胶的粒径极小，通常在0.4～1.2μm之间，在空气中的沉降速度极慢，一般为0.001m/s，会在空气中飘浮较长一段时间。它与金属氧化物接触时，会对金属构件造成严重腐蚀；当它们进入人的呼吸道时，会与呼吸道水分相结合，并与呼吸道黏液起反应，改变其pH值，呼吸道黏液正常pH值在7.4～8.2之间，当黏液pH值降至5.3～7.6时，会引起哮喘；pH值下降，还会增大呼吸道黏液的黏度，同时会深入下呼吸道、气管，甚至进入肺泡，严重影响人体健康。

燃煤电厂中，SO_3的危害主要体现在：①在烟气中形成的H_2SO_4或酸雾会造成锅炉尾部烟道和设备的腐蚀；②与脱硝过程中未参与反应的NH_3作用形成硫酸氢铵（ABS），低温时沉降在SCR催化剂空隙和空预器冷端的换热元件上，造成催化剂失活，空预器堵塞，从而使系统阻力增加，空预器换热效率降低、电厂运行成本上升；③对环境造成显著的影响。由于 SO_3 酸雾的粒径较小，多为亚微米级，当烟气中 SO_3 的浓度超过 5×10^{-6}mg/L 时，对光线产生散射作用，烟囱排烟会出现“有色烟羽”现象。

另外，SO_3 还是酸雨形成的主要原因之一，也是 $PM_{2.5}$ 的前驱体。

2.2.1.2　氨（NH_3）

氨（NH_3）是一种无色、有强烈刺激性气味的气体，密度为 0.7710g/L，易被液化成无色的液体，它极易溶于水，常温常压下 1 体积 H_2O 可溶解 700 体积 NH_3。氨吸附在人体的眼睛、喉咙、呼吸道等器官上，会灼伤腐蚀其黏膜，严重时，可使其组织蛋白变性，进而破坏细胞膜结构。人类如果不慎吸入过量氨气，还会引起肺气肿，破坏运氧功能，导致死亡。

NH_3 对地球上的生物来说相当重要，它是所有食物和肥料的重要成分，也是所有药物直接或间接的组分。NH_3 可用于制氨水、液氨、氮肥、HNO_3、铵盐、纯碱，因此，被广泛应用于化工、轻工、化肥、制药、合成纤维、塑料、染料、制冷剂生产等行业。但随着社会经济的不断发展，由氨带来的环境污染问题越来越引起人们的重视。

近些年来，国内外专家学者纷纷关注氨排放和大气环境污染之间的关系，尤其是氨气与 $PM_{2.5}$ 的关系。曾有学者对 2009 年 9 月 12 日发生在中国上海的一次雾霾的形成过程进行了研究，通过吸湿性测量及化学分析，发现 $(NH_4)_2SO_4$ 和 NH_4NO_3 对霾的形成起到了明显作用，在雾霾形成期间，$[NH_4NO_3+(NH_4)_2SO_4]$ 的摩尔比不断上升，直至 0.96，而且其上升速度恰好与氨浓度增加的速度保持同步，这也表明氨在形成硫酸盐和硝酸盐的过程中起到了至关重要的作用，该研究对城市霾的成因研究具有重要指导意义。大气环境尺度的 $PM_{2.5}$ 源解析研究结果进一步证实，在特定气象条件下，NH_3 与空气中的 SO_4^{2-}、NO_3^- 经过一系列物理化学反应后形成的铵盐是 $PM_{2.5}$ 的重要组成部分，而且它们在 $PM_{2.5}$ 中所占的比例约为 30%～60%，重度污染天气中，其占比还会更高。

氨是大气中重要的碱性气体，对大气酸沉降有至关重要的影响作用。它在空气中存在的时间很短，没来得及通过反硝化作用回到氮气状态，就被转化为铵盐气溶胶（如硫酸铵或硫酸氢铵），造成细颗粒物和区域霾的形成，同时严重降低大气能见度；另外，它会在排放后的数小时或数天内沉降于地表，进入土壤或水体，造成生态系统的酸化、肥化甚至富营养化。林岩等揭示了氮沉降对土壤酸化加剧的现象，并发现 NH_4^+ 对土壤的酸化和富营养化效应均强于同当量的 NO_3^-。

2.2.1.3　可凝结颗粒物

从完整的固定污染源排放颗粒物谱系角度划分，燃煤电厂排放的颗粒物是由可过滤颗粒物（filterable particulate matter，FPM）和可凝结颗粒物（condensable particulate matter，CPM）两部分组成的。美国国家环境保护局（EPA）自 1983 年开始关注可凝结颗粒物的排放，EPA Method 202 对可凝结颗粒物的定义为：在烟道环境内为气相物，经烟囱排放到大气环境中冷却、稀释后经冷凝或反应立刻形成固态颗粒物或液态颗粒物的一类物质。从 EPA 的定义可以看出，可凝结颗粒物是混合物。

可凝结颗粒物有以下主要特点。

(1) 粒径小

可凝结颗粒物通常以冷凝核的形式存在，直径多在 20nm～1μm 之间，属亚微米级颗粒物。在相同质量浓度下，相比常规粉尘，其粒子数浓度比表面积更大。

(2) 停留时间长且扩散距离远

可凝结颗粒物因其粒径小，难以沉降，在大气中的停留时间长，污染扩散范围广、距离远。

(3) 毒性较强

可凝结颗粒物主要分为无机组分和有机组分两大类，通常无机组分在总质量中的占比达一半以上，其中很大部分为硫酸盐，其余部分由硝酸盐、亚硝酸盐、重金属等组成。有机组分通常在 30%左右，有时可高达 60%以上，是不容忽视的重要组成部分。这些组分在大气中比表面积大，活性强，易吸附重金属、病毒等有毒有害物质。因其粒径小、在空气中停留时间较长，易随人的呼吸进入人体的血液循环系统，给人类健康带来巨大的危害。

(4) 可吸湿长大

较常规粉尘而言，可凝结颗粒物的吸湿性更强，因为其重要组成部分——水溶性离子的吸湿性很强。当大气相对湿度较高时，亚微米硫酸盐可吸湿长大，粒径可增长至原来的 2～7 倍。

可凝结颗粒物是引发雾霾形成的重要因素，大量排放会对环境造成很大影响：会增加大气散色、降低大气能见度；会改变大气热力状态，引发大气静稳状态，促进污染加剧；还会改变云的发生、发展及消散过程，进而改变降水格局和地表能量平衡等，对气候造成显著影响。

2.2.1.4 重金属

重金属一般指密度大于 4.5g/cm^3 的金属，包括铅（Pb）、镉（Cd）、铬（Cr）、汞（Hg）、铜（Cu）、金（Au）、银（Ag）、镍（Ni）、砷（As）、锌（Zn）等。但就环境污染方面，重金属主要是指汞、镉、铅、铬以及类金属砷等生物毒性显著的元素。

重金属元素具有较强的迁移、富集和隐藏性，在环境中经历地质和生物双重循环迁移转化后，可通过空气、水、食物链等途径进入人体，当累积达到一定程度，会引发慢性中毒，还会对人体免疫系统造成影响，对人类有致癌、致畸及致突变作用。另外，重金属的难降解性可使部分地区水体底泥、场地和土壤中污染物不断累积，潜在事故风险较高，对人类健康造成严重威胁。

燃煤电厂烟气中重金属排放情况与煤种有关，不同煤种中，重金属的分布不一样。据 Swaine 的评估，煤中有 26 种痕量元素对环境有影响。但大量的研究发现，燃煤电厂排放的大部分有害元素可以被先进的除尘装置有效捕获，但对汞、砷、硒这类挥发性较强的气态元素及其化合物却是无能为力。因此在国内外的研究中，汞、砷、硒成为燃煤电厂有害元素排放研究的热点和难点。汞又是其中挥发性最强的重金属元素，备受关注。

汞（Hg），俗称“水银”，常温下呈液态，银白色，有金属光泽，相对密度 13.6，熔点－39.3℃，沸点 357℃。汞主要危害人的神经系统，使脑部受损，汞中毒易引起四肢麻木、运动失调、视野变窄等症状，重者心力衰竭而死，轻者会出现口腔病变、恶心、呕吐、腹痛、腹泻等症状，汞还会对皮肤黏膜及泌尿、生殖等系统造成损害。在微生物作用下，甲基化后的汞毒性更大。汞元素（Hg^0）极易挥发且难溶于水，很难被除尘设备捕获，在大气环境中停留时间可长达0.5～2年，容易被长距离输送而形成全球性汞污染，给人类健康和环境安全带来极大的威胁。

砷（As）慢性中毒可引起皮肤病变，神经、消化和心血管系统障碍，有积累性毒性作用，破坏人体细胞的代谢系统。

2.2.1.5　挥发性有机物（VOCs）

根据世界卫生组织的定义，挥发性有机物（VOCs）是指沸点在50～250℃，室温下饱和蒸气压超过133.32Pa，在常温下以蒸汽形式存在于空气中的一类有机物。大气中，VOCs浓度低，组成复杂，数量多达上百种，按化学结构可分为八类：烷类、芳烃类、烯类、卤烃类、酯类、醛类、酮类和其他。VOCs的主要成分有：烷烃、烯烃、环烷烃、芳烃、卤代烃、氧烃和氮烃。它包括：苯系物、有机氯化物、氟利昂系列、有机酮、胺、醚和石油烃化合物等。VOCs的室外来源主要包括：燃料燃烧、交通运输、石油化工、油品储运、建筑装修、干洗行业、制药、涂装、印刷等；室内来源主要包括燃煤和天然气等燃烧产物，吸烟、采暖、烹饪等的烟雾，家具、家电、清洁剂和人体本身的排放等。在室内装饰过程中，VOCs主要来自油漆、涂料和胶黏剂。

大部分VOCs的毒性较高，对人类健康和环境安全构成极大危害：①与人长期接触，会对人的眼、鼻、咽喉、皮肤产生刺激作用，导致皮肤过敏，严重时会对人的肝脏、肾脏及中枢神经系统产生影响，相当部分VOCs还具有致畸、致癌作用，其遗传毒性还会引起“雌性化”的严重后果；②排入大气中的VOCs与氮氧化物等污染物发生反应，会生成对流层臭氧，在有自由基（OH·、NO_3·）存在的情况下，还会与氧化性组分发生反应生成半挥发性有机化合物（SVOCs），通过凝结、吸附作用与大气中的颗粒物相结合，形成二次有机气溶胶，生成光化学烟雾，降低大气能见度，造成严重的雾霾天气。

2.2.2　非常规污染物排放情况

2.2.2.1　三氧化硫（SO_3）排放情况

燃煤电厂排放烟气中SO_3的产生，主要源于以下几个方面。

（1）燃烧过程中产生的

燃煤在电站锅炉炉膛内的燃烧过程中，炉膛温度很高时，煤中硫分绝大部分被氧化成SO_2，但是当炉膛温度降低至370℃左右时，烟气温度降低，氧化反应速率降低，在这个温度条件下，有很小一部分硫会被氧化成SO_3（一般锅炉中占到0.5%～1.5%）。实际中，SO_3的生成，除受锅炉温度条件的影响外，还受炉内燃烧条件的影响，炉内过剩空气系数很高时，极小部分SO_2也会被氧化成SO_3。而且燃烧温度越高，游离的氧原子越多，SO_2被氧化生成的SO_3也会越多。

$$SO_2 + O \xrightarrow{\text{燃烧氧化}} SO_3 \tag{2-2}$$

(2) SCR 脱硝过程中产生的

在 SCR 脱硝过程中，烟气中一部分 SO_2 在催化剂活性组分 V_2O_5 的作用下会被氧化成 SO_3。烟气经过每一层催化剂，SO_2 的氧化率基本在 0.2%～0.8%之间。对于中高硫煤，脱硝装置出口处 SO_3 浓度可达 35～55μL/L，甚至更高。

$$SO_2 + O \xrightarrow{\text{催化氧化}} SO_3 \tag{2-3}$$

(3) “烟气消白”过程中产生的

2017 年以来，部分地区某些燃煤电厂开展“烟气消白”，安装了水媒式换热系统 MGGH，烟气通过该换热系统时，飞灰会积聚在 MGGH 的换热元件上，使烟气中部分 SO_2 被飞灰中的重金属催化氧化成 SO_3。

目前人们对 SO_3 污染以及排放控制问题的认识还很不够，针对 SO_3 排放制定的标准和要求也很少。为解决 SO_3 污染问题，美国已有 23 个州针对燃煤电厂锅炉烟气中的 SO_3 制定了排放限值，但是各个州的排放限值标准不同，没有统一的排放限值要求。亚利桑那州的排放标准较为宽松，佛罗里达州的排放标准要求最为严格。还有一些国家并没有单独针对 SO_3 制定排放标准，如德国，是将大气污染物中的 SO_2 和 SO_3 合并成硫氧化物（SO_x）进行综合控制。日本则是将硫酸酸雾作为颗粒物，按颗粒物总量进行控制。当前我国高度重视大气污染物排放中硫氧化物的治理工作。2014 年，国家发展和改革委员会、环境保护部、国家能源局联合发布的《煤电节能减排升级与改造行动计划（2014—2020 年）》中，明确指出支持同步开展大气污染物联合协同脱除，减少三氧化硫、汞、砷等污染物排放。

上海市政府在地方标准《大气污染物综合排放标准》（DB 31/933—2015）中对硫酸酸雾的排放浓度进行了限值要求，规定硫酸酸雾的排放浓度要不大于 $5mg/m^3$。2018 年，杭州市地方政府发布了《锅炉大气污染物排放标准》（征求意见稿），标准要求自标准实施之日至 2022 年 7 月 1 日，现有燃煤热电锅炉执行的大气污染物排放浓度限值为：颗粒物 $10mg/m^3$、二氧化硫 $35mg/m^3$、氮氧化物 $50mg/m^3$、三氧化硫 $10mg/m^3$、氨 $2.5mg/m^3$；自标准实施之日起，新建燃煤热电锅炉及 65t（含）以上燃煤锅炉执行的大气污染物排放浓度限值为：颗粒物 $5mg/m^3$、二氧化硫 $35mg/m^3$、氮氧化物 $50mg/m^3$、三氧化硫 $5mg/m^3$、氨 $2.5mg/m^3$。

2.2.2.2 氨（NH_3）排放情况

(1) 国外氨排放管理现状

欧盟早在 1999 年就提出了哥特协议，即到 2010 年氨气排放量减少 17%；2012 年《哥德堡协议》又规定：欧盟 27 国到 2020 年氨排放平均减少 6%。研究人员提出，西方发达国家的氨排放量减排达 30%，就能有效控制 $PM_{2.5}$ 污染。

(2) 我国氨排放管控情况

早在二十世纪八九十年代，我国一些科研机构就开始研究 $PM_{2.5}$ 的构成，并发现氨

气对 $PM_{2.5}$ 的形成过程有促进作用。但学者们对氨排放的研究并不是特别充分。

目前，我国仅有水泥行业、畜禽养殖业等几个少数典型行业制定了氨相关排放标准。此外，只有《恶臭污染物排放标准》（GB 14554—93）明确提出了氨的排放要求，该标准规定，氨作为一种典型恶臭物质，其排放需满足一次最大排放限值要求和无组织排放源的厂界浓度限值要求。

近年来，我国对氨的控制日益重视，相继出台了一些有关减少氨排放的技术、政策，主要包括《大气污染防治行动计划》《环境空气细颗粒物污染综合防治技术政策》以及《合成氨工业污染防治技术政策》。这些技术政策对农田化肥、畜禽养殖业、氮氧化物净化装置和合成工业氨的减排措施提出了一些建议。2007 年，北京率先将氨纳入空气质量管理体系，在《北京市大气污染物综合排放标准》（DB 11/501—2007）第 5 章中规定了氨的排放要求。2017 年，《大气污染物综合排放标准》（DB 11/501—2017）取代（DB 11/501—2007），进一步对氨的排放进行限制。2014 年 8 月 19 日，环境保护部以 2014 年第 55 号公告形式发布了 4 项源解析相关技术指南，其中包括《大气氨源排放清单编制技术指南（试行）》，指南内容主要涉及污染源分类分级、排放系数与活动水平数据获取、清单的应用与评估等，这成了我国开展大气中氨的排放控制工作的夯实基础。

(3) 氨排放源

大气中的 NH_3 主要来自动物废弃物、土壤腐殖质的氨化、土壤 NH_3 基肥料的损失以及工业排放。它的生物来源主要是细菌分解废弃有机物中的氨基酸产生的。华北地区是我国较大的农业种植区和工业区，因此 NH_3 的干沉降通量相对较大。从季节特征来看，夏季 NH_3 的干沉降通量较大，秋季其次，冬季最小。北京大学宋宇等的研究发现，2006 年我国氨排放总量为 9.8×10^6t，主要来自畜牧业和农田化肥施用，畜牧业和农业的贡献超过 80%。

王跃思教授认为，随着农牧业现代化进程的推进以及化肥减量政策的推行，农牧业对氨气排放的贡献会逐渐减少，但工业、机动车尾气对氨排放的贡献比例在上升。非农业源 NH_3 排放虽然只贡献国家或区域尺度 NH_3 排放总量的少部分，但却能在局部地区高度集中，尤其是城市地区。目前我国对城市非农业源氨排放以及氨对 $PM_{2.5}$ 污染的影响和具体贡献的研究相对较少。从已有的监测数据可以看出，多数城市的 NH_3 浓度与郊区或农村相当甚至更高。鉴于 NH_3 近源性沉降的特点，城市大气的 NH_3 很有可能主要来自城区的非农业源 NH_3 排放。而近年京津冀、长江三角洲和珠江三角洲地区的氨排放量很大，也说明了非农业源氨排放在城市区域发挥了重大作用。因此，现阶段非农业源氨排放将成为氨气污染减排的新重点。

燃煤电厂烟气中氨产生的原因较多，基本都是在运行过程中产生的，与煤的燃烧基本没有关系。燃煤电厂氨排放主要是由氨法脱硫工艺过程的氨逃逸和 SCR 脱硝工艺过程的氨逃逸所致。目前，我国燃煤电厂大多采用石灰石-石膏湿法烟气脱硫工艺，仅有 0.6% 的电厂采用氨法脱硫，其造成的氨逃逸量相对较小；而 SCR 脱硝技术却是当前脱硝的主流技术，被燃煤电厂广泛采用。因此，SCR 脱硝氨逃逸几乎是当前燃煤电厂氨排放的全部来源。燃煤电厂氨排放应重点控制 SCR 脱硝过程中的氨逃逸。

2.2.2.3　可凝结颗粒物（CPM）排放情况

燃煤电厂可凝结颗粒物是由以硫酸雾形式存在的 SO_3、少量氨以及存在于雾滴中的溶解性固体等组成的混合物。燃煤烟气中的 NH_3 主要来源于 SCR 脱硝过程中的氨逃逸，其中 SO_3 主要是在锅炉燃烧过程和 SCR 脱硝过程中生成和转化而来的。在湿法烟气脱硫系统中，SO_3 是以硫酸酸雾气溶胶的形式存在的，其粒径一般在亚微米级范围内，通过 WFGD 系统，未能得到有效脱除。在一定条件下，其中一部分还会与烟气中的氨发生化学反应生成硫酸铵盐类，最终通过烟囱被排入大气，对环境造成污染。

目前，世界各国均没有制定可凝结颗粒物排放标准。关于 CPM 的研究主要集中于它在烟囱出口的排放特征，包括排放量级以及成分谱特征分析。

Corio 等采用 Method 202 及 Method 5 两种方法对 18 个燃煤电厂 CPM 的排放规律进行了测试，结果显示燃煤源 CPM 的排放量与 FPM 的排放量基本处于相同水平，CPM 平均排放量占总颗粒物（total particulate matter，TPM）排放量的 49%，FPM 平均排放量占总颗粒物（TPM）排放量的 51%。通过测试，发现 CPM 平均排放量占总 PM_{10} 排放量的 76%，CPM 对细颗粒物的贡献应引起重视。

对比分析我国《固定污染源排气中颗粒物测定与气态污染物采样方法》（GB/T 16157—1996）与 EPA 固定污染源颗粒物测试方法，不难发现，我国现有标准《固定污染源排气中颗粒物测定与气态污染物采样方法》（GB/T 16157—1996）只适用于烟气中 FPM 的测定，无法实现对固定污染源中 CPM 的测定。目前，我国固定颗粒物研究主要针对 FPM，对 CPM 的研究甚少。斐冰 2015 年利用自主研发的可凝结颗粒物采样配件，建立了可凝结颗粒物的测试方法并现场应用于燃煤电厂，得出燃煤电厂 CPM 的平均排放浓度为（21.2±3.5）mg/m^3，同时使用 GB/T 16157—1996 采样方法取样分析得出此时间段内烟气中 FPM 的平均排放浓度为（20.6±10.0）mg/m^3，二者在 TPM 排放量中的占比分别为 50.7%、49.3%，基本相同，这与 Corio 的结论一致。另外，测试结果显示，电厂传统高效静电除尘器可有效降低烟气中 FPM 的排放量，但是对 CPM 没有明显脱除作用，FPM 的去除还会使 CPM 对总颗粒物的贡献更加突出。因此测定 CPM 排放量对完整测算燃煤源向环境排放的一次细颗粒物具有重大意义。

CPM 的组成分为有机组分和无机组分，水溶性离子又是 CPM 无机组分中的重要组成部分。Yang 等研究了燃煤电厂排放烟气中 CPM 的化学组成，发现其中无机组分的含量在总 CPM 中的占比高达 95.4%。胡月琪等选取北京市几家采用典型烟气脱硫除尘烟气净化工艺的燃煤锅炉，对其烟气排放中的水溶性离子组分 K^+、Ca^{2+}、Na^+、Mg^{2+}、NH_4^+、Cl^-、NO_3^-、SO_4^{2-}、F^- 的排放特征进行了研究，发现 Cl^-、NO_3^-、SO_4^{2-}、F^- 是 CPM 中主要特征水溶性离子。

2.2.2.4 重金属排放情况

煤中痕量金属元素存在的形式多种多样，包括无机物和有机物。现在燃煤造成的痕量元素污染问题也正在引起人们的广泛关注。目前，在环境污染中最受关注的重金属元素有 Hg、As。

（1）汞的排放情况

据统计，全球每年向大气中释放的汞总量约为 5000t，其中 4000t 是人为源造成的。人为释汞源主要包括燃料燃烧、垃圾焚烧、金属开采和冶炼以及氯碱工业等。化石燃料的燃烧是大气中汞污染的重要来源之一，而燃料燃烧中尤以煤炭燃烧产生的汞排放量所占比例最大，全球每年约有34%的汞排放来自煤炭燃烧。联合国环境规划署在2003年发表的一份报告中指出，燃煤电厂是汞排放的最大人为污染源。有关统计数据显示，我国每年排放到大气中的汞为219.5t，其中电厂的排放量为77.5t，约占35.3%。根据美国国家环境保护局（EPA）估算，1994—1995年，美国由于人类活动排放到大气中的汞达150t，其中1/3的排放量来源于燃煤电厂。

1）国外汞排放情况

美国燃煤电厂汞的排放控制研究始于1990年美国国会通过了《清洁大气修正案(CAAA)》，它是世界上首个针对燃煤电站汞排放实施限制标准的国家。2000年，美国燃煤电厂汞排放量为48t，克林顿政府计划在2007年达到90%的汞控制率，但该计划在布什政府期间被废除。2005年3月15日，布什政府发布了关于限制燃煤发电厂汞排放的规定——《清洁空气汞法规》(Clear Air Mercury Rule，CAMR)，用EPA表示，这个法规的制定和实施将是美国首次控制发电厂金属汞排放的标志。该法规将汞的排放量降低过程分为两个阶段：第一阶段，主要依靠脱硫和脱硝装置的协同脱除作用来降低烟气中汞的排放，计划2010年汞的年排放量降低到38t/a，较2000年降低20%，而且可以交易；第二阶段，到2018年，将汞的年排放量降低到15t/a，相当于将2000年汞的排放量减少近70%。这项新规定与克林顿期间的决定悬殊太大，引起多个州的不满，各个州自发制定了更为严格的政策以控制火电厂汞的排放。如新泽西、马萨诸塞、康涅狄格州政府要求境内火电厂在2008年达到85%的汞控制率，伊利诺伊州政府要求在2009年实现90%的汞控制率，宾夕法尼亚州签署了在2010年实现80%汞控制率的法规。目前，美国燃煤电厂汞排放限值大致在2～5$\mu g/m^3$。

日本方面，中川良三总结了20世纪80年代日本排入大气中的汞的情况，得出当时由煤炭石油燃烧、钢铁及有色金属冶炼、水泥陶瓷制造等行业产生的汞排放量约为60t，其中不包括垃圾焚烧产生的汞排放量。

2）我国汞排放政策情况

在我国，随着工业化进程的飞速发展，由重金属排放引起的污染事件呈多发态势，对生态环境和群众健康构成了严重威胁，我国政府对此高度重视，逐步将汞污染控制提上日程。2009年，环境保护部等七部委出台了《关于加强重金属污染防治工作的指导意见》，将汞列为重点防控的重金属污染物之一。2010年5月11日国务院办公厅转发环境保护部等部门《关于推进大气污染联防联控工作改善区域空气质量的指导意见》的通知中，进一步提出建设火电机组烟气脱硫、脱硝、除尘和除汞等多污染物协同控制技术示范工程。为切实抓好重金属污染防治工作，2011年4月，国务院正式批复由环境保护部会同其他有关部门编制的《重金属污染综合防治“十二五”规划》，该规划为我国首个“十二五”专项规划，规划明确提出重金属污染防治目标、任务和政策措施，要求重点区域2015年重金属排放较2007年减少15%，并给出燃煤电厂含汞废气的污染治理措施。与此同时，环境保护部组织隶属于各大发电集团的16家燃煤电厂，开展了大气污染物汞排放监测试点工作。同年，《火电厂大气污染物排放标准》(GB 13223—2011）出台，正式将汞纳入火电厂污染物排放控制范畴，对燃煤电厂汞排放控制作出了规定，要求自2015年1月1日起全部燃煤电厂执行汞及其化合物达标排放，排放浓度不能超过0.03mg/m^3。2014年9月，国家发改委、环境保护部、国家能源局联合印发的《煤电节能减排升级与改造行动计划》提出，支持同步开展大气污染物联合协同脱除，减少汞、砷等重金属污染物的排放。

3）我国燃煤电厂汞排放情况

目前，我国相关政府部门及行业还未正式对外发布过燃煤电厂汞排放量的数据，只是一些专家学者先后采用不同的方法，估算了燃煤电厂汞的排放情况。Streets 等估算得出，1999 年我国燃煤大气汞释放 202.4t，其中燃煤电厂汞释放量占 33.6%，约为 68t。根据浙江大学骆仲泱等的研究，2003 年燃煤电站向大气排放的汞达到了 86.8t。2012 年，Wang 等估算了 2008 年中国燃煤电厂汞释放量为 96.5t，并建立了各省的燃煤汞排放清单，预测在现有能源消费结构和污染物控制政策下，到 2020 年，燃煤电厂汞释放总量将达到 196t。赵毅等通过研究电力用煤消费量、煤中汞含量、燃烧和烟气净化设施的汞排放修正因子，并结合“十二五”期间常规污染物控制设备的投运率，估算出 2015 年中国燃煤电厂烟气中汞的排放量为 42.92t，较 2010 年降低 52.6%。分析认为，这主要是由于超低排放改造后，脱硫脱硝除尘设备对汞的协同脱除作用增强。赵毅等还指出，未来燃煤电厂汞污染控制重心将转移到脱硫废水和固体废弃物中汞的固化和无害化处理方面。

（2）砷的排放情况

煤燃烧、垃圾焚烧和金属冶炼等都会产生含砷废气污染环境。其中燃煤是大气中砷的主要来源。据估计从 1900—1971 年间世界消耗煤量大约为 117×10^9t，排入大气中的砷总量高达 2.7×10^5t。我国每年燃煤 5.45×10^8t，砷的排放量在 5000t 以上。高炜等调查了 1980—2007 年我国燃煤大气砷排放趋势，1980—2007 年我国燃煤大气砷排放量总体也呈增加趋势，年均增长 4.1%，其中 2005—2007 年增长较快，年均增长达 10.2%，这主要与我国工业部门和燃煤电厂耗煤量的快速增长有关。据北京师范大学田贺忠等估算，我国燃煤产生的砷排放量从 1980 年的 635.57t 增长到 2007 年的 2205.50t。

2.2.2.5 挥发性有机物（VOCs）排放情况

（1）VOCs 排放情况

1）美国 VOCs 排放现状

美国对于 VOCs 污染排放的基础数据调研和数据共享公开工作非常重视。在美国国家环保局（USEPA）的网站上可以查到美国每个州和每个县的 VOCs 排放总量和来源构成。根据 USEPA 统计，自 1975 年以来，美国的人为源 VOCs 年排放量呈逐年下降的趋势，近年来基本维持在 18Mt 左右。表 2-2 是 USEPA 公布的 2009—2013 年美国不同来源的 VOCs 排放量。

表 2-2 美国 2009—2013 年不同来源的 VOCs 排放量 单位：kt

类别	2009 年	2010 年	2011 年	2012 年	2013 年
燃烧(用于发电)	43	42	41	41	41
燃烧(用于工业)	108	108	109	109	109
燃烧(其他)	431	456	480	480	480
化学品生产	85	82	79	79	79

续表

类别	2009年	2010年	2011年	2012年	2013年
金属加工	36	35	34	34	34
石油化工	1993	2241	2490	2490	2490
其他工业	351	340	328	328	328
溶剂使用	3153	2984	2815	2815	2815
存储和运输	1204	1213	1222	1222	1222
废物处理和循环	168	150	132	132	132
高速机动车	2773	2782	2413	2287	2161
非高速路机动车	2395	2321	2159	2073	1986
其他	4928	5160	5867	5867	5867
总计	17667	17914	18169	17956	17744

从表2-2中可以看出，USEPA对VOCs排放源的分类非常详细，将其分成13大类。2013年，美国工业源（表2-2中的前10项）VOCs排放量为7.73Mt，占VOCs年排放总量的44%。与工业相关的VOCs排放过程主要包括石油化工、溶剂使用、存储输送、燃料燃烧等。其中燃料燃烧VOCs排放量为0.63Mt，用于发电的燃料燃烧VOCs排放量为41kt，占燃料燃烧VOCs排放量的6.5%，仅占VOCs年排放总量的0.23%。

2）欧盟VOCs排放现状

有研究表明，欧盟的人为源VOCs排放量从1990年以来也逐年下降，近年来大约稳定在8Mt，显著低于美国的VOCs排放水平。欧盟VOCs排放量的下降主要是通过对交通移动源和溶剂使用过程中VOCs排放量的控制实现的。

2011年欧盟VOCs排放量的构成中，溶剂使用、能源生产与输送、工业过程等工业源在总排放量中占有比较大的比例，约占64%。

3）我国的VOCs排放现状

目前，尚未见相关部门对外公布我国的VOCs排放量信息，但是一些研究者通过排放因子法对我国的VOCs排放状况进行了估算，主要结果见表2-3。

表2-3 中国人为源VOCs排放量与来源构成 单位：Mt

基准年	人为源VOCs排放量	主要来源			
		燃料燃烧	溶剂使用	石油化工	交通运输
1985	4.5	1.8	1.4	0.8	0.4
1990	11.1	5.8	1.2	0.59	2.3
1995	13.1	5.5	1.8	0.84	3.6
2000	8.3	1.6	2.2	1.7	2.7
2005	20.1	4.2	5.8	3.2	5.6
2007	23.8	9.6	4.1	4.3	4.8

从表2-3可以看出，虽然我国没有对VOCs排放量的官方统计数据，但从各个研究者的报道还是可以看出我国人为源VOCs排放的基本状况。我国的VOCs排放总量在20世纪80年代只有不到5Mt，到了90年代就增加到10Mt，而到2005年后就增加到20Mt以上，显著高于美国和欧盟的VOCs排放量。在各个来源中，工业源（包括溶剂使用和石油化工）的VOCs排放量占人为源VOCs排放量的1/3～1/2，因此需要重点加以关注。

近年来，针对工业VOCs排放的研究主要从重点行业和重点区域两个方面开展。涉及的重点行业包括石油炼化、合成材料、涂料、制药、漆包线生产、印刷电路板等，涉及的重点区域包括珠三角地区、长三角地区和京津冀地区等。陈颖等采用排放因子法估算得到我国2009年的工业VOCs排放量约为12.06Mt，合成材料生产、石油炼制和石油化工、建筑装饰、机械设备制造等行业的VOCs排放量达1Mt以上，需要重点加以关注。

(2) VOCs排放控制标准

1）国外排放控制标准

由于VOCs污染具有很大的危害性，为了保护人类健康和生态环境，世界各国根据本国国情，制定了一系列的环境法规和标准，来控制VOCs排放和污染。

美国针对各种不同的行业制定了非常细致和有针对性的VOCs排放控制标准。涉及的行业有炼油、石化、精细化工、油品储运、制药、表面涂装、出版印刷、铸造、服装干洗等。控制标准所涉及的排放过程包括工艺排气、设备泄漏、污水散发、储罐泄漏、运输泄漏等。除了规定排放限值外，还规定了各种必要的防护措施和处理措施。对于固定源，美国的标准一般要求总有机物削减率不低于98%，或者排放浓度限值为20×10^{-6}(体积分数)。

欧盟环保标准多以各种指令形式颁布。针对VOCs排放，欧盟颁布指令包括“有机溶剂使用指令1999/13/EC”“涂料指令2004/42/CE”和“汽油贮存和配送指令94/63/EC”“综合污染预防与控制指令96/61/EC、2008/1/EC”等。各成员国针对单项VOCs物质，还制定了各种分级控制标准。例如英国根据VOCs的健康风险、臭氧生成能力，臭氧破坏和全球气候影响能力等将500多种VOCs分为高毒、中等毒害、低毒害3类。

2）我国VOCs排放控制标准及政策

我国对VOCs污染源的控制管理起步较晚。除《恶臭污染物排放标准》（GB 14554—93）、《大气污染物综合排放标准》（GB 16297—1996）以及《环境空气质量标准》（GB 3095—1996）等国家标准中对VOCs的排放及其在环境中的排放浓度限值做了具体的规定外，仅针对合成革、炼焦、橡胶制品、油品零售行业污染物、部分针对室内装饰用涂料和胶黏剂的有害物质含量限值标准中给出了总VOCs含量的控制要求。因此，VOCs污染控制法规和标准匮乏，工业污染源VOCs普遍未得到治理。

$PM_{2.5}$是当前大气污染防治工作的重点改善因子，O_3污染问题在我国也逐渐显现。鉴于VOCs是O_3和$PM_{2.5}$等污染物的重要前体物，加强VOCs的排放控制对于推进$PM_{2.5}$和O_3的协同防治具有重要意义。与$PM_{2.5}$、SO_2、NO_x等污染物相比，我国现阶段对VOCs的排放控制稍显薄弱。2010年国务院办公厅转发了环境保护部等部门《关于推进大气污染联防联控工作改善区域空气质量指导意见》（国办发［2010］33号）的通知，首次将挥发性有机物纳入大气污染联防联控的重点污染物范围，并将火电行业列为挥发性有机物排放重点防控行业之一。2013 年 9 月 12 日，国务院正式发布《大气污染防治行动计划》，重点提出“推进挥发性有机物（VOCs）污染治理”“强化节能环保指标约束，提高节能环保准入门槛”等举措。面对当前形势，《三年行动计划》表明要“实施 VOCs 专项整治方案”，提出 2020 年 VOCs 排放要比 2015 年下降 10%以上的目标；同时还提到要将 VOCs 纳入环保税的征收范围、完成相关行业的产品 VOCs 含量限值以及污染物排放标准、在重点区域和高浓度 O_3 城市开展 VOCs 监测、将相关排放重点源纳入重点排污单位名录等内容。与其他污染物的控制类似，VOCs 的排放管控也需要从重点排放行业入手，从源头控制、污染物处理技术升级、加强监管等多个方面进行综合控制。此外，VOCs 排放具有明显的无组织特征，也需要针对这一特点进行管控。

2019 年 6 月生态环境部印发了《重点行业挥发性有机物综合治理方案》，明确了石化、化工、工业涂装、包装印刷、油品储运销、工业园区和产业集群等几个重点行业的治理对策，强调要完善相关的标准体系，强化监测监控和监督执法以保障方案的实施。接下来一段时间内，应当借鉴其他污染物的成功控制经验，努力完成《重点行业挥发性有机物综合治理方案》相关要求，积极推动 VOCs 降低排放量。

2.2.3　非常规污染物治理现状

2.2.3.1　SO_3 治理现状

燃煤烟气中 SO_3 的生成及转化过程不仅与燃煤成分、锅炉燃烧方式有关，而且还与脱硫、脱硝、除尘技术及其设备运行情况有关。目前，国内外燃煤电厂脱除烟气中 SO_3 的主要技术有燃烧低硫煤、湿法脱硫技术、湿式静电除尘技术、碱性吸收剂喷射技术等。

（1）尽量燃烧低硫煤，控制燃烧过程中 SO_2 的生成，减少 SO_3 的生成及转化

燃煤电厂尽量燃烧低硫煤，是降低烟气中 SO_2/SO_3 转化率最直接的方法。首先，当锅炉的燃烧温度、通入风量等条件相同时，煤中硫在锅炉炉膛燃烧过程中转化为 SO_3 的量与煤中的硫分含量呈线性关系，随煤中硫分含量的增大而增大。因此，使用低硫煤可以减少 SO_3 产生量。其次，SCR 脱硝过程中，SO_2/SO_3 的转化率与烟气中 SO_2 的浓度直接相关。事实上，在整个脱硝过程中，SO_3 的生成量并不是随着烟气中 SO_2 浓度的增加而增加，而是呈先增加后减少的趋势，但是最终 SO_3 绝对含量还是增加的，其主要原因是烟气中 SO_2 浓度增加较快。因此使用低硫煤，降低燃烧过程中 SO_2 的产生量，可以降低脱硝过程中 SO_2 被氧化生成 SO_3 的量。然而国内低硫煤量少价高，燃煤锅炉全部使用低硫煤是难以实现的，这时采用燃煤掺烧技术混煤降低煤中含硫量，可以作为一种有效手段。但是燃煤掺烧技术混煤还存在诸多问题，如煤场合理堆放来煤难度大、配合煤输送阶段容易堵塞、配合煤煤质稳定性难以保证等，另外，配合煤的利用还需要考虑锅炉和除尘设备等的适应能力。因此，通过燃烧硫分含量低的燃煤，达到减少 SO_3 产生量的目的是比较困难的。

（2）优化 SCR 脱硝催化剂，降低 SO_2/ SO_3 的转化率

通常情况下，SCR 脱硝过程中使用的催化剂均为钒基催化剂，即以 TiO_2 为载体，以

V_2O_5 结合 WO_3 或 MoO_3，为催化活性成分的催化反应体系。然而，在实际应用中，钒基催化剂仍然存在一定问题，即其中 V_2O_5 易催化氧化烟气中的 SO_2 为 SO_3。尽管高浓度的 V_2O_5 有利于 NO_x 与 NH_3 的催化反应，但是它可以同时提高 SO_2 氧化为 SO_3 的转化率，为降低 SCR 脱硝过程中 SO_3 的产生量，应对传统钒基催化剂进行优化。首先，商业钒钨钛催化剂中钒的担载量不能太高，通常控制在1%左右，以降低 SO_2 的氧化率。其次，通过调整催化剂活性成分（如提高催化剂活性组分中 WO_3 的含量）、调整添加剂和助剂的配比等，在保证较高脱硝效率的同时减少 SO_2 氧化。另外，催化剂的形状也会影响 SO_2 的氧化，可以通过采取减少催化剂孔道的壁厚，改变催化剂的结构等方法和措施，抑制 SO_2 氧化成 SO_3。

(3) 利用现有污染物控制设备协同控制

国内绝大部分燃煤电厂并未安装专门脱除 SO_3 的环保设施，因此主要利用低低温电除尘器、湿式电除尘器、WFGD 系统等现有污染物控制设备协同脱除烟气中的 SO_3，控制其排放。

1）低低温除尘器对 SO_3 的协同脱除

通过烟气冷却器或烟气换热系统，低低温电除尘器将烟气温度降至酸露点以下，一般在（90±5）℃。气态的 SO_3 将冷凝成液态的硫酸雾。此时，烟气中粉尘浓度高，总的比表面积大，为硫酸雾的凝结附着提供了良好的条件，大部分 SO_3 会在烟气冷却器中凝结，并吸附在粉尘表面，且有效促进粉尘颗粒团聚，使其性质发生很大变化。粉尘性质的变化和烟气温度的降低促使粉尘比电阻下降，击穿电压上升，电除尘器的除尘效率得以大幅提高，同时烟气中大部分 SO_3 也被高效脱除。

通过大量的试验研究和理论分析，许多研究学者认为：低低温电除尘器是靠冷凝吸附作用和颗粒物凝并团聚作用来实现烟气中 SO_3 的脱除的。烟温低于酸露点时，SO_3 先均相凝结形成 SO_3 酸雾，其中一部分仍以纯 SO_3 酸雾滴形式存在，另一部分 SO_3 酸雾则与飞灰颗粒物碰撞接触，沉积吸附于颗粒物表面，同时还促进了飞灰颗粒物之间的碰撞凝并，使飞灰粒径增大，大粒径飞灰增多，最后被电除尘器捕捉脱除。清华大学张旭辉认为，SO_3 酸雾的沉积受灰硫比和 SO_3 含量的影响，当灰硫比大于100时，烟气中 SO_3 的去除率可达到95%以上。

低低温电除尘系统对 SO_3 具有很高的脱除能力，平均脱除效率在80%以上，有时会高达95%，甚至更高，是目前现有环保污染物处理设备中 SO_3 去除率最高的烟气处理设备。

2）湿式电除尘器对 SO_3 的协同脱除

湿式电除尘器（WESP）属于高效除尘末端精处理设备，一般安装在烟气处理工艺路线的最后，能有效去除脱硫吸收塔后湿烟气中细颗粒物和酸雾等有害物质。湿式电除尘设备的工作原理是颗粒物在其内部的静电场中荷电后从烟气中被脱除，SO_3 在湿电场中以硫酸气溶胶的形式存在，气溶胶的荷电是通过电晕放电产生离子实现的，然而这种低温等离子体不仅产生了离子，还生成了 O、OH 自由基等活性组分，这可能会引起烟气组分发生变化。ANDERLOHR 等研究发现，WESP 运行时，如其中有 SO_2 存在，电晕放电的等离子体中产生的自由基就会把 SO_2 氧化生成 SO_3，形成新的硫酸酸雾气溶胶，从而削

减湿式电除尘器对 SO_3 的脱除功效，降低 SO_3 的去除效率。舒喜等分析得出，湿式电除尘器在运行过程中存在强放电现象，当烟气中 SO_2 浓度较低，且有大量水汽和液滴存在时，SO_2/ SO_3 的转化率较为可观。湿式电除尘器对 SO_3 的脱除率较高，多在50%～90%。

3）湿法烟气脱硫（WFGD）系统对 SO_3 的协同脱除

湿法脱硫系统中，SO_3 是以硫酸气溶胶颗粒的形式存在的。SO_3 酸雾在 WFGD 系统中的形成主要是通过均质成核及以烟气中细颗粒物为凝结核的异质成核作用形成的。受成核过程及脱硫塔入口烟气温度、入口飞灰浓度、液气比（L/S）等脱硫系统实际运行条件的影响，湿法脱硫系统中 SO_3 酸雾的粒径集中处于亚微米级范围内，而对于亚微米级的硫酸气溶胶颗粒而言，它与脱硫浆液的传质方式主要依靠布朗扩散作用来实现，其传质速率很慢。因此，WFGD 系统对 SO_3 的脱除能力有限，一般在 30%～50%之间。

（4）相变凝聚技术

相变凝聚技术是基于蒸汽成核和颗粒物碰撞聚并理论研发的一种新技术。湿法脱硫系统出口烟气的湿度接近饱和，经相变凝聚器，烟气温度降低，水蒸气在烟尘颗粒物表面快速凝结，受硫酸酸雾气溶胶等的团聚作用，颗粒物荷电特性得到有效改善，细颗粒物不断聚并、长大。同时，凝聚器内错列布置的换热管束会对流场产生扰流作用，促使颗粒物间、液滴间及颗粒与液滴间发生碰撞，由于颗粒被液膜包裹，颗粒间发生碰撞时，在液桥力的作用下会团聚成大颗粒，继而被后续湿式除尘器或高效除雾器脱除，从而实现 SO_3 的有效脱除。

（5）碱性吸收剂喷射技术

碱性吸收剂喷射技术，是将固体粉末状或液态的碱性吸收剂喷入燃煤锅炉烟道（温度为 120～400℃）内，利用酸碱反应原理，实现燃煤烟气中 SO_3 的脱除，它是一种新型的 SO_3 脱除技术。该技术常用碱性吸收剂分为钠基、钙基和镁基三种，且均为无机盐。钠基盐类具有采购方便、碱性强、反应活性高等特点，其对 SO_3 的脱除效率也较高，是目前最常见的吸收剂。钠基吸收剂通常选择亚硫酸钠（Na_2SO_3）和亚硫酸氢钠（$NaHSO_3$），国外的示范工程中，普遍选用亚硫酸钠作为 SO_3 吸收剂。钙基吸收剂则通常选择 $Ca(OH)_2$、$CaCO_3$、CaO 等几种干粉作为 SO_3 吸收剂，$Ca(OH)_2$ 常被用作 SO_3 吸收剂。钙基吸收剂的脱除效率较钠基吸收剂而言略低。碱性吸收剂喷射技术一般采用稀相气力输送方法，将碱性吸收剂输送并喷射到烟气中，喷射位置通常可布置在以下几处：SCR 脱硝装置入口、空预器入口、静电除尘器入口或脱硫吸收塔入口，分别对应图 2-5 中的位置 1、位置 2、位置 3、位置 4。图 2-5 为碱性吸收剂喷射入口布置简易图。

位置1 位置2 位置3 位置4
省煤器→SCR→空预器→电除尘器→脱硫吸收塔

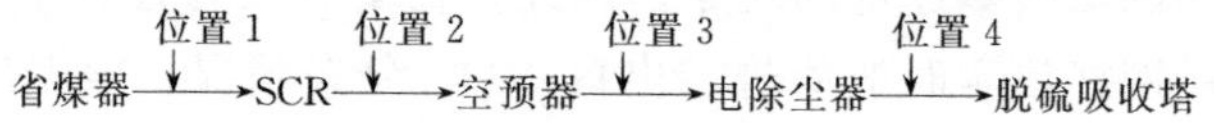

图 2-5 碱性吸收剂喷射入口布置简易图

KONG 等探讨了在不同位置上布置干式吸附剂注射系统（DSI）对 SO_3 脱除的影响，具体位置见图 2-5。位置 1 的最大优点是避免炉内生成的 SO_3 进入 SCR，减少 ABS 在催化剂表面形成；位置 2 则可减缓空气预热器中的“堵灰”现象，但是会降低烟气温度，减少锅炉的整体热效率；如果不考虑空预器堵灰情况，位置 3 是控制烟气中 SO_3 的最佳位置；当以浆液方式喷入时，也可考虑采用位置 4。但是一般情况下，是将吸收剂喷射位置布置在脱硝入口烟道处或空预器入口烟道处，即位置 1 或位置 2。

该技术适用于烟囱排烟出现“烟羽”现象的电厂，尤其是安装 SCR 后烟气中 SO_3 浓度增加的电厂，也可用于需满足低灰排放要求的新建电厂。

目前，碱性吸收剂喷射技术在国外的示范应用业绩较多，在国内，这项新技术正处于研发并进行示范的阶段。

2.2.3.2 氨治理现状

氨逃逸，即脱硝过程中未参与反应的 NH_3。日常运行过程中，氨逃逸主要受脱硝效率、烟气流速和烟气温度等因素影响。一定体积量的催化剂脱硝能力有限，氨逃逸随着脱硝效率的升高而增大，当增加喷氨量超过其脱硝能力时，氨逃逸也将超出设计值。SCR 脱硝过程中影响脱硝效率的主要因素有：催化剂失活、烟气流场分布不均匀、反应器截面上局部区域 NH_3/NO_x 不匹配，脱硝反应温度不适应、催化剂流场堵塞等。实际运行中，在保证 NO_x 排放浓度的情况下，主要从以下几个方面解决氨逃逸问题。

(1) 流场优化

烟气流场均匀性主要取决于 SCR 脱硝系统入口烟气来流的均匀性和喷氨后氨氮混合的均匀性。通常在烟道的转弯、收缩、扩张段，受流动空间变化的影响，烟气会改变原运动方向，出现涡流，流动速度发生分层和改变，造成烟气流场不均匀，脱硝效率下降。一般情况下，采取在烟道内设置导流板、加装气流分布器或整流格栅等措施可改善流场不均匀的状态。另外，良好的氨氮混合效果也可改善烟气流场的不均匀性。氨氮混合效果与喷氨格栅的形式及氨烟静态混合器的选型、布置直接相关。工程应用中，常选用的喷氨装置主要有线性控制喷氨格栅、分区控制喷氨格栅和静态涡流混合器技术等。目前，流场优化通常是在 SCR 设计、安装过程中，结合现场实际情况，采用 CFD 数值模拟，对 SCR 布置和内部结构进行优化，确定最佳设计外形以及导流板等的最佳布置方式，同时使喷氨格栅形式及氨烟混合器的选型与布置最优，保证 SCR 系统温度场、浓度场、速度场满足反应条件，从而实现 NH_3/NO_x 的良好混合，减少出口 NH_3 逃逸。

(2) 喷氨优化调整

受锅炉燃烧方式、SCR 烟道内氨喷射和混合系统结构及催化剂性能的影响，脱硝出口烟道内的 NO_x 分布均匀性通常较差。实际运行过程中，易出现 NO_x 浓度高的区域喷氨量不足，浓度低的区域喷氨过量的现象。因此，需要在运行过程中定期开展 SCR 喷氨优化调整试验，利用网格法实时监测进、出口 NO_x 分布情况，根据出口 NH_3/NO_x 分布偏差，调整各支管 AIG 阀门，运行同时进行全截面多点测量与喷氨分区优化及反馈，提高喷氨合理性，平衡不同负荷及不同运行方式下整体 NO_x 分布的均匀性，最终实现 SCR 脱硝反应器出口截面的 NO_x 浓度分布均匀，防止局部氨逃逸浓度过高，降低空气预热器 ABS 堵塞风险。

（3）机组运行优化和检修维护

在脱硝超低排放改造时，根据运行情况，可进行锅炉燃烧系统优化调整，减少 NO_x 生成量，提高炉膛出口烟道截面 NO_x 分布均匀性，进而改善SCR入口喷氨合理性。机组运行过程中，需定期进行脱硝设备的性能评估，为避免由于催化剂表面积灰或孔道堵塞造成氨逃逸增大，应及时清除催化剂表面积灰，释放催化剂潜能，同时根据催化剂的失活程度，及时加装、更换催化剂，提高脱硝效率，降低氨逃逸。停炉检修时，需检查喷氨格栅喷嘴堵塞情况，对堵塞的喷嘴进行吹扫清理，加强喷氨系统阀门的维护，使喷氨调节阀有良好的调节特性，减少内漏量。

（4）脱硝控制系统优化

喷氨流量控制是烟气SCR脱硝控制系统的主要任务，其控制品质的好坏直接影响到脱硝系统的运行效果。当前SCR脱硝控制系统存在两大问题，测量信号大滞后、大延时问题和控制对象非线性问题。传统PID控制系统本身存在大滞后性，难以解决以上两大难题，常常出现为提高脱硝效率加大喷氨量导致氨逃逸过高的问题，尤其在机组负荷发生波动时这一问题更加严重，控制效果不理想。因此脱硝控制系统优化，也是控制氨逃逸的重要手段之一。

2.2.3.3 可凝结颗粒物治理现状

减少CPM排放浓度，可以从以下几个方面入手：①控制CPM中各组分的含量；②利用现有污染物控制设备协同脱除烟气中的CPM；③研发经济合理的CPM脱除技术。前面小节中已经详细介绍了烟气中 SO_3 和氨的治理情况，这里不再赘述。下面重点从以下两个方面分析燃煤电厂CPM的治理现状。

（1）利用现有污染物控制设备协同脱除烟气中的CPM

现有环保设备对 SO_3 具有较好的去除效果，但是利用现有污染物控制设备协同脱除烟气中的CPM却鲜有研究。杨柳等利用自主搭建的CPM采样装置，结合烟气中FPM的排放规律，对河北省燃煤电厂一台300MW机组进行了测试，分析了超低排放技术路线下燃煤烟气中可凝结颗粒物在WFGD、WESP中的转化特性。结果表明，湿法脱硫装置（WFGD）、湿式电除尘器（WESP）对CPM的去除有协同作用，湿式电除尘器对CPM去除效果比湿法脱硫装置去除效果更好，特别是对CPM中的有机组分去除效果更为显著，去除效率达到了65.27%；经过WFGD和WESP的处理，CPM无机组分中 K^+、Ca^{2+}、Na^+、Mg^{2+} 的质量浓度有较大幅度降低，但是 NO_3^-、SO_4^{2-} 的质量浓度却有所增加，且 SO_4^{2-} 的质量浓度比例始终占据主导地位，由此可见，烟气中硫氧化物对CPM贡献较大。

（2）CPM脱除技术

1）凝变除湿技术

为弥补现有湿电除尘器对于亚微米颗粒物去除率低的问题，很多研究提出了对湿法脱硫后的烟气进行冷却，利用凝结增长促进颗粒物长大，最后再经后续除尘除雾设备深度处理，进而减少烟气中 CPM 的排放。依据此技术路线国电环境保护研究院开发了凝变除湿技术。

根据与凝变器耦合使用的设备的不同，凝变除湿技术可以分为“凝变器＋WESP”的凝变湿电一体化工艺技术和“凝变器＋除雾器”的凝变除雾一体化工艺技术。经石灰石-石膏湿法脱硫后，湿烟气中除含有气液态水、固态微细颗粒物和 SO_3 酸雾等气态酸性物质外，还有部分溶解盐存在于其中。饱和湿烟气在降温过程中不仅发生相变凝聚，通过团聚碰并形成的大颗粒物以及烟气中的酸性组分等还会部分溶解于冷凝水中，与碱性颗粒物发生中和反应，改变凝结水中阴、阳离子的浓度及 pH 值，整个过程要比相变凝聚过程更为复杂，该过程被称为“凝变”。凝变除湿技术的核心在于凝变器的研发。通过凝变器，湿烟气中的部分气态水会转变成微小液滴，微细液滴及固态颗粒物均会团聚变大，借助后续设施终被有效脱除。与相变凝聚技术相同，凝变除湿技术对 CPM 中的 SO_3 也有良好的脱除效果。同时，凝变除湿技术对 CPM 中的溶解性盐也有一定的脱除作用。凝变湿电一体化工艺在江苏某燃煤电厂 630MW 机组上得到应用，经测试，该厂外排烟气中溶解盐浓度为 $1.36mg/m^3$，满足《火电厂污染防治可行技术指南》（HJ 2301—2017）中规定的排放要求。2015 年，凝变除雾一体化技术在上海某燃煤电厂 1000MW 机组上也得以首次应用，同样证实，该技术对溶解盐的脱除效率可达到 65%，效果较好。

另外，凝变除湿一体化工艺技术的应用，还可回收相应烟气中的部分水分，对于缺水地区，意义明显。

2）云除技术

云除技术是依据大气物理中湿沉降过程中的云内清除机理，结合燃煤烟气脱硫除尘设备的特点，研发的专用于可凝结颗粒物处理的新型技术。

云除技术的技术核心是云除系统的研发。云除系统主要包括热泳碰并器和水平除雾器，二者在净烟道内串联布置。在热泳碰并器内，受热泳力和蒸汽压梯度力的共同作用，高湿度净烟气一边推动 CPM 向翅片管表面沉降，一边在翅片管外表面形成冷凝水膜，通过布朗运动、泳移或惯性碰并过程，大量半径大于 $0.1\mu m$ 的较大质粒在云内凝结增长，最终溶于水膜被脱除，减少了二次携带。通过热泳碰并器，仍会残留一定量的液滴，但残余液滴粒径较大，通常大于 $20\mu m$，经过后续水平除雾器处理后，被进一步拦截去除。至此，云除系统完成了对高湿度净烟气中 CPM 的高效去除。

2017 年 11 月，该技术在陕西某发电厂 300MW 发电机组上进行了中试试验。试验数据表明，云除系统可以有效去除湿法脱硫后烟气中的 CPM，去除率接近 70%，且该技术对 CPM 中有机组分有良好的去除效果（去除率约 80%），优于对 CPM 中无机组分的去除（去除率约 50%）。

2.2.3.4 重金属治理现状

目前，我国针对燃煤电厂重金属排放进行控制的只有汞及其化合物，对于其他重金属污染物并没有提出控制要求和排放标准。燃煤电厂汞污染控制技术可分为 3 类：燃烧前脱汞、燃烧中脱汞和燃烧后脱汞。

(1) 燃烧前脱汞技术

燃烧前脱汞是一种物理清洗技术，主要包括煤的洗选技术、烟煤温和热解技术等。目前，煤的洗选技术是世界范围内应用最为广泛的技术。2009 年，中国原煤入洗率为 43%，动力煤入洗率为 20%，分别比美国、南非、俄罗斯等发达国家煤炭行业低 12%～20%。选煤技术的汞脱除效率与燃煤煤种、洗选技术本身和煤中汞含量等有很大关系，选煤除汞技术成本高，需要与其他技术联合使用才能达到良好的脱汞效果。

(2) 燃烧中脱汞技术

燃烧控制技术对汞的脱除具有积极作用，但目前有关燃烧中脱汞的研究较少。燃烧中脱汞主要包括煤基添加剂、流化床燃烧、低氮燃烧、炉膛喷射催化剂等技术。其中，流化床燃烧和低氮燃烧技术已被广泛采用，它们都是利用较低燃烧温度条件有利于烟气中汞的氧化的原理，达到对汞的脱除目的。也有研究认为，流化床燃烧过程中，由于颗粒物在炉内滞留时间较长促使颗粒态汞增加，最终被除尘器捕获脱除。炉膛喷入催化剂或添加剂技术目前仅处于示范阶段，有待于进一步研究与推广。

(3) 燃烧后脱汞技术

燃烧后脱汞技术也称烟气脱汞技术，主要有：吸附剂捕集脱除法、利用现有烟气净化装置协同脱汞法、改性 SCR 催化剂汞氧化技术、电催化氧化联合处理法、Ti/UV 光氧化法、电晕放电等离子体法等。目前燃煤电厂烟气中汞的脱除主要依靠选择性催化还原反应器、除尘设备和湿法脱硫系统等常规污染物处理设施协同脱除。

1）利用现有常规污染物控制设备脱汞

① 除尘设备对汞的脱除。煤在燃烧过程中产生的一部分 Hg^0 会被飞灰中残留的炭颗粒吸附或凝结在其他亚微米飞灰颗粒表面上，形成颗粒态汞，被电除尘器捕获脱除。但是，一方面，颗粒态汞在煤燃烧汞排放总量中所占的比例较小；另一方面，这部分颗粒态汞大多粒径极小，属于亚微米级颗粒物，而电除尘器对亚微米级颗粒物的脱除效率很低，所以电除尘器的除汞能力有限。相对于电除尘器，布袋除尘器对微细颗粒物的去除有其独特效果。经布袋除尘器后，烟气中约有 58%的汞可以被有效去除。随着环保要求的日益严格和超低排放改造的实施，湿式电除尘器和电袋复合除尘器得以推广应用，在提高除尘效率的同时，汞的脱除率也有所升高。除尘器的脱汞效率按由高到低的顺序排列，依次为：湿式电除尘器＋布袋＞电除尘器＋布袋＞布袋＞电除尘器。

② 湿法脱硫系统（WFGD）对汞的脱除。湿法脱硫系统温度相对较低，有利于 Hg^0 的氧化和 Hg^{2+} 的吸收，是目前去除汞最有效的净化设备。烟气中的 Hg^{2+} 较易溶于水，通过湿法脱硫系统后，其中的 Hg^{2+} 大部分可被去除，去除率可达 80%～95%，但是 WFGD 对 Hg^0 没有明显的脱除作用。煤燃烧时，煤中的汞几乎全部转变为 Hg^0 并停留在烟气中，除少部分 Hg^0 形成颗粒态的汞外，另外约有 1/3 的 Hg^0 在烟气流向烟囱出口的过程中，随着烟气温度的逐步降低，与烟气中其他成分发生反应，形成 Hg^{2+} 的化合物，但大部分仍然停留在气相中，因此 WFGD 对总汞的脱除效率并不高。为提高 WFGD 对汞的脱除率，可通过在脱硫塔内添加稳定剂，脱硫废水中加络合（螯合）剂等技术，实现更高的汞控制效果。

③ SCR 装置对汞的脱除。SCR 装置本身并没有脱汞的能力，但是它在脱除氮氧化物的同时，能够将燃烧过程中产生的部分 Hg^0 催化氧化成相对容易脱除的 Hg^{2+}，利于下游

除尘设备和脱硫系统对汞的脱除，增强对 Hg^0 的协同控制效果。典型的 SCR 反应温度下汞的氧化效率为 60%～80%。因此，提高 SCR 过程中 Hg^0 的氧化效率，实现高效率、低成本一体化脱除 NO_x 和 Hg^0，是降低烟气中汞排放的有效手段。

SCR 脱硝过程中，Hg^0 的氧化行为会受煤中硫含量、氯含量、NH_3 浓度、SCR 运行温度和催化剂组分等诸多因素的影响。制备改性 SCR 催化剂，促使 Hg^0 氧化为 Hg^{2+}，是目前催化材料研究的一个热点。通过金属元素，如 Fe、Ce、Cu 等氧化物的掺杂，可以提高 SCR 催化剂的 Hg^0 催化氧化性能。近年来，由于 CeO_2 具有低温活性、无毒的特点，引起研究者的广泛关注，它能克服传统钒基催化剂适用温度窗口太窄，在 280～350℃的温度范围内才有强的活性的缺点。张丙凯等采用超声波增强浸渍法制备了 CeO_2-WO_3/TiO_2(CeWTi)催化剂，研究发现该催化剂在较宽温度范围（200～350℃）内具有很强的 Hg^0 氧化能力，而且当 SO_2 浓度不太高时，烟气中 NO 和 SO_2 共存更有利于实现 Hg^0 的高效氧化，有 HCl 存在的条件下，Hg^0 的氧化效率可维持在 99%左右。另外，氯化物掺杂也可以提高 SCR 催化剂的 Hg^0 催化氧化性能。

综上所述，单一烟气净化设施对汞的总体脱除效率并不理想，工程实际应用中，常会在现有烟气净化设施基础上采取联合控制技术，目前使用最为广泛的是 SCR＋ESP/FF＋WFGD＋WESP 联合控制技术。未来，可开发一些廉价的汞脱除技术，与现有烟气净化设施联合控制技术相结合，在较低设备投资和运行成本下，实现更好的汞脱除效果。

2）吸附剂捕集脱除法

吸附剂捕集脱除技术是目前专门用于燃煤烟气重金属脱除的技术，它主要是利用吸附剂吸附烟气中的 Hg^0 和 Hg^{2+} 以及其他重金属，使其富集在吸附剂表面，然后经后续除尘设备将其去除，达到脱除汞等重金属的目的。目前研发的汞吸附剂按载体类型可分为：碳基吸附剂、飞灰、矿物类吸附剂、金属类吸附剂、金属化合物类吸附剂和络合吸附剂。但该技术控制成本较高，且受除尘设备负载能力等的影响，其应用受到限制。

3）其他技术

目前，关于烟气脱汞方面的研究最多。烟气中气相单质汞很难捕捉，主要依靠燃烧过程中汞的形态转化来实现。将烟气中单质汞（Hg^0）高效氧化是燃煤烟气中汞脱除技术研发的核心任务。现阶段相对成熟的方法还有：电催化氧化（ECO）法、LoTOx 技术、K-Fuel 技术、Ti/UV 光氧化法、低温氧化脱汞技术、等离子体强化除汞技术等。

云除系统是专用于燃煤烟气中可凝结颗粒物的脱除技术。但高境等发现，云除系统在有效脱除可凝结颗粒物的同时，对重金属也具有较好的去除效果，对纳米级细颗粒态汞的去除率可以达到 50%以上，对铬、砷、硒、镉、铅的去除率分别为 14.2%、24.3%、48.5%、4.9%、14.5%。此外研究发现，云除系统对重金属的去除效果与重金属的沸点有关，沸点越低，去除率相对越高。

2.2.3.5 VOCs 治理现状

近年来，为应对我国持续发生的大范围雾霾天气，我国政府对大气污染防治工作给予了高度重视，有机废气处理正在提上日程。

目前，随着燃煤电厂装机容量的不断增加，燃煤产生的非甲烷挥发性有机物

（NMVOC）已经占到了人为源排放总量的1/3。然而，已有的针对有机污染物的研究主要关注的是工业源和室内环境中的挥发性有机物，对燃煤过程产生的挥发性有机污染物研究较少，现有研究内容主要集中于尾部烟气中VOCs的排放量及其形态分布。

煤炭组分复杂，燃烧工况多变，燃烧过程中有机污染物的生成会受内在和外在两方面因素的影响。内在因素是指燃煤本身的一些组成特性，如成煤时间、煤的成分、煤中挥发分含量、固定碳含量及灰分含量等。一般而言，燃煤中挥发分含量越高，在高温燃烧条件下产生的有机自由基数量越大，烟气排放中的有机污染物总量越多。外在因素主要是指燃烧方式、燃烧温度、煤粉粒度、过量空气系数、炉内停留时间等，这些因素决定了燃煤的燃烧效率。燃烧越充分，有机化合物被氧化为CO_2和H_2O的概率就越大，VOCs排放水平就越低。

魏巍基于部分实测估算了我国大陆地区2005年人为源VOCs排放量为19406kt，其中固定燃烧源作为重要的排放源之一，排放量约为5500kt，占VOCs排放总量的27%。根据排放部门分析，固定燃烧源中，民用部门VOCs排放量约5192kt，为电力部门和工业部门排放总量的15倍左右。按燃料类型分析，生物质燃烧的排放贡献最大，占固定燃烧源总排放的85%；其次是燃煤排放，约占13%。

Fernández-Martínez等选取了5个不同装机容量的燃煤电厂作为测试对象，分析发现23种VOCs总排放浓度水平为50～250$\mu g/m^3$，其中单环芳烃所占比例最大，占总VOCs的50%～90%，其次是脂肪烃，还有小部分是卤代烃。Garcia等通过采样分析，发现VOCs排放量与燃煤机组运行负荷正相关。徐静颖研究认为苯及其单环衍生物是燃煤电厂排放的VOCs的主要成分，研究还发现VOCs排放几乎不受锅炉负荷、炉型以及NO_x、SO_2等常规污染物的影响。Pudasainee等将常规污染物控制设备前后的烟气作为采样分析对象，结果发现卤代烃和苯系物是燃煤电厂排放的VOCs的主要成分，且常规污染物控制设备对VOCs没有去除效果。Shi等对实际燃煤电站锅炉和工业炉排放烟气中的107种挥发性有机物进行了采样分析，发现燃煤电厂烟气中VOCs的主要组成成分包括甲苯、苯、4-乙基甲苯等苯系物和正己烷、1-己烯、正丁烷等烷烃，总挥发性有机物浓度为16287$\mu g/m^3$。由于已开展的大部分采样工作仅针对部分挥发性有机物进行采样分析，并不具有代表性，VOCs的实际排放量、排放浓度及其在燃煤烟气中的形态分布还有待进一步研究。

燃煤电厂 SO_3 的产生、测试及控制

在以煤炭为主要燃料的火电行业，排放的烟气中所含成分主要有 SO_2、SO_3、NO_x、CO_2、CO、N_2、H_2O、烟尘及重金属和微量元素等污染物，对人类健康、生存环境、气候变化会产生严重影响。2015 年国务院常务会议决定，在 2020 年之前，全面完成燃煤电厂机组超低排放改造任务。为了达到《火电厂大气污染物排放标准》（GB 13223—2011）的排放要求，我国已经对新建及现有燃煤机组产生的 SO_2、NO_x、烟尘和汞及其化合物四种污染物进行了严格控制。事实上，我国燃煤烟气污染是复合型的，除要求限制的烟尘、SO_2、NO_x 等之外，还应重视 SO_3 等其他非常规污染物排放造成的污染问题。煤炭在锅炉内燃烧过程和烟气在选择性催化还原法（SCR）脱硝装置中均会生成 SO_3，生成的和排放的 SO_3 对电厂设备的安全运行及大气环境均会产生众多危害，必须引起足够的关注。

本章主要介绍 SO_3 的生成机理及主要来源，国内外 SO_3 的排放控制标准、测试方法，国内 SO_3 法规、政策及 SO_3 控制技术。希望读者了解 SO_3 的产生、国内外政策法规及控制技术。

3.1 SO_3 的来源及产生机理

3.1.1 SO_3 的来源

在燃煤电厂，烟气中的 SO_3 主要源自两个主要方面：一是煤炭燃烧过程中生成的 SO_2 部分氧化成 SO_3；二是在 SCR 脱硝装置中，脱硝催化剂会将烟气中的 SO_2 部分氧化为 SO_3。

(1) 锅炉内煤炭燃烧形成的 SO_3

硫在煤中根据它的赋存状态主要分为有机硫和无机硫两类。部分有机硫、硫铁矿硫及单质硫均可参加燃烧，反应后生成 SO_2。煤中的硫在炉膛内及炉膛出口的高温烟气中，燃烧生成的 SO_2 会有一部分（约 0.5%～2.5%）转化为 SO_3。煤中硫含量、锅炉类型、过量空气系数等众多因素决定了煤在燃烧过程中 SO_3 生成的量。SO_3 的转化率与燃烧温度和氧元素浓度有密切关系，会随着燃烧温度和氧元素浓度增加而增加。锅炉燃烧温度越高，炉内会产生越多的游离氧原子，煤中的硫越容易被氧化成 SO_3，从而提高 SO_3 的生成量。

（2）SCR 脱硝装置中生成的 SO_3

燃煤电厂煤炭燃烧排放的烟气中含有大量的 NO_x，为了脱除烟气中的 NO_x，燃煤电厂安装了 SCR 脱硝装置，一般采取 3 种安装方式：高温高尘式、高温低尘式、低温低尘式。目前燃煤电厂 SCR 脱硝装置的布置方式主要采用高温高尘式，为了达到良好的脱硝效率和最优的运行参数，SCR 脱硝装置一般将运行温度范围控制在 300～420℃之间。SCR 脱硝技术多采用液氨、氨水或尿素等还原剂，在催化剂的催化作用下，将 NO_x 还原成 N_2，实现 NO_x 的脱除。SCR 广泛使用 V_2O_5/TiO_2类型催化剂，其中的主要活性组分为钒氧化物，这类催化剂在脱除 NO_x 的同时，也会产生相应的副反应，会把烟气中的 SO_2 部分氧化为 SO_3，在 SCR 脱硝反应器内 SO_2 被催化氧化为 SO_3 的转化率一般为 0.5%～1.5%。烟气中 SO_2 被部分转化成 SO_3，提高了烟气中 SO_3 的浓度。SO_2 被催化氧化为 SO_3 的量与催化剂的类型和运行工况有很大关系。在燃煤电厂实际运行中，SO_3 的生成与设备设计、设备运行参数、燃料成分、催化剂类型等因素存在较大关系。现阶段使用催化剂过程中，一般设计要求催化剂 SO_2/SO_3 的转化率不大于 1%。研究表明，催化剂中 V_2O_5 含量越大、烟气温度越高，SO_2 转化率越高。

3.1.2　SO_3 的形成机理

硫元素在煤中主要有机和无机两种形态存在，在炉内氧化氛围下，大部分硫燃烧被氧化成 SO_2，而与烟尘中的碱性成分反应固溶在飞灰中的硫只有 5%～20%。燃煤锅炉排放的烟气中硫氧化物主要成分是 SO_2。除此之外，还有少量硫化氢（H_2S）和有机硫化物等，其中的 SO_3 是由烟气中的 SO_2 部分转化而来的。目前，在锅炉系统烟气中 SO_3 生成的机理、形成途径和形成方式还处于研究阶段，并未达到完全统一，普遍认为主要来自两方面。

3.1.2.1　煤燃烧过程中形成 SO_3

针对燃煤电厂锅炉燃烧过程中 SO_3 的形成机理和影响因素，美国电力科学研究院（EPRI）开展了实验研究，煤炭在锅炉燃烧过程形成的 SO_3 以均相气相反应为主，其余为催化氧化形成的结果。悬浮飞灰、管壁积灰和管壁金属氧化物均会对烟气中的 SO_2 产生催化作用，使其氧化为 SO_3。以均相气相反应生成的 SO_3 约占生成量的 60%；悬浮飞灰催化生成的 SO_3 约占 15%；管壁积灰催化生成的 SO_3 约占 25%。实验中改变氧气浓度，当氧气浓度从 3.5%降至 2.1%时，烟气中 SO_3 浓度降低了 20%左右。为了验证管壁积灰对 SO_2 会产生催化氧化作用，研究人员在现场进行炉膛吹扫实验，发现炉膛吹扫实验可以将 SO_3 的浓度从 30×10^{-6} 降至 25×10^{-6}。

（1）炉膛内的氧原子对 SO_2 产生氧化作用

炉膛火焰内部由于高温产生的原子态 O 与很小比例的 SO_2 直接发生氧化反应，形成

SO_3，产生的主要反应见式（3-1）。此反应与温度有很大关系，主要发生在锅炉系统的高温部分。在燃烧温度约1371℃时，99.9%的硫被氧化成SO_2，温度降到约371℃时，该方程向右移动，99.9%的硫氧化为SO_3。而实际锅炉中的温度在816℃时，游离的氧原子浓度就已经很低。随着烟气温度的降低，氧化反应速率下降，并且在此温度条件下停留时间不足，所以最后硫被氧化成SO_3的比例约为0.5%～1.5%。

$$SO_2+O \longrightarrow SO_3 \tag{3-1}$$

上述反应为放热反应，锅炉燃烧温度对反应有很大影响。燃烧温度过高，平衡向左移动，SO_3浓度会降低，分解速率增大；燃烧温度过低，生成的游离的氧原子浓度会减小，导致平衡也会向左移动，SO_3浓度也随之降低。在火焰燃烧中心，SO_2/SO_3的转化率几乎为零，而在火焰带下游的炽热区间产生的游离氧原子浓度会达到最大值，上述反应向右移动，SO_2的氧化反应最为强烈，SO_3浓度增加。当燃烧产物随烟气离开高温反应区后，温度迅速下降，同时游离氧原子浓度急剧减少，SO_2和SO_3间的转化反应趋于平衡，此时生成SO_3浓度变化幅度较小。燃烧条件对SO_3的生成也会产生一定的影响，过量空气系数越高，游离的氧原子也就越多，烟气在高温区停留的时间越长，SO_2氧化生成的SO_3量也就越多。

(2) 在锅炉省煤器发生的SO_2被氧分子氧化

在温度为400～600℃的锅炉省煤器，主要发生SO_2被氧分子氧化生成SO_3的反应。在省煤器金属传热面管壁中的金属氧化物和烟尘中金属氧化物的催化作用下，SO_2与O_2反应生成SO_3。美国电力科学研究院针对燃煤电厂锅炉燃烧过程中SO_3的形成机理和影响因素开展的模拟实验和现场试验数据表明：在锅炉进行吹灰实验之后，产生的SO_3浓度明显减少。在温度627℃左右，飞灰中的金属氧化物Fe_2O_3会对SO_2产生催化氧化作用。在模拟实验中实验人员将飞灰中的Fe_2O_3含量从25%降到0%，烟气中SO_3的浓度会由96.4mg/m^{3}下降到53.6mg/m^3。受热面金属氧化膜中的V_2O_5也会催化氧化SO_2，并且V_2O_5对SO_2的催化氧化效果比Fe_2O_3对SO_2的效果更明显。在温度为427～627℃，V_2O_5将SO_2催化氧化成SO_3的反应机理如下：

$$SO_2+V_2O_5 \longrightarrow SO_3+2VO_2 \tag{3-2}$$

$$2VO_2+\frac{1}{2}O_2 \longrightarrow V_2O_5 \tag{3-3}$$

3.1.2.2 SCR反应器中SO_3的生成和转化

为了降低排放烟气中NO_x的浓度，SCR脱硝技术在我国燃煤电厂中广泛使用。随着SCR脱硝装置的安装，烟气中SO_3的含量普遍增加，SCR脱硝技术所使用的催化剂种类繁多，按照原材料可分为贵金属型、金属氧化物型和离子交换的沸石分子筛型三类。其中，金属氧化物型V_2O_5/TiO_2的催化剂因为具有高性能和适中的价格，在燃煤电厂使用最多。V_2O_5/TiO_2催化剂是以具有锐钛矿结构的TiO_2为载体，以V_2O_5为活性组分的钒类催化剂，按照化学组分的不同有以下几种类型：V_2O_5-WO_3/TiO_2、V_2O_5-MoO_3/TiO_2、V_2O_5-WO_3-MoO_3/TiO_2等。其中V_2O_5-WO_3/TiO_2应用较多。目前，SCR反应器主要采用高温高尘方式布置，工作温度通常在300～420℃。在这个温度条件下，NO_x

被 V_2O_5/TiO_2 类催化剂催化转化成 N_2，其中的活性组分 V_2O_5 还会促进 SO_2 向 SO_3 的转化，转化程度与催化剂的具体组成和SCR的运行条件直接相关。因此，在SCR实际工程中，除了规定脱硝效率外，SO_2/SO_3 转化率也是SCR脱硝系统性能的重要指标之一。根据环境保护部颁布的《火电厂烟气脱硝工程技术规范——选择性催化还原法》（HJ 562—2010）的规定，SCR脱硝反应器 SO_2/SO_3 的转化率不大于1%。SCR脱硝工程中催化剂一般按"2+1"或"3+1"模式布置。一般新的催化剂 SO_2/SO_3 转化率均能满足规定限值，但随着SCR脱硝装置运行时间的增加，催化剂会出现比表面积减小、孔隙率降低、飞灰（Na、K、Ca、As、P）导致催化剂中毒，使得催化剂活性降低，造成脱硝效率下降，相反 SO_2 氧化率反而会提高。

SCR反应器工作温度一般为280～420℃，此时烟气未经脱硫处理，烟气中会含有大量的 SO_2 气体，SO_2 被 V_2O_5/TiO_2 类催化剂催化氧化成 SO_3 气体。通常情况下，锅炉在高负荷下，SO_2/SO_3 的转化率要高于低负荷下 SO_2/SO_3 的转化率。烟气经过一层催化剂，SO_2 的氧化率大约是0.2%～0.8%。如果SCR脱硝装置安装有2～3层催化剂，SCR出口烟气中的 SO_3 浓度会比SCR入口烟气中提升1倍左右。研究表明，随着SCR脱硝催化剂中的 V_2O_5 含量及烟气温度升高，SCR反应器中 SO_2/SO_3 的氧化率会增加，从而在SCR脱硝反应器中，烟气中 SO_3 的浓度会升高。刘亚明等使用傅立叶原位红外光谱技术，针对SCR脱硝过程中催化剂 V_2O_5-WO_3/TiO_2 对 SO_2 的催化氧化的历程进行了研究。结果表明，SO_2 在催化剂表面氧化过程是：SO_2 首先在催化剂表面的活性位上吸附，占据O原子，形成 SO_3^{2-}，催化剂表面的 V^{5+}—OH发生反应，生成金属硫酸盐（$VOSO_4$）中间产物，O_2 重新氧化。催化氧化过程中由于被 SO_2 夺取O原子而被还原的 V_2O_5，使 V^{4+} 转化为 V^{5+}，促进 $VOSO_4$ 向 SO_3 转化。SO_2 转换率取决于催化剂中 V_2O_5 的含量、催化剂壁厚、催化剂形态和烟气温度等因素。因此，通过SCR催化剂的催化氧化生成的 SO_3 占了烟气中 SO_3 和硫酸酸雾（SO_3/H_2SO_4）的主要部分。

3.2 SO_3 的危害

SO_3 的毒性远远高于 SO_2，大约是 SO_2 毒性的10倍，且腐蚀性极强，对环境和人体危害远远大于 SO_2。SO_3 是硫酸（H_2SO_4）的酸酐，对生态环境、公众健康、设备运行危害主要表现在：人体健康方面，SO_3 的毒性与硫酸表现一致。容易引起人体皮肤、黏膜等组织的刺激和腐蚀。可导致结膜炎、角膜混浊，严重时会导致失明；引起呼吸道刺激症状，严重时发生呼吸困难，形成肺水肿。生态环境方面，SO_3 是酸雨形成的主要组成之一；烟气中的 SO_3 与水分反应生成粒径极其微小的亚微米级别的硫酸雾气溶胶，进而形成硫酸盐二次颗粒物，成为大气中 $PM_{2.5}$ 的重要组成成分；SO_3 是燃煤电厂形成蓝色、黄色"烟羽"的主要因素。另外，SO_3 对燃煤电厂运行设备的危害主要表现在烟气中的 SO_3 能提高烟气酸露点，低温烟气形成的硫酸酸雾会使锅炉金属受热面和空气预热器产生酸腐蚀，硫酸酸雾与烟气中的飞灰反应易结垢，堵塞烟道。SO_3 还会与SCR系统中的氨反应形成硫酸铵，沉积在脱硝系统的催化剂反应器和空气预热器表面，堵塞催化剂表面孔隙，造成催化剂失效和空气预热器堵塞，引起后续设备腐蚀，降低 SCR 系统的使用寿命。鉴于 SO_3 对人类、生态环境及运行设备存在危害，控制 SO_3 的生成和排放是十分重要的问题。

3.2.1 SO_3 与环境污染

(1) 细颗粒物（$PM_{2.5}$）

$PM_{2.5}$ 是指环境空气中空气动力学当量直径≤2.5μm 的颗粒物，又称细颗粒物。$PM_{2.5}$ 浓度的增加，会直接导致灰霾天气的形成，严重影响空气质量和大气能见度。$PM_{2.5}$ 负载的大量污染物和细菌进入人体肺部，严重危害人体健康。$PM_{2.5}$ 不是单一成分的空气污染物，主要由一次粒子和二次粒子组成。二次粒子主要是由硫酸铵和硝酸铵气溶粒子组成。细颗粒物成分中最大的组分为有机碳气溶胶，约占 40%；第二大组分为硫酸盐气溶胶，占 16%。

研究结果表明，在一线城市，$PM_{2.5}$ 成分和来源呈现以下两个显著特点。一是二次粒子会对 $PM_{2.5}$ 产生较大的影响；二是机动车会对 $PM_{2.5}$ 产生综合性的贡献。以北京为例，$PM_{2.5}$ 中由气态污染物二次转化生成的有机物、硝酸盐、硫酸盐和铵盐累积占 $PM_{2.5}$ 的 70%，是导致重污染情况下 $PM_{2.5}$ 浓度升高的主要影响因素。

2010 年全国电煤消费量为 1.51×10^9t，假如电煤平均硫分为 1.5%，煤中可燃硫比例为 0.9，生成 SO_3 的比例按 1.5%计算，2010 年全国火电行业排放的 H_2SO_4 酸雾形成的二次颗粒物硫酸铵为 1.26×10^6t。根据国电环境保护研究院对全国 18 个燃煤电厂 45 次的测试结果统计，石灰石-石膏湿法脱硫塔出口 SO_3 浓度（以硫酸酸雾形式排放）为 11.8～129.9mg/m^3，平均为 54.21mg/m^3。2010 年全国火电机组容量为 7.07×10^8kW，煤电机组占 92%，为 6.50×10^8kW，机组利用小时数 5031h，可得出 2010 年全国燃煤电厂排放硫酸酸雾形成的二次 $PM_{2.5}$ 的总量为 1.07×10^6t。2010 年火电排放的烟尘中 $PM_{2.5}$ 为 1.0×10^6t，SO_3 转化为硫酸铵形成的二次 $PM_{2.5}$ 约 1.07×10^6t，占全国 $PM_{2.5}$ 总量 2.28×10^7t 的 4.7%。

(2) 有色烟羽

燃煤电厂首次出现蓝烟/黄烟烟羽现象是在 2000 年的美国电力公司 Gavin 电厂。该厂在总容量为 2600MW 的多个机组上安装了无 GGH 的湿法烟气脱硫装置和 SCR 脱硝装置后，发生了烟羽现象。烟囱排烟由原来不明显的烟羽变成了特别明显厚重的蓝色/黄色烟羽，对电厂周围的环境产生了严重影响。美国国家能源技术实验室（NETL）针对此问题开展了研究，通过研究发现，在美国，燃烧烟煤的火电厂在安装了湿法脱硫装置和 SCR 脱硝装置后，由于排烟中 SO_3 浓度较高而引起的“烟羽”现象的火电厂占比约为 75%～85%。在我国，燃煤电厂安装了 SCR 装置和湿法烟气脱硫装置后，部分电厂也出现了明显的黄色烟羽或蓝色烟羽现象。

烟气从烟囱排出后，在初始动量和浮力的作用下，向下风向传输过程中，烟气会上升，同时向四周扩散。在扩散过程中烟气的外形有时呈现羽毛状，故而称其为烟羽。烟气的成分决定了烟羽的颜色。

燃煤电厂排烟呈现“蓝羽”现象源于硫酸酸雾气溶胶的产生，当烟气进入湿法烟气脱硫装置时，含有 SO_3 的烟气在脱硫塔入口处急剧冷却降温至酸露点以下，会形成大量的微细硫酸酸雾。由于脱硫塔喷淋和除雾器对其捕捉率较低，造成了烟囱排出的烟气中含有亚微米级硫酸气溶胶。SO_3 酸雾气溶胶的粒径非常小，因颗粒物尺寸与可见光的波长接近，对光线会产生瑞利散射，散射光的强度与波长的四次方成反比，因此短波的蓝色光线散射强度比长波的红色光线散射强度大，烟囱在阳光照射的反射侧，排烟的烟羽呈现蓝色，蓝羽现象随着烟气中 SO_3 酸雾浓度的升高越明显。燃烧高硫煤时，脱硫装置出口净烟气中 SO_3 酸雾含量偏高，致使脱硫净烟气排放处出现的蓝羽现象更明显。

SO_3 的排放浓度是影响烟羽颜色和不透明度的主要因素。烟羽的颜色和不透明度会受气溶胶颗粒粒径、气溶胶浓度、太阳光照射角度、烟囱的排烟温度和大气环境条件等因素影响。

大多数情况下，尤其是 H_2SO_4 气溶胶、水、亚微米颗粒同时存在，烟羽的生成机理主要是凝结。烟羽的浊度主要取决于烟气中可凝结物和亚微米飞灰浓度，当 H_2SO_4 浓度较低或中等时，亚微米烟尘的粒径分布对烟羽的浊度有明显的影响，主要是这些颗粒起到了气相 H_2SO_4 凝结中心的作用。

对于燃烧高硫煤，且配备 SCR 脱硝装置和湿法烟气脱硫装置的机组，不能忽视排烟不透明现象。大多数情况下，当烟气中硫酸气溶胶的浓度超过 5～10μL/L 时，就有可能出现蓝烟/黄烟，当烟气中 SO_3 浓度达到 10～20μL/L 时，就会出现可见的蓝色烟羽，并且硫酸气溶胶的浓度越高，烟羽的颜色越深，烟羽的长度也越长，严重时甚至可能落地，在大气中消散时间也更长。在特定的环境条件影响下，即使 SO_3 的浓度仅为 10μL/L，烟气的不透明度也会大于 50%；当 SO_3 的浓度为 5μL/L 时，烟气的不透明度为 20%；只有当烟气中 SO_3 减少到 5μL/L 以下时，才不会出现蓝色烟羽现象。

3.2.2　SO_3 对机组运行的影响

（1）对烟气露点的影响

酸露点温度是烟气中 SO_3 和水蒸气生成 H_2SO_4 并凝结在管壁时的温度，烟气酸露点主要受烟气中 SO_3 和 H_2O 浓度的影响，烟气酸露点会随着 SO_3 浓度的增加而升高，可用下列公式计算：

$$t_{ld}=186+20\lg V_{H_2O}+26\lg V_{SO_3} \tag{3-4}$$

式中　V_{H_2O}——烟气中 H_2O 的体积分数，%；

V_{SO_3}——烟气中 SO_3 的体积分数，%；

t_{ld}——酸露点温度，℃。

由上式可知，随着烟气中 SO_3 含量增加，烟气的酸露点会明显升高。图 3-1 表示的是酸露点温度随 SO_3 浓度变化的曲线。当 SCR 投运后，酸露点一般会升高 5～11℃。SO_3 极易与烟气中的水蒸气结合形成硫酸蒸汽，在壁温低于酸露点的受热面上凝结，造成酸露点腐蚀。烟气中 SO_3 含量越多，酸露点温度越高，腐蚀范围越广，腐蚀越严重。

在含湿量为11%的烟气中，SO_3 为0.0001%（体积分数）时，酸露点提高62℃，为了防止由于硫酸冷凝而造成的烟道腐蚀问题，需要增加烟气的排烟温度。一般情况下，空气预热器出口烟气温度应当比酸露点温度提高11～17℃。但是排烟温度的提高必然增加锅炉的排烟热损失，从而导致机组的热效率降低，会从整体上造成系统能源的浪费。

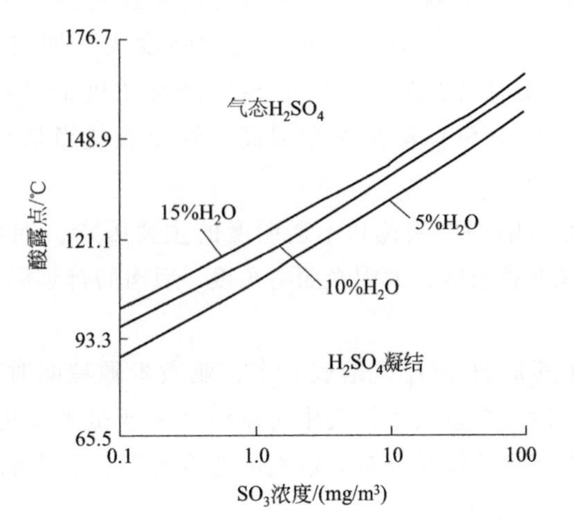

图 3-1　SO_3 浓度与酸露点的关系

(2) 对 SCR 的影响

当 SCR 烟气脱硝装置运行温度范围在275～350℃时，烟气的中 SO_3 可与脱硝过程中的 NH_3 反应生成硫酸氢铵（ABS）和硫酸铵（AS）。SCR 反应器入口气相主体中 ABS 的露点在270～320℃，该温度范围是 ABS 的凝结温度区间。当机组处于低负荷运行时，SCR 反应器内的温度降低，产生的硫酸氢铵沉积在催化剂的空隙中，降低催化剂的表面积，造成催化剂部分或全部失去活性，增加烟气流通阻力，NO_x 的脱除效率降低。为了降低硫酸氢铵的形成量，SCR 必须在最低喷氨温度（MIT）以上运行。在 MIT 温度以下运行时，会引起 SCR 催化剂堵塞。

当沉积量不高时，该沉积过程是可逆的，当 SCR 运行温度提升到 ABS 露点以上，ABS 将汽化，促进硫酸氢铵蒸发，催化剂活性恢复。但是，想要使催化剂上形成的硫酸氢铵去除更有效，需要将催化剂维持在一个相对理想的高温恢复期（375～400℃）。目前国内的机组，去除硫酸氢铵催化剂所需的恢复温度受到了多方面条件的限制。催化剂恢复期的时间长短还与 SCR 在 MIT 以下运行时间、烟气中 SO_3 浓度和催化剂恢复期的运行温度等多种因素有关。如果 SCR 反应器长期在低于烟气露点下运行，催化剂中易发生大量飞灰黏结堆积现象，尤其在机组连续低负荷运行时，催化剂阻力会迅速增加，催化剂阻塞，机组安全稳定运行会受较大影响。

(3) 对空气预热器运行的影响

烟气离开脱硝反应器，流经空气预热器后，烟气温度会降低，在烟温较低的空气预热器的冷端，当烟气温度低于酸露点，SO_3 和水蒸气反应生成 H_2SO_4 酸雾，增加空气预热器受热面的腐蚀。SO_3 还会与从 SCR 系统中逃逸出来的逃逸氨形成 ABS 或 AS，ABS 具有一定的黏性，吸附烟气中的飞灰，形成黏性沉积物，沉积在空气预热器表面，造成空气预热器积灰和结垢。沉积物的黏性取决于烟气中 SO_3 的浓度、飞灰的浓度及飞灰的碱性。烟气中飞灰/SO_3 的比例增加，能够降低沉积物的黏性；飞灰的碱性越高，沉积物的黏性越低。SCR 会提高烟气中 SO_3 的含量，导致飞灰/SO_3 的比例降低，改变沉积物的黏性，增加空气预热器的积灰和结垢的倾向。

沉积物沉积在空气预热器表面，会影响空气预热器效果，空气预热器的阻力增加，引风机的功率消耗增加，严重时甚至导致机组停炉。SO_3 和 NH_3 浓度在不同温度下生成的反应物情况如图 3-2 所示，一般情况下，在 205℃或更低的温度下，烟气中的 SO_3 会全部转化为硫酸氢铵（ABS）。

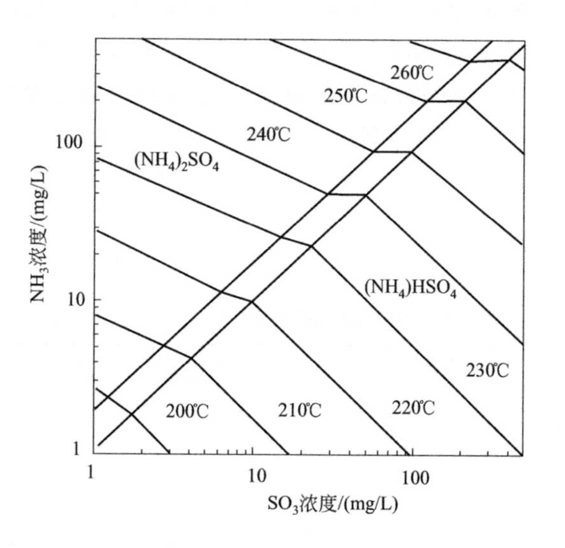

图 3-2　SO_3、NH_3 浓度与生成物存在形态的关系

通常情况下 ABS（硫酸氢铵）的熔点为 147℃，以液体形式在物体表面聚集或以液滴形式分散于烟气中。液态的 ABS 呈现很强的黏性，会黏附烟气中的飞灰。烟气通过空气预热器高温段后，排烟温度会降低，当烟气温度降低到 185℃以下时，已经在烟气中形成的气态的 ABS 会在空气预热器中温段下部和冷段的传热元件上凝固下来，在空气预热器的受热面上会形成积盐或产生结垢，影响空气预热器的正常稳定运行。剩余的 SO_3 会在 77～232℃的空气预热器冷端浓缩成硫酸酸雾，酸凝结的发生，会使空气预热器结垢现象变得严重，形成的沉积物呈湿、黏状态，换热元件的腐蚀加剧。

（4）对除尘器的影响

当除尘器的运行温度在硫酸露点以下时，烟气中的 SO_3 以液态的硫酸雾形式存在。烟气中的粉尘对 SO_3 会产生物理吸附和化学吸附，由于此处烟气含尘浓度很高，烟气中的粉尘总表面积较大，为 SO_3 的凝结吸附提供了良好的条件。对于布袋除尘器，如果 SO_3 浓度过高，随着 SO_3 在滤饼上的沉积，滤饼变得更具黏性，难以清除；

而对于电除尘器，在 SO_3 浓度较低时，由于冷凝吸附在粉尘表面的 SO_3 被粉尘中的碱性物质 MgO、CaO、Na_2O 吸收、中和，使粉尘的比电阻下降，连同粉尘一起被电除尘器脱除，除尘效率提高，在 SO_3 浓度较高时，会在芒刺线等处发生程度不同的集灰现象。

3.3 SO_3 的测试方法

3.3.1 国内外 SO_3 控制标准

目前，国内外 SO_3 检测方法依据检测原理的不同，主要分为以下几种：控制冷凝吸收法、异丙醇吸收法、螺旋管法、盐吸收法、德国潘拓 SO_3 测试仪法、棉塞法、光学法。国内燃煤电厂关于 SO_3 测试的标准主要有：《固定污染源排气中颗粒物的测定与气态污染物采样方法》(GB/T 16157—1996)、《石灰石-石膏湿法烟气脱硫装置性能验收试验规范》(DL/T 998—2016)、《燃煤烟气脱硫设备性能测试方法》(GB/T 21508—2008)、《湿法烟气脱硫工艺性能检测技术规范》(DL/T 986—2016)、《固定污染源废气 硫酸雾的测定》(HJ 544—2016)、《石灰石-石膏湿法烟气脱硫系统化学及物理特性试验方法》(DL/T 1483—2015)等。我国现行固定源烟气中 SO_3 测试标准见表 3-1 所示。

表 3-1 现行国内固定源烟气中 SO_3 测试标准

标准号	标准名称	采样原理	测试对象	检测方法
DL/T 986—2016	湿法烟气脱硫工艺性能检测技术规范	控制冷凝	资料性附录，未明确	容量滴定法
DL/T 998—2016	石灰石-石膏湿法烟气脱硫装置性能验收试验规范	控制冷凝	资料性附录，未明确	容量滴定法
GB/T 21508—2008	燃煤烟气脱硫设备性能测试方法	控制冷凝	资料性附录，未明确	重量法、电位法
HJ 544—2016	固定污染源废气 硫酸雾的测定	滤筒捕集＋水吸收	硫酸小液滴、SO_3 及颗粒物中可溶性硫酸盐	离子色谱法
GB/T 4920—1985	硫酸浓缩尾气硫酸雾的测定 铬酸钡比色法	控制冷凝	硫酸雾	铬酸钡比色法
DL/T 1483—2015	石灰石-石膏湿法烟气脱硫系统化学及物理特性试验方法	控制冷凝	资料性附录，未明确	容量滴定法
DL/T 1990—2019	火电厂烟气中 SO_3 测试方法 控制冷凝法	控制冷凝	气态 SO_3、气溶胶状态的硫酸雾、可溶性硫酸盐	高氯酸钡-钍试剂滴定法

关于大气或烟气中 SO_3 的测试标准方法，美国、日本等也均颁布了相关标准。如美

国的 EPA Method 8、EPA Method 8A、ASTM D 4856—1999（2004）、日本的 JISK 0103—2011。国际上关于固定源 SO_3 测试标准见表 3-2 所示。

表 3-2　国际上固定源 SO_3 测试系列标准

标准号	标准名称	采样原理
EPA-8	固定污染源排放烟气中硫酸雾和 SO_2 测定	异丙醇吸收
EPA-8A	硫酸盐回收炉硫酸蒸汽或雾和 SO_2 测定	控制冷凝
ASTM D 4856—1999(2004)	工作场所大气中硫酸酸雾测定的标准试验方法(离子色谱法)	控制冷凝
JISK 0103—2011	烟气中总硫氧化物的分析方法	控制冷凝

采用控制冷凝法收集烟气中的 SO_3 后，用洗液冲洗定容，然后测定水溶液中 SO_4^{2-}，并根据采样体积折算烟气中 SO_3 浓度。低浓度的 SO_4^{2-} 测定法方法主要有：铬酸钡光度法、重量法、容量滴定法、离子色谱法、浊度法等。重量法是 ISO 787-13—2002 标准中使用的方法，该方法操作步骤烦琐、过程冗长，操作难度大；铬酸钡光度法也有类似的缺点；离子色谱法检测相对方便，准确性高，但设备费用高，很难普及；相对来说，浊度法和容量滴定法较为普遍。对于异丙醇吸收法收集的 SO_3，可采用钍试剂滴定法进行检测。

3.3.2　控制冷凝吸收法

由于异丙醇溶液吸收-沉淀滴定法使用的局限性，从 20 世纪 60 年代一些新的测定技术开始发展，CHENEY 等借助改进的 G-R 型螺旋吸收管发展了控制冷凝吸收法（controlled condensation method，CCM），控制冷凝吸收法是目前较为常用的一种吸收 SO_3 的方法。CCM 技术适用于具有以下条件的 SO_3 的吸收：一是在烟气中存在的 H_2SO_4 必须完全以蒸汽状态存在；二是气流中的 H_2SO_4 绝大部分要以浓缩状态存在。

由 Goksoyr 和 Ross 发明的 SO_3 控制冷凝吸收法，主要在欧美国家应用，该方法的检测结果准确性较好、重复性好，是目前最常用的吸收检测 SO_3 的方法。SO_3 控制冷凝法吸收采样装置一般采用恒温蛇形管或螺旋管，采取恒温水浴控制冷凝吸收装置的温度，使吸收采样装置的温度不低于 60℃，防止烟气中存在的 SO_2 发生冷凝现象。采用该方法进行 SO_3 吸收的相关标准有 DL/T 998—2016、GB/T 21508—2008、ANSI/ASTM D 4856—2001、JISK 0103—2011 等，但日本 JISK 0103—2011 标准中没有对控制冷凝吸收装置的温度作具体规定。在 1996 年美国环保局（EPA）制定的 EPA Method 8A 与此法基本一致。

3.3.2.1　方法原理

采用控制冷凝采样方法，烟气中的 SO_3 进入螺旋吸收管后立即冷凝成酸雾雾滴，利用抽取过程中在螺旋管中产生的离心力，将酸雾雾滴甩到螺旋管内壁并黏附其上。采样结束后，淋洗螺旋吸收管等收集装置，收集定容洗液后采用酸碱滴定法进行测定。

3.3.2.2　仪器

① 烟气采样器。

② 250℃以上电加热烟气套管。

③ 50～95℃恒温水浴装置。

④ 其他常用实验室仪器。

3.3.2.3　试剂

① 试验所用试剂除另有说明外均为分析纯试剂，所用水应满足 GB/T 6682 中二级水要求。

② 溴酚蓝指示剂：称取 0.05g 溴酚蓝溶于 100mL 20%乙醇溶液中。

③ 溴甲酚绿-甲基红混合指示剂：称取溴甲酚绿 0.1g 溶于 1.4mL 0.1mol/L NaOH 溶液中，用平头玻璃棒研磨并溶于 100mL 去离子水中；称取 0.1g 甲基红溶于 3.7mL 0.1mol/L NaOH 溶液中，用平头玻璃棒研磨并溶于 100mL 去离子水中。使用时两种溶液等体积混合。

④ 酚酞指示剂（10g/L 乙醇溶液）：称取 1g 酚酞溶于 100mL 无水乙醇中。

⑤ 异丙醇溶液（5%）：量取 50mL 异丙醇溶于 950mL 去离子水中，储存在玻璃瓶中。

⑥ NaOH 标准溶液，c(NaOH) ＝0.1mol/L：称取 4g NaOH 试剂溶于 1000mL 去 CO_2 水中，充分混匀后储存于聚乙烯瓶中。

标定：称取在 105～110℃干燥至恒重的基准试剂邻苯二甲酸氢钾 0.75g（精确至 0.1mg），加 50mL 去 CO_2 水溶解，加两滴酚酞指示剂，用配制好的 NaOH 标准溶液滴定至溶液颜色呈粉红色，并保持 30s。同时做空白试验。

NaOH 标准溶液浓度按式计算：

$$c(\mathrm{NaOH})=\frac{m\times 1000}{(V_1-V_0)\times M} \tag{3-5}$$

式中　c(NaOH)——NaOH 标准溶液浓度，mol/L；

m——邻苯二甲酸氢钾的质量，g；

V_1——试样消耗氢氧化钠标准溶液的体积，mL；

V_0——空白试验消耗氢氧化钠标准溶液的体积，mL；

M——邻苯二甲酸氢钾的摩尔质量，204.22g/mol。

⑦ A 洗液：每 50mL 5%异丙醇溶液中滴加 2 滴溴酚蓝指示剂，用 0.1mol/L NaOH 标准溶液调节溶液颜色由黄色变为蓝色。

⑧ B 洗液：每 50mL 5%异丙醇溶液中滴加 2 滴溴甲酚绿-甲基红混合指示剂，用 0.1mol/L NaOH 标准溶液调节溶液颜色由红色变为亮绿色。

⑨ 过氧化氢溶液（3%）：量取 50mL 30%过氧化氢于 450mL 去离子水中，储存于聚乙烯瓶中。

3.3.2.4　样品采集

烟气中 SO_3 的采集系统如图 3-3 所示。

(1) 样品采集步骤

在靠近烟道测量断面的中心选取 SO_3 的测量位置，采样点可以选取一点或几点，在

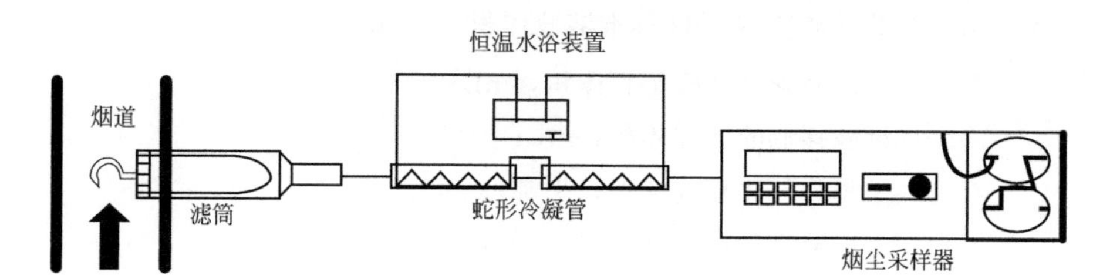

图 3-3　烟气中 SO_3 的采集装置

SO_3 取样前，需要在测量位置测量烟气的流速。为保证产生足够的离心力，烟气采样流量应适当增大，可取 10L/min。组装好 SO_3 吸收装置，调整好测量仪器，将烟枪插入烟道，开启抽气泵，调节烟气流速达到等速采样要求，开始采样。烟气采样结束后，取下螺旋收集管及玻纤过滤器，封闭螺旋收集管及玻纤过滤器进出口，做好标识，送往实验室。

（2）采样需要符合下列规定

① 采样管路直接深入烟道，利用伴热管，使烟气温度保持在 250℃以上。

② 螺旋管的内径不应大于 3.0mm，螺旋管圈径宜为 85～90mm，总周长 150～200cm 为宜，螺旋部分的总高度要适当，不易过高。

③ 试验开始前，用丙酮清洗玻璃螺旋离心管、玻璃管和过滤器，在空气中干燥，对于一些难以清洗的固体异物必要时先使用重铬酸钾进行清洗，用去离子水洗净后，再用丙酮进行清洗，空气中干燥备用。

④ 试验中螺旋收集管应该一直放置在恒温水浴锅中，水域温度宜控制在 85～95℃。

⑤ 烟气收集体积：预先计算烟气中 SO_3 含量，烟气采集量既要满足测 SO_3 测试分析的需要，又要使误差减小到适当的范围，采样体积一般在 100L 左右。

3.3.2.5　样品处理

在实验室中，可选用洗液 A 或者洗液 B 淋洗螺旋收集管、玻纤过滤器等收集装置，将所有淋洗液全部转移至适宜体积的容量瓶中，用淋洗液定容至标线，编号记录。

3.3.2.6　检测方法

吸取适量处理后的试样于 250mL 锥形瓶中，加去离子水至 50mL，再用 NaOH 标准溶液滴定。选用 A 洗液淋洗时，滴定终点溶液颜色由黄色经绿色变为蓝色；选用 B 洗液淋洗时，滴定终点溶液颜色由红色变为亮绿色。

3.3.2.7　结果表示

烟气中 SO_3 检测结果按式（3-6）计算：

$$c(SO_3)=\frac{c(NaOH)\times V_{NaOH}\times \overline{V}\times 40.03}{V_t\times V_g} \tag{3-6}$$

式中　$c(SO_3)$ ——烟气中 SO_3 含量，mg/m^3；

$c(NaOH)$ ——NaOH 标准溶液浓度，mol/L；

V_{NaOH}——试样消耗 NaOH 标准溶液体积，mL；

$\overline{V}$——经样品处理试样定容体积，mL；

V_t——试验移取的试样体积，mL；

V_g——采集烟气体积（标态，干基），m^3；

40.03——SO_3 对 NaOH 换算系数，g/mol。

3.3.3 异丙醇吸收法

EPA Method 8 是美国环保局制定的，适用于检测硫酸酸雾，在 EPA Method 8 标准的基础上针对 SO_3 收集部位进行改进，改进后的吸收装置采用异丙醇进行 SO_3 收集，故称为异丙醇法。收集采样装置配备 4 个洗瓶，第一个洗气瓶是 80%的异丙醇溶液，既有利于 SO_3 的良好溶解，又可以防止烟气中 SO_2 被氧化为 SO_3；第二、三个洗气瓶是 3%的过氧化氢溶液，吸收烟气中由 SO_2 转化成的 SO_3；第四个洗气瓶是干燥剂。使用冰水浴冷却，使 SO_3 溶于异丙醇溶液中。SO_3/H_2SO_4 在冰浴中几乎完全冷凝在异丙醇水溶液中，溶解后形成的 SO_4^{2-} 在异丙醇中不易分解，稳定性较好。采用此方法会有少量 SO_2 溶解，形成实验偏差。该方法的应用有一定的局限性。目前通常采取向异丙醇溶液中通入氮气，将溶解的 SO_2 赶出，以减少实验误差。该方法对 SO_3 的检测下限是 $50mg/m^3$，检测上限可以通过增加异丙醇吸收液的体积来提高。

3.3.3.1 采样方法

采样前，用去离子水清洗取样吸收瓶、玻璃管和过滤器，配制浓度为 80%的异丙醇溶液。在第一个吸收瓶中加入 100mL 80%的异丙醇水溶液，在第二个和第三个吸收瓶中加入 200mL 3%的过氧化氢水溶液，吸收瓶串联布置在冰水浴中。

选取靠近烟道断面中心位置的一点或几点作为采样部位，测量烟道中心断面截面积和取样部位的烟气流速。组装好吸收装置，设定加热枪温度为 260℃，冰水浴温度为 0℃，将烟枪插入烟道，用小型真空泵等速采样，以湿式或干式气体流量计计量采样体积，开启抽气泵，调节速率达到 1L/min，取样 20min，记录采样的烟气体积和标准状态、干基烟气体积。采样结束后用足量的异丙醇对吸收液进行定容，定容在 250mL 容量瓶中。

3.3.3.2 分析方法

采用异丙醇法收集烟气中的 SO_3，由于使用的异丙醇溶液中的杂质容易影响滴定稳定剂，同时滴定产生的沉淀容易在异丙醇溶液中聚集。因此异丙醇法不能用一般的 SO_4^{2-} 检测方法进行检测。可采用钍试剂高氯酸钡滴定法或采用钍试剂分光光度法测定。

(1) 钍试剂高氯酸钡滴定法

采样结束后，用足量的异丙醇对吸收液定容，然后对定容液进行分析检测。实验通常采用 0.01mol/L 的高氯酸钡[$Ba(ClO_4)_2$]为标准溶液，用钍试剂为指示剂，对 SO_4^{2-} 进行滴定，终点滴定至粉红色为止。根据消耗的高氯酸钡标准溶液的体积，计算出 SO_4^{2-} 的含量，然后根据烟气采样体积折算出烟气中 SO_3 的浓度。该方法存在异丙醇吸收液用量大的缺点，每个试验样品需要消耗异丙醇 1000mL，而且钍试剂的颜色与钍-钡络合物颜色相似，很难准确判断滴定终点，测定结果容易存在较大误差。

（2）钍试剂分光光度法

烟气中的 SO_3 被异丙醇溶液吸收后形成 SO_4^{2-}，加入过量 $Ba(ClO_4)_2$ 溶液与异丙醇吸收液中的 SO_4^{2-} 反应，反应剩余后的 Ba^{2+} 与钍试剂结合成钍-钡络合物，该络合物的颜色与 SO_4^{2-} 含量成反比关系。测定钍-钡络合物的吸光度，可以间接计算出固定源烟气中 SO_3 的含量。这种方法需要测定分光光度计波长、高氯酸钡用量和 SO_4^{2-} 吸光度标准曲线。通过测定钍-钡络合物的吸光度，绘制出 SO_4^{2-} 标准曲线，计算出 SO_4^{2-} 的浓度。

3.3.3.3 采样原理

烟气在去除颗粒物之后先通过装有浓度为 80% 的异丙醇溶液的洗气瓶，异丙醇吸收烟气中 SO_3，并防止 SO_2 氧化，通过装有 3% H_2O_2 的洗气瓶，吸收烟气中 SO_2，最后通过装有干燥剂的洗气瓶，除去烟气中的水分。采样结束后用足量的异丙醇对吸收液进行定容，定容在 250mL 容量瓶中。最后采取适当的分析方法测定异丙醇吸收液中的 SO_4^{2-} 浓度，计算烟气中 SO_3 的含量。异丙醇吸收法取样装置示意图如图 3-4 所示。EPA-8 与该方法相同。

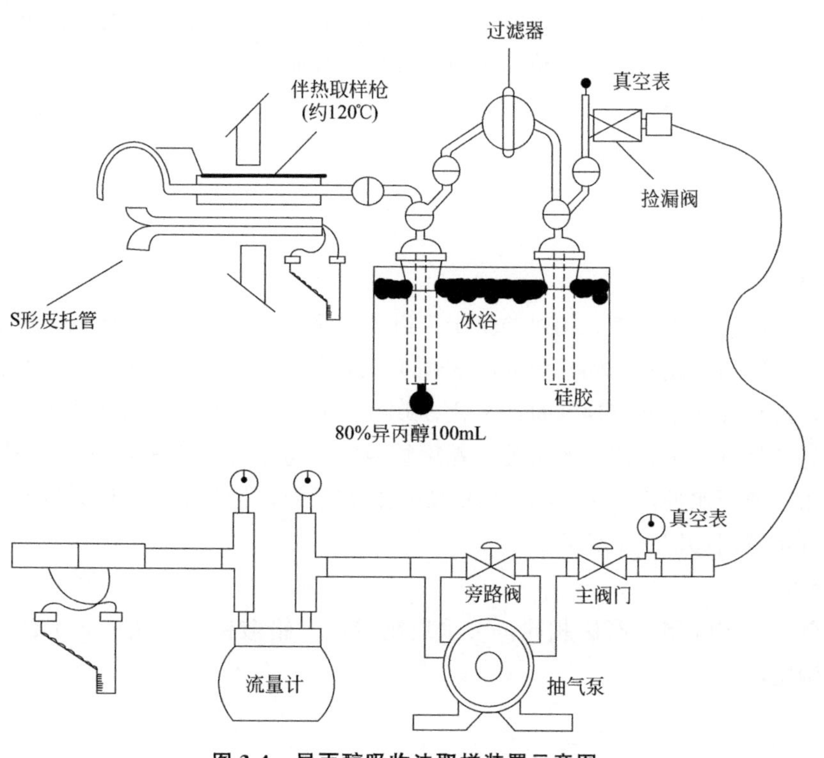

图 3-4 异丙醇吸收法取样装置示意图

3.3.3.4 采样过程需要控制的要素

① 实验室购买的异丙醇通常会含有痕量的过氧化类杂质，该类物质能将烟气中 SO_2 催化氧化成 SO_3，使实验测定结果偏高。因此在使用前，必须首先对异丙醇试剂中的杂质进行检测。检测步骤如下：移取 10mL 异丙醇，加入 10mL 新配制的浓度为 10%的碘化钾（质量浓度）水溶液，将两者混合均匀，放置 1min 左右，用紫外分光光度计在 352nm 处测定吸光度，用 10mL 蒸馏水做空白实验。检测的吸光度如果大于 0.1，则说明异丙醇溶液中的过氧化类物质含量过高，必须对异丙醇进行提纯。提纯的方法如下：一是对异丙醇采用重蒸馏的方法进行提纯，二是在异丙醇中加入少量活性氨去除过氧化类物质。经过提纯后的异丙醇才可以在实验中使用。

② 由于烟气温度降低，SO_3/H_2SO_4 在被异丙醇溶液吸收前，会冷凝在采样管路上，并且发生化学反应，造成烟气中 SO_3 的采集偏低。采样管路的材质最好使用石英或 GG-14 型玻璃、维克玻璃等耐高温的玻璃，并且采样温度要保持在 160～180℃以上。

3.3.4 其他方法

3.3.4.1 螺旋管法

螺旋管法又被称为日本法，该法在日本被广泛采用，美国部分地区也使用这一种方法对烟气中的 SO_3 浓度进行检测。但该法并没有列为日本官方标准。该方法源自控制冷凝法，采样装置基本结构相同，烟枪和过滤部分取自控制冷凝法。

在 1995 年，日本制定了日本工业标准，在此标准的基础上，加装了螺旋管进行 SO_3 的采样，形成 JIS Z8808＋螺旋管法。

(1) 方法

1）采样

采样前先将螺旋管洗净，用烘箱烘干，组装好采样装置，加热水浴锅，等水浴锅达到设定温度（一般与冷凝法相同，为 60～65℃），并保持恒温。将取样枪插入烟道测孔，开启抽气泵，进行等速采样（通常每次采样 300L）。记录烟气温度、烟气采样体积，采样结束后立即将螺旋管拆下，用硅胶管连接螺旋管两端，防止采集的 SO_3 样品泄漏或被污染。将螺旋管用去离子水冲洗 3～5 次，移入 250mL 容量瓶，摇匀定容，供分析使用。螺旋管法取样装置示意图如图 3-5 所示。

2）分析

样品分析法与控制冷凝法相同，可采用重量法、铬酸钡光度法、离子色谱法、浊度法、容量滴定法。

(2) 原理

螺旋管法在原理上与控制冷凝法相同，采集的烟气经过一个螺旋形的石英管，烟气中的 SO_3 在离心力和重力作用下在螺旋管壁冷凝。本方法的测试精度高，对试验的影响因素在可控范围。

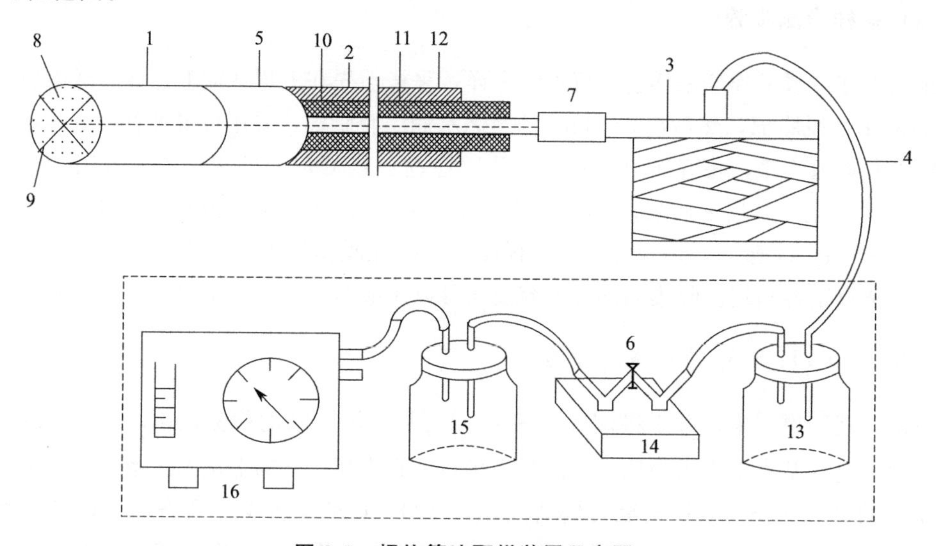

图 3-5 螺旋管法取样装置示意图

1—除尘头；2—采样管；3—螺旋收集管；4—橡胶管；5—螺纹接头；6—气流调节阀；7—硅胶管；8—脱脂棉；9—铁丝；10—内管；11—恒温电热带；12—外管；13—第一洗气瓶；14—真空泵；15—第二洗气瓶；16—湿式气表

(3) 螺旋管法的优缺点

螺旋管法的优缺点见表 3-3。

表 3-3 螺旋管法的优缺点

优点	缺点	改进
与控制冷凝法相比，螺旋管法将采样装置进行了改进，用螺旋管替代了蛇形管。整体的螺旋管使设备进一步简化，相比于蛇形管，螺旋管的采集管路长度要远大于蛇形管，而且连接紧密、牢靠，更适合在现场测试作业	烟气组分中部分物质会影响测试结果，使测试精度下降。在不同工况下，烟气中 SO_3 的测试结果会有不同，特殊工况下，SO_3 的捕集率会下降。烟气中水分过大，也会使 SO_3 的含量大幅下降	改进采样预热系统，严格控制采样温度

3.3.4.2 碘量法

(1) 检测原理

碘量法利用 SO_3/H_2SO_4 酸雾溶于水生成硫酸，将生成的稀硫酸与碘化钾（KI）和碘酸钾（KIO_3）进行反应，生成碘（I_2），用 2%浓度（质量浓度）的淀粉溶液作指示剂，用硫代硫酸钠（$Na_2S_2O_3$）标准溶液滴定前面反应中生成的碘，测算出烟气中 SO_3/H_2SO_4 的浓度；或者利用分光光度法，测定 SO_3/H_2SO_4 的浓度。分光光度法测定烟气中 SO_3/H_2SO_4 浓度的过程：配置一系列硫酸标准溶液，以蒸馏水做空白溶液，在标准溶液、样品溶液和空白溶液中依次定量加入一定体积的碘酸钾、碘化钾及浓度为 2%的淀粉溶液。采用紫外分光光度计在 620nm 处测定吸光度，绘制吸光度与浓度标准曲线，测定 SO_3/H_2SO_4 的浓度。

(2) 采样检测步骤

采用五连球或七连球采样管进行烟气采样，采样前先在五连球或七连球的球体部位塞入5g左右的中性脱脂棉，然后用5～8mL的蒸馏水润湿脱脂棉，采用玻璃细管将五连球或七连球采样管和烟道连接，将五连球或七连球采样管置于80℃以上的水浴中或者用加热带缠绕保温在80℃以上。开启采样泵，采样速率控制在0.5～1.0L/min，流量计计量采样体积。烟气中的SO_3/H_2SO_4吸水后形成稀硫酸，稀硫酸吸附在脱脂棉上，采样结束后用蒸馏水冲洗至中性，洗液定容测定。收集的烟气定容液还可以用酸碱滴定或返滴定法检测分析。

3.3.4.3 SO_3/H_2SO_4的在线连续检测

目前，我国燃煤电厂并未将烟气中SO_3列入常规污染物的检测范围。因此，SO_3在线表计在国内电厂基本未投入使用。但国际市场目前存在用于实时监测SO_3浓度的在线表计。

德国的Tisch公司根据文献资料研发出了SO_3可连续在线监测表计。该表计利用的检测原理与异丙醇法相似，烟气首先通过安装有过滤装置的过滤室，然后向被加热的烟气中喷入异丙醇，吸收烟气中的SO_3，并使烟气温度降低，冷却。这个过程主要是为了使烟气中的SO_3与SO_2分离，利用气液分离器达到液体和气体分离的目的，最终使SO_4^{2-}与烟气分离。随后的液体进入在线仪表反应装置，溶液中的硫酸根离子与氯冉酸钡发生反应，生成紫色的氯冉酸离子，氯冉酸离子能够吸收波长为535nm的光波，通过分光光度法测得氯冉酸离子浓度，进而计算出烟气中SO_3的浓度。该仪器的测量范围为1～200μL/L。

PENTOL SO_3采用分光光度计比浊法测量，符合各项测量标准和规范。

SO_3或H_2SO_4气体样品被丙二醇水溶液吸收，转化为SO_4^{2-}，将该溶液通过装有氯冉酸钡的反应器，使气体流速和丙二醇吸收溶液的流速在一个特定的值，通过分光光度计测量氯冉酸离子的吸光度，最后由仪器转化为氯冉酸离子的浓度。

3.3.4.4 盐吸收法

盐吸收法来源于国外的研究，是Kelman在1952年提出的。该方法采用氯化钠（NaCl）收集烟气中的SO_3，主要是将烟气加热到酸露点以上，将烟气通过装有过滤装置和盐的采样管，使烟气中的SO_3（H_2SO_4）与NaCl发生反应。

$$NaCl(s) + H_2SO_4(g) \longrightarrow NaHSO_4(s) + HCl(g) \tag{3-7}$$

$$2NaCl(s) + H_2SO_4(g) \longrightarrow Na_2SO_4(s) + 2HCl(g) \tag{3-8}$$

采样结束后将样品溶于去离子水，测量其中的硫酸根离子，计算得到烟气中的SO_3浓度。也可以通过测定烟气中的HCl，计算得到烟气中SO_3的浓度。同时，NaCl、KCl、K_2CO_3和$CaCl_2$都可以对烟气中的SO_3进行吸收，其中NaCl、KCl的吸收效果好，烟气中的SO_2对NaCl、KCl测试的结果没有影响。K_2CO_3的测量值偏高。盐吸收法取样装置示意图如图3-6所示。

3.3.4.5 棉塞法

棉塞法广泛应用于硫酸工业中硫酸车间烟气管道中SO_3含量的测定。该方法的主要

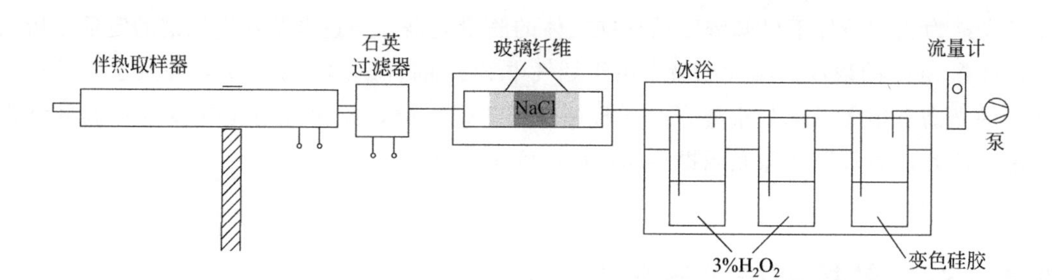

图 3-6 盐吸收法取样装置示意图

原理是硫酸烟气通过润湿的棉花塞时，其中的 SO_3 与水结合生成酸雾而被棉花吸收下来，将棉花塞溶于水中，用碘标准溶液将棉花吸收的少量 SO_2 转为 SO_3，用 NaOH 标准溶液滴定溶液的总酸量，根据消耗的 NaOH 标准溶液、I_2 标准溶液的用量和通过的烟气体积，计算出烟气中 SO_3 的含量。该方法不适合烟气成分复杂的电厂，且酸碱滴定时测量误差较大，大多数电厂一般不采用该方法。

其主要反应如下：

$$SO_3+H_2O=\!=\!=H_2SO_4 \tag{3-9}$$

$$SO_2+I_2+2H_2O=\!=\!=H_2SO_4+2HI \tag{3-10}$$

$$2NaOH+H_2SO_4=\!=\!=Na_2SO_4+2H_2O \tag{3-11}$$

$$HI+NaOH=\!=\!=NaI+H_2O \tag{3-12}$$

棉塞法取样装置示意图如图 3-7 所示。

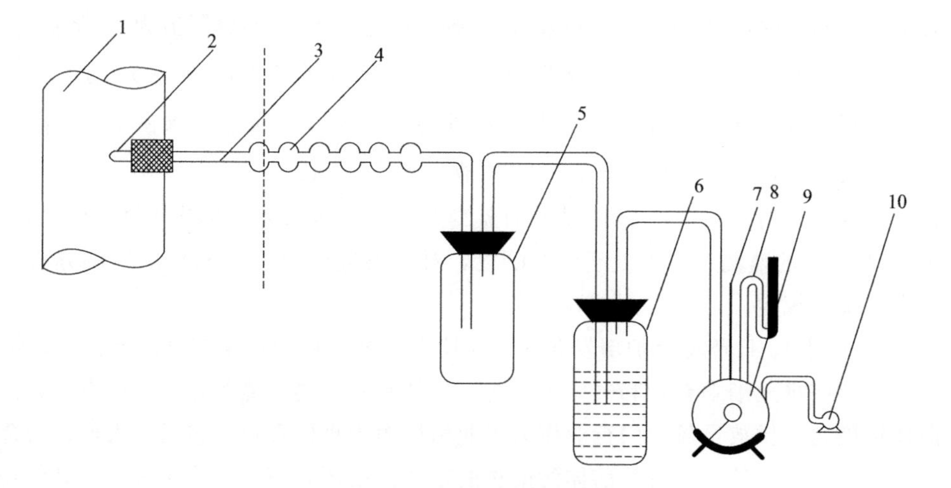

图 3-7 棉塞法取样装置示意图

1—烟道；2—采样管；3—螺旋夹；4—棉花塞六连球滤管；5—分离瓶；6—洗涤瓶；
7—温度计；8—压力计；9—湿式气体流量计真空泵；10—真空泵

3.3.4.6 光学法

光学法的原理为 SO_3 与其他气体成分对光吸收波长的差异。使用红外线，穿过烟气采样气体室，使用红外探测器测量透射光谱，得到烟气组分的红外吸收光谱吸收信号，SO_3 的光谱吸收带在 145～160nm 之间。对 SO_3 特征吸收光谱与参考光谱进行最小二乘拟合，参考光谱为相同条件下已知浓度的标准气体的测量光谱，通过电脑计算光谱的定量分析结果，计算 SO_3 的浓度。实际测量中由于烟气中 SO_2 的含量远大于 SO_3，并且水的光谱与 SO_3 的光谱有很大一部分重叠，会干扰测量结果，因此，此法对烟气中 SO_3 的测量结果误差比较大，需采用特殊光源提高测量精确度。

3.4 SO_3 的控制技术与方法

3.4.1 国家及地方控制政策

近几年，国家对燃煤电厂烟气中的二氧化硫（SO_2）、氮氧化物（NO_x）及烟尘的排放浓度制定了最为严格的标准，为了达到现有排放标准的要求，各燃煤电厂都陆续实施了严格的环保设施升级改造，SO_2 浓度、NO_x 浓度及烟尘排放量大幅下降。随着全国火电厂超低排放改造的推进，SCR 系统的不断投运和催化剂加层改造的深入，烟气中 SO_3 的排放浓度增加了，包括 SO_3 蒸汽、硫酸蒸汽和硫酸气溶胶颗粒等。SO_3 所引发的燃煤电厂运行问题、污染问题必将日益深化。SO_3 产生的危害众多，是酸雨形成的主要原因之一，也是形成大气 $PM_{2.5}$ 的重要组成成分，对环境与机组安全稳定运行带来显著的影响。随着公众环保意识的日益提高，国内外研究机构开始广泛关注 SO_3 的排放浓度、检测及治理技术。据报道得知，美国有 22 个州已经针对燃煤电厂烟气 SO_3 的排放限值做出了规定，其中 14 个州的排放限值低于 6mg/m^3。佛罗里达州 SO_3 排放限值为 0.6mg/m^3，对 SO_3 的排放要求尤为严格；马里兰州为 20mg/m^3。日本规定 SO_3/H_2SO_4 纳入烟尘总量控制。德国规定 SO_2 和 SO_3 混合浓度排放标准为 50mg/m^3，并且要求在 30min 内平均浓度为 200mg/m^3；新加坡规定固定源 SO_3 排放标准为 10mg/m^3。

目前，我国针对燃煤电厂 SO_3 排放的监测方法，在国家层面并没有制定相应的标准。一些单位对 SO_3 的监测基本上处于研究阶段，对燃煤电厂烟气中 SO_3 的监测方法、监测对象还没有统一规定。

2013 年 9 月 13 日环境保护部发布的《环境空气细颗粒物污染综合防治技术政策》中指出，对于那些排放细颗粒物和气体污染物（包括硫氧化物、氮氧化物、挥发性有机物和氨等前体污染物）排放量较大的行业作为工业污染源治理的重点，包括：火电、冶金、建材、石油化工、制药等。对排放前体污染物的工业污染源，应分别采用去除硫氧化物、氮氧化物、挥发性有机物和氨的治理技术。氮氧化物净化装置中采用氨作为还原剂的，应在保证氮氧化物达标排放的前提下，合理设置氨的加注工艺参数，防止氨过量逃逸造成二次污染。

2014 年 9 月，国家发展和改革委员会、环境保护部、国家能源局三部委联合印发《煤电节能减排升级与改造行动计划（2014—2020 年）》规定，严控大气污染物排放。新建燃煤发电机组应同步建设先进的高效脱硫、脱硝和除尘设施，支持同步开展大气污染物联合协同脱除，减少 SO_3、汞、砷等污染物排放。

2015 年，上海市发布了《大气污染综合排放标准》（DB 31/933—2015），标准中规定

硫酸雾排放限值为 $5mg/m^3$。

2017 年 1 月环境保护部发布的《火电厂污染防治技术政策》中提出火电厂应注重低低温电除尘器、电袋复合除尘器及湿法脱硫等措施对 SO_3 的协同脱除作用，同时鼓励火电厂研发和推广低浓度颗粒物、细颗粒物排放检测技术及在线监测技术，烟气中 SO_3、氨及可凝结颗粒物等的检测与控制技术也应协同治理。

2018 年，衡水市大气办印发的《关于衡丰、恒兴公司开展有色烟羽“脱白”工作的通知》中规定了排放烟气中的 SO_3 不应高于 $5mg/m^3$。

2018 年 3 月 5 日，杭州市发布了《锅炉大气污染物排放标准》（征求意见稿）。在《征求意见稿》中提出了新建及现有各类锅炉的颗粒物、SO_2、SO_3、氮氧化物、氨、雾滴等具体排放浓度限值。新建锅炉自标准发布之日起执行、现有锅炉自 2022 年 7 月 1 日起执行：

燃煤热电锅炉及 65t 以上燃煤锅炉执行 SO_3 $5mg/m^3$，氨 $2.5mg/m^3$；其他燃煤锅炉执行 SO_3 $5mg/m^3$，氨 $8mg/m^3$。

现有锅炉自标准实施之日起至 2022 年 7 月 1 日执行：

燃煤热电锅炉执行 SO_3 $10mg/m^3$，氨 $2.5mg/m^3$；其他燃煤锅炉执行 SO_3 $10mg/m^3$，氨 $8mg/m^3$。

3.4.2 SO_3 控制方法

目前，燃煤电厂对烟气中 SO_3 含量主要采取以下控制技术：一是采取源头治理技术——选取低硫煤作为燃烧原料；二是利用现有污染物脱除设备如低低温电除尘、湿式电除尘、湿法烟气脱硫等对 SO_3 进行协同脱除；三是采用喷射碱性吸收剂技术；四是采取抑制烟气中 SO_2 在 SCR 脱硝反应器内被催化氧化的技术等。

3.4.2.1 燃烧低硫煤

燃煤电厂选择含硫量低的煤炭作为燃烧原料，可以从源头大幅度减少燃烧过程烟气中 SO_3 的产生量。电厂使用低硫煤、混煤是降低烟气中 SO_2 和 SO_3 最直接的方法。燃煤电厂采用低硫煤作为燃料，能够使烟气中 SO_2 的浓度降低，同时也降低了烟气中 SO_2 在炉膛内和 SCR 反应器中转化成 SO_3 的量。有数据表明，电厂燃烧烟煤、亚烟煤和褐煤时，SO_2/SO_3 的转化率分别是 1%、0.055%、0.1%。电厂会因为低硫煤的供应时间、磨煤机出力、炉内结渣倾向、SCR 催化剂中毒、静电除尘器的适应能力等因素难实现全部使用低硫煤。在这种情况下，可以考虑采取不同比例低硫煤进行掺烧。掺烧低硫煤除了要考虑上述影响因素外，还要解决混煤场、输煤皮带、设备的磨损等问题。

3.4.2.2 利用现有污染物脱除设备进行协同脱除

目前，国内燃煤电厂绝大部分没有安装脱除 SO_3 的环保设施，根据烟尘颗粒表面极易吸附硫酸酸雾的这一特点，可以利用低低温电除尘、湿式电除尘、湿法烟气脱硫系统协同脱除 SO_3，控制烟气中 SO_3 排放浓度。

（1）低低温电除尘系统对 SO_3 的脱除

日本三菱重工首先提出了低低温电除尘技术，1997 年，在日本东北电力公司 1 号 1000MW 燃煤机组上首次应用。截止到目前，该技术在日本国内已被数十台燃煤机组采用，总装机容量超过 13000MW。据统计，日本大多数电厂燃烧的煤质收到基硫分仅 0.5%左右，在空气预热器出口烟气中 SO_3 质量浓度小于 35.7mg/m^3。烟气经过低低温省煤器后，在电除尘器出口测得 SO_3 质量浓度小于 3.57mg/m^3。低低温电除尘对 SO_3 的脱除率大于 90%，由于低低温省煤器可将烟气温度降至 85～95℃，因此，SO_3 对低低温省煤器本体及下游设备产生的腐蚀较轻微，不会危及机组运行安全。

我国大多数的燃煤电厂安装的是电除尘器，对颗粒物的总体脱除效率可达 99%以上。低低温电除尘系统一般是由低低温省煤器和低低温电除尘器两大设备组成，烟气通过换热器使电除尘器入口烟气的温度降至 85～95℃，低于酸露点。此时，烟气中的 SO_3 以 H_2SO_4 微滴的形式存在，SO_3 能使细小颗粒相互黏结并发生凝聚，形成较大的颗粒。同时，粉尘对 SO_3 会产生物理吸附和化学吸附，SO_3 吸附在粉尘表面，由于此段烟气含尘量很大，烟气温度降低，烟气体积减小，流经电除尘器的烟气速度相应减小，烟气在电除尘器内的停留时间得以延长，粉尘比表面积很大，除尘效率大幅提高。烟气温度降低，电除尘器对亚微米级粉尘的脱除能力大大提高，相应的 SO_3 也能大部分被去除。低低温电除尘被认为是 SO_3 脱除率最高的烟气处理设备，近些年，在国内逐渐得到广泛应用。

林翔现场测试发现，燃煤电厂采用低低温电除尘改造后，对烟气中 SO_3 的脱除率可达到 88.14%。低低温电除尘器只适用于特定的煤质，目前判定是否采用低低温电除尘器的技术指标主要为灰硫比，一般规定灰硫比在 100 以上时，适合选用低低温电除尘器。

烟温低于酸露点时，SO_3 是与粉尘结合还是以纯 SO_3 酸雾滴的形式存在，取决于烟气系统中 SO_3 与粉尘颗粒的作用方式。一是 SO_3 粉尘颗粒物为凝结核产生的非均相成核，二是 SO_3 先以均相成核的方式形成 SO_3 酸雾，再与粉尘颗粒物发生碰撞接触，沉积吸附于颗粒物中。

胡斌等研究了烟温低于酸露点时 SO_3 与烟气中飞灰颗粒的相互作用和低低温电除尘中飞灰吸附 SO_3 的机理，发现 SO_3 酸雾碰撞吸附在飞灰表面，可以促进飞灰颗粒之间的碰撞凝并作用，能使飞灰粒径稍有增大，特别是细颗粒物所占比例有所降低。

清华大学张绪辉从理论方面对低低温电除尘条件下烟气中 SO_3 的演化机理及演化产物与颗粒物的作用过程进行了研究，得出低低温电除尘中 SO_3 先均相凝结形成 SO_3 酸雾，然后部分 SO_3 酸雾通过碰撞接触，大多数沉积在大粒径的粉尘中，其余纯 SO_3 酸雾滴形式存在，灰硫比和 SO_3 含量对 SO_3 酸雾的沉积都会产生影响。

低低温电除尘技术适用范围广，该技术可与 SO_3 烟气调质、移动电极、高频电源技术等其他除尘新技术任意组合使用，使烟气粉尘排放达到标准要求，对高比电阻以及细小粉尘的收集可大幅度提高，提高了除尘效率。但是，低低温电除尘技术的使用也有一定的局限性。一是对高硫煤的使用需要注意；二是要求除尘器前部增设有换热装置，针对脱硫装置后有 GGH 系统的燃煤机组，必须综合考虑 GGH 的热量交换要求，合理确定余热利用降温幅度，达到干烟囱排烟温度的要求。

（2）电袋复合除尘器对 SO_3 的脱除

当烟气温度降至160℃以下时，烟气中 SO_3 的存在形式大部分是 H_2SO_4。在电袋复合除尘器中，后级袋区的滤袋表面会沉积粒径相对较小的一层粉饼，具有较大的吸附比表面积。当 SO_3 及气态 H_2SO_4 通过带有粉饼层的滤袋时，被粉饼层有效吸附，飞灰中的碱性物质 MgO、Na_2O、CaO 吸收并中和 SO_3，生成稳定的硫酸盐，连同粉尘一起被脱除。关于布袋除尘器对 SO_3 的脱除能力，Sporl 等认为其脱除能力与燃烧的煤种有很大关系，为了验证这一想法，Sporl 等对三种不同燃煤烟气中 SO_3 脱除率进行研究，发现三种不同的燃煤布袋除尘器对 SO_3 的脱除率在44%～80%之间，不同煤种的 SO_3 脱除率相差较大。可见，烟气中粉尘对 SO_3 的吸收取决于粉尘中碱性物质的含量。

（3）湿法烟气脱硫对 SO_3 的脱除

近年来，湿法烟气脱硫、洗涤吸收过程中烟气 SO_3 迁移转化与脱除特性的研究国内外逐渐开展了起来。SRIVASTAVA 等认为在脱硫浆液的洗涤作用下，WFGD 系统对 SO_3 酸雾有一定的脱除效应，但典型的湿式脱硫塔对 SO_3 的脱除率仅为30%～50%。这是因为当含有气态 SO_3 或 H_2SO_4 的烟气进入湿法烟气脱硫系统时，由于烟气被急剧冷却至酸露点以下，脱硫浆液吸收剂对 SO_3 的吸收速率远小于其冷却速率，SO_3 或 H_2SO_4 会快速形成大量亚微米级硫酸酸雾，难以在脱硫吸收塔内被喷淋液滴捕集到，SO_3 难以有效脱除。脱硫协同除尘一体化吸收塔可通过托盘、喷淋流场整流与优化等技术，提高对 H_2SO_4 气溶胶的捕集效率。在吸收塔内，托盘持有20～50mm的持液层，烟气从托盘下向上流动，浆液从托盘上喷射下来，烟气和浆液发生剧烈接触，加剧了吸收塔内各种形态污染物的洗涤，微细颗粒包括 H_2SO_4 气溶胶得到较大程度的脱除；同时优化的流场与增加的喷淋密度也为提高喷淋层捕集效果提供了条件。潘丹萍等对两家燃煤电厂湿法烟气脱硫系统前后的 SO_3 酸雾进行了测试，分析了单塔、双塔脱硫工艺、燃煤组分等因素对 SO_3 酸雾脱除作用的影响。结果表明，单塔、双塔 WFGD 系统对燃煤烟气中 SO_3 酸雾的脱除效率范围分别介于30%～40%、50%～65%。双塔脱硫系统对于 SO_3 酸雾的脱除效率较高。随着脱硫塔入口烟气中 SO_3 浓度的增加，其脱除效率也随着提高。双托盘、旋汇耦合等湿法脱硫新技术，能延长吸收塔浆液与硫酸气溶胶的接触面积和接触时间，明显提升 SO_3 脱除率，最高可达到91.7%。莫华等研究了不同湿法脱硫装置对 SO_3 的去除效果，发现旋汇耦合湿法脱硫装置捕集效果最好。

（4）湿式电除尘器对 SO_3 的脱除

湿式电除尘设备（WESP）对 $PM_{2.5}$、SO_3、脱硝装置的逃逸氨和重金属汞等污染物均有一定的去除效率。湿式电除尘设备一般安装在烟气处理工艺路线的最后，对微细颗粒物和酸雾具有很高的去除效率。其原理是利用高压电场，在电晕极与沉淀极之间施加足够高的直流电压，高压电晕极放电使烟气中的粉尘颗粒、SO_3 雾滴荷电，荷电后的颗粒和雾滴在电场力的作用下沉淀在集尘板或集尘管上，然后采用水喷洗集尘板或集尘管，减少烟尘的逃逸，除尘能力大幅提高。

湿式电除尘器布置在湿法脱硫后，进入湿式电除尘器的烟尘主要含以 SO_3 为代表的硫酸气溶胶颗粒、石膏液滴以及大量 PM_{10} 以下的微细粉尘。湿式电除尘器极大的电量功率，在冷凝的作用下，大大提高了对 $PM_{2.5}$、SO_3 等污染物的去除效率。湿式电除尘器对 SO_3 的去除效率大于 70%。湿式洗涤器对酸雾的脱除效率与洗涤器的设计和运行条件有关。

日本东京电力公司的 Yokosuka 电厂安装湿式电除尘器后，测得湿式电除尘器出口烟气中 SO_3 的浓度为 3.57mg/m^3，而湿式电除尘器入口的 SO_3 的浓度为 214mg/m^3，SO_3 基本上被清除。

根据国际能源署煤炭研究机构的研究得知：湿式电除尘器不仅能够有效清除 0.01μm 的酸雾、液滴，而且脱除 SO_3 的效率能够达到 95%。

湿式电除尘器对 SO_3 的脱除率较高，在 50%～90%之间。其中，金属板湿式电除尘器对 SO_3 的脱除率多在 50%～80%，玻璃钢湿式电除尘器对 SO_3 脱除率更高，多在 60%～90%，最高可达到 91.8%。

湿式电除尘器对于高湿、低温、烟尘浓度较低的烟气比较适合，由于湿式电除尘器采用水力清灰，耗水量会较大，因此，必须增设循环水处理与排污水处理设备。电场及内部构件需要耐腐蚀，其建设和运行成本也会比较高。图 3-8 所示为 SO_3 协同脱除技术路线图。

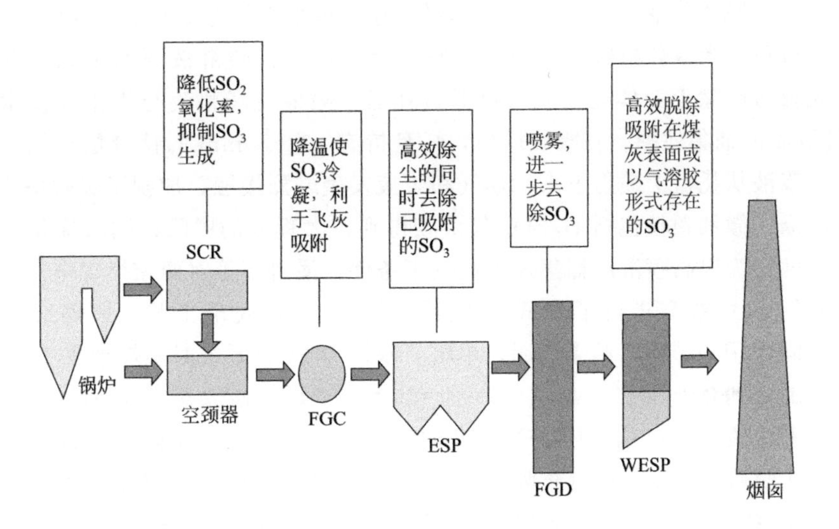

图 3-8　SO_3 协同脱除技术路线图

FGC 为烟气冷却器，ESP 为静电除尘器，FGD 为烟气脱硫，WESP 为湿式静电除尘器

3.4.2.3　碱性吸收剂脱除 SO_3 技术

目前，喷射碱性吸收剂脱除烟气中 SO_3 的技术，已成为有效控制 SO_3 的方法之一。其原理是利用碱性吸附剂与烟气中的 SO_3 反应，生成固体盐类颗粒物，然后通过除尘设备脱除。该技术在吸收剂种类、注射方式和注射位置等方面有多种选择。吸收剂种类主要包含 Na 系、Ca 系、K 系、Mg 系；注射方式主要有两种，分别为浆液注射和干粉注射；注射位置可选择锅炉内、SCR 装置之前、SCR 与空气预热器之间、空气预热器与电除尘器之间、电除尘之后吸收塔前。

碱性吸附剂主要包括 $CaCO_3$、$Ca(OH)_2$、MgO、$Mg(OH)_2$、SBS（$NaHSO_3$ 和 Na_2SO_3）、$NaHCO_3$、天然碱（$Na_2CO_3 \cdot NaHCO_3 \cdot 2H_2O$）、$Na_2CO_3$ 等。其中，以浆液方式注射的吸收剂主要是 $Mg(OH)_2$、SBS 和 Na_2CO_3，其余吸收剂多以干粉方式注射。选择吸收剂时，应考虑吸收剂的摩尔比、粒径、活性。在碱性吸收剂的选取中，应综合考虑其对电除尘可能产生的影响。采用钙基或镁基吸收剂将会增大粉尘的比电阻，而采用钠基吸收剂则会降低粉尘的比电阻。因此，具体采用哪种吸收剂来吸收 SO_3，粉尘的比电阻是一个重要的考虑因素。

根据碱性吸附剂喷射位置不同主要分为炉内喷碱性吸收剂和炉后喷碱性吸收剂两种方式。

（1）炉内喷碱性吸收剂

炉内喷碱性物质主要是在炉膛顶部喷入碱性物质，最常用的碱性物质是 $Mg(OH)_2$。在 SCR 脱硝技术被燃煤机组广泛采用的情况下，由于 $Mg(OH)_2$ 吸收剂对 SCR 催化剂产生的影响较小，所以目前成为国外开展炉内注射脱除 SO_3 最主要的吸附剂，并且通常采取 $Mg(OH)_2$ 浆液形式喷入炉膛，炉内温度高，使水分蒸发，成为 MgO 颗粒。MgO 颗粒与气相 SO_3 在炉内高温下发生反应生成 $MgSO_4$，达到脱除 SO_3 的目的。美国 Gavin 电厂向炉内喷入 $Mg(OH)_2$脱除 SO_3，其运行数据表明，$n(Mg):n(SO_3)$为 7 时，SO_3 的脱除率可达到 90%。目前，国内大唐某电厂采用 $Ca(OH)_2$ 干粉作为吸收剂，碱硫比为 4∶1 时，SO_3 脱除率约为 40%。

炉内喷镁技术可有效地脱除煤质燃烧过程中生成的 SO_3，能够降低进入 SCR 反应器内 SO_3 的浓度。锅炉在低负荷运行时，可以避免 SO_3 在 SCR 反应器内与逃逸的氨生成硫酸铵盐，能够拓宽 SCR 运行温度窗口，使 SCR 在低负荷下稳定运行。同时，还能降低酸露点和空气预热器出口烟气温度，提高锅炉热效率，降低尾部受热面的腐蚀，减少设备的维护。但该技术存在吸附剂用量较大、对 SCR 中产生的 SO_3 几乎不能脱除且运行费用较高的缺点，浆液还会对雾化喷嘴和浆液泵等设备造成一定程度的磨损。由于大多数镁基吸收剂在到达 SCR 反应器时已失去了活性，导致对 SCR 装置中产生的 SO_3 无法脱除，对缓解空气预热器堵塞的作用不明显。

（2）炉后喷碱性吸收剂

采取在炉后烟气中喷入碱性吸收剂可有效降低 SO_3 的浓度，目前主要使用的碱性吸收剂有：$NaHSO_3$(SBS)、$Ca(OH)_2$、Na_2CO_3、天然碱等。Codan、B&W 和 Nol-Tec 等企业陆续研制了喷射碱性吸收剂脱除 SO_3 的 DSI 系统，均取得了较好的 SO_3 脱除效果。DSI 系统在烟气处理系统中的布置位置如图 3-9 所示。

Y. Kong 探讨了在不同位置布置 DSI 系统对 SO_3 脱除的影响，见图 3-9 所示。选取位置 1（SCR 之前）喷射碱性吸收剂的最大优点是进入 SCR 反应器内烟气中的 SO_3 浓度在降低，减少与氨的反应，在一定程度上避免了硫酸氢铵在催化剂表面的沉积。选取位置 2（SCR 与空气预热器之间）喷射碱性吸收剂可减少硫酸氢铵的生成，避免空气预热器的堵塞，降低了酸露点，降低了尾部受热面的腐蚀，减少了设备的维护，不利的是在位置 2 喷射碱性吸收剂会降低烟气温度，导致锅炉的整体热效率下降。在位置 3（空气预热器与电

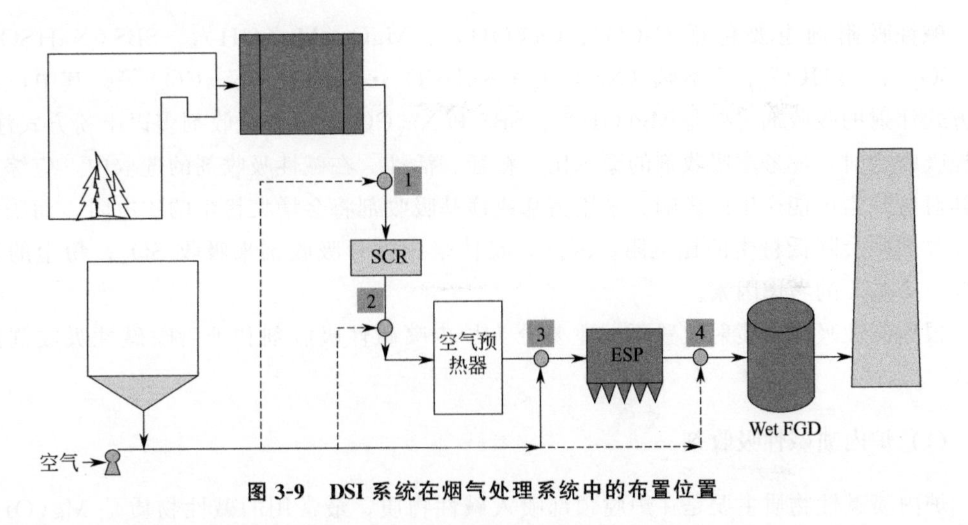

图 3-9 DSI 系统在烟气处理系统中的布置位置

除尘器之间）喷射碱性吸收剂的最大优点是能最大程度减少烟气中的 SO_3 总量，选取位置 4（电除尘器后）喷射碱性吸收剂 SO_3 的脱除效果较为理想。

第4章 燃煤电厂氨的产生、测试及控制

随着国家对环境保护的日益重视，在国家颁布实施的2011版火电厂大气污染物排放标准中，对电厂NO_x的排放有了更严格的规定。2014年，国家发改委、环境保护部和国家能源局三部委联合下发了火电厂节能减排计划。为了响应节能减排号召，重点地区大中型燃煤电厂基本上完成了烟气超低排放改造，烟气中NO_x排放浓度大都控制在50mg/m^3（标态，干基，6% O_2）以下。各燃煤电厂大都采用选择性催化还原法（SCR）或非选择性催化还原法（SNCR）作为烟气中NO_x的脱除技术。SCR法是目前世界上最成熟的烟气脱硝技术，具有脱硝效率高、维护方便、运行可靠等优点，是世界上应用最广泛的烟气脱硝技术。SCR法脱硝一般选择氨气（NH_3）作为还原剂，在较低的温度范围、催化剂和氧气存在的条件下，NH_3有选择性地将烟气中NO_x转化为氮气（N_2）和水（H_2O）。但SCR系统在运行过程中，会存在副反应，有一小部分氨会发生氧化反应生成NO和NO_2，因此为了保证NO_x脱除率，SCR脱硝系统喷入的NH_3要多于氨理论计算值，这就会导致NH_3反应不完全、超标逃逸的问题。目前SCR脱硝系统普遍存在氨逃逸问题，当氨逃逸含量较高时，NH_3与烟气中三氧化硫和水反应生成硫酸氢铵或硫酸铵。NH_4HSO_4具有黏附性和强腐蚀性，严重时会造成空气预热器堵塞腐蚀，烟气系统压力阻力升高，严重时影响机组安全稳定运行。

本章主要介绍NH_3的生成机理、氨的危害，国内外NH_3的排放控制标准、测试方法，最后介绍NH_3控制法规和政策及NH_3控制技术，希望读者了解NH_3产生、国内外控制排放的政策法规及控制技术。

4.1 氨的产生机理

目前，燃煤电厂向大气中排放的氨一部分来源于还原剂在装载、输送过程中的无组织排放，另一部分来源于烟气脱硝过程中未参加反应，从SCR系统逃逸出来的氨，此部分是氨排放的主要来源。SCR脱硝系统中逃逸的氨，属于二次污染物。SCR工艺脱硝原理是指在催化剂和氧气存在的条件下，在较低的温度范围（280～420℃），通过加入还原剂NH_3有选择性地将烟气中的NO_x转化为无害的N_2和H_2O。在采用氨气为还原剂的SCR脱硝工艺中，纯氨进入炉膛后，炉内大部分还原剂NH_3与烟气中NO_x进行还原反应生成N_2，也有小部分NH_3发生氧化反应，生成NO和NO_2。为了保证脱硝效率，通常 SCR 系统运行中被喷射进反应器的氨多于理论计算量。不发生还原反应或氧化反应的 NH_3 会随着烟气“逃出”脱硝反应器，这种现象称为氨逃逸，而逃逸出来的氨被称为逃逸氨。

在 SCR 反应器内，以 V_2O_5/TiO_2 或 $V_2O_5\text{-}WO_3/TiO_2$、$V_2O_5\text{-}MoO_3/TiO_2$ 为活性成分组成的催化剂催化下，还原剂 NH_3 在氧气存在的条件下，优先与烟气中的 NO_x 发生还原反应，将烟气中的 NO_x 催化还原为 N_2 和 H_2O。NH_3 选择性还原 NO_x 发生的主要反应方程式为

$$4NH_3+4NO+O_2 \longrightarrow 4N_2+6H_2O \tag{4-1}$$

$$4NH_3+2NO+2O_2 \longrightarrow 3N_2+6H_2O \tag{4-2}$$

$$4NH_3+6NO \longrightarrow 5N_2+6H_2O \tag{4-3}$$

$$8NH_3+6NO_2 \longrightarrow 7N_2+12H_2O \tag{4-4}$$

以上反应中，反应式(4-1) 是最主要的，这是由于烟气中 90%～95%的 NO_x 是以 NO 的形式存在的。

在 SCR 反应的过程中除了生成 N_2 和 H_2O 外，在实际运行过程中随着烟气温度的升高，还存在 NH_3 被氧化生成 N_2O、NO 的副反应，反应方程式为

$$4NH_3+3O_2 \longrightarrow 2N_2+6H_2O \tag{4-5}$$

$$2NH_3 \longrightarrow N_2+3H_2 \tag{4-6}$$

$$4NH_3+5O_2 \longrightarrow 4NO+6H_2O \tag{4-7}$$

$$4NH_3+4O_2 \longrightarrow 2N_2O+6H_2O \tag{4-8}$$

目前国外学者对 SCR 反应物是 NO 而不是 NO_2 的结论达成一致，并且认为 O_2 参与了反应。在反应过程中，NH_3 可以优先与 NO_x 发生还原反应生成 N_2 和 H_2O。选用 NH_3 作还原剂去除 NO_x 的基本反应原理如图 4-1 所示。

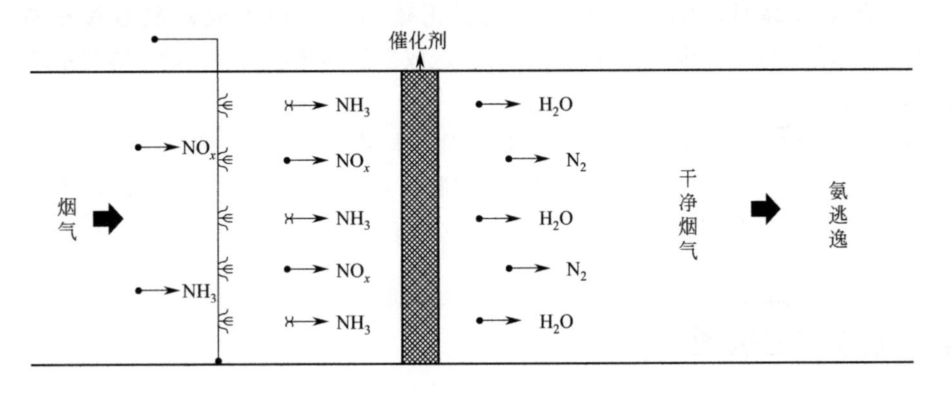

图 4-1 SCR 烟气脱硝反应原理

20 世纪 70 年代以来，对于 V_2O_5/TiO_2 催化剂的 SCR 反应机理已经开展大量实验研究，大都是在反应动力学和反应物吸附态光谱分析基础上开展的研究。催化剂在 SCR 反应器内脱除 NO_x 的机理主要有 Langmuir-Hinshelwood（L-H）机理与 Eley-Redeal（E-R）机理。在诸多报道中，对于催化剂工作原理的阐释，最具代表性的是 Topsøe 等的研究，其采用 FTIR-MS 技术，根据不同酸的浓度与 NO_x 转化率的关系，得出 Brönsted 酸性位上的 NH_4^+ 在 SCR 反应中起主要的作用，从电子转移角度进一

步完善了 Inomata 等提出的反应历程，表示 V—OH 中 V 以五价氧化态形式存在，即 V^{5+}—OH，氨首先吸附在催化剂 Brönsted 酸性位上，生成 NH_4^+，然后被邻近的 V^{5+} ═ O 氧化形成—NH_3^+，同时 V^{5+} ═ O 被还原成 H—O—V^{4+}；另一方面，—NH_3^+ 与气相中的 NO 结合形成—NH_3^+NO，然后分解成 N_2 和 H_2O，而 H—O—V^{4+} 在氧气存在的条件下，重新氧化生成 V^{5+}═O，从而完成一个循环，恢复到初始状态，再进入下一个循环反应。目前，E-R 机理得到多数研究者的普遍认可，E-R 机理的具体反应路径如图 4-2 所示。

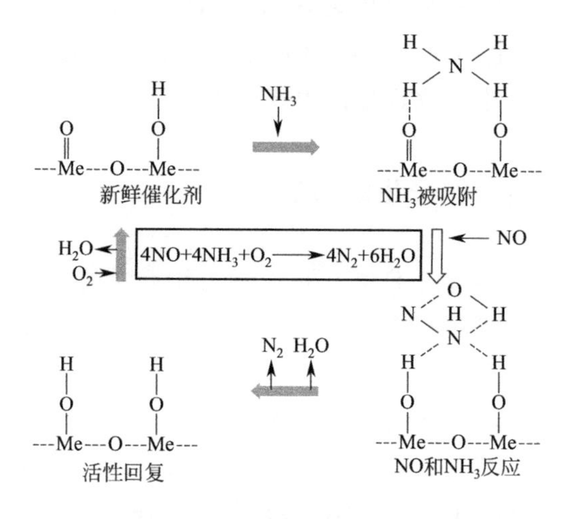

图 4-2　SCR 烟气脱硝反应机理

在 SCR 脱硝反应系统中，理论上讲，NH_3/NO_x 的摩尔比为 1∶1，即喷入 SCR 反应器内 1mol 的 NH_3 就可以完全还原烟气中 1mol 的 NO_x。但实际工程运行中，受反应温度、反应时间、催化剂种类及烟气和氨的混合效果等因素的影响，导致喷入反应器内的氨不能 100%与烟气中 NO_x 进行反应，NO_x 不能完全被脱除。燃煤电厂实施超低排放后烟气中 NO_x 排放控制指标为 $50mg/m^3$，为了能够达到超低排放的要求，电厂需要提高烟气脱硝效率，喷射进 SCR 系统内的氨量要多于理论计算量。在 SCR 系统内未参加化学反应的氨会随烟气或飞灰从反应器的出口被带入下游的空气预热器。氨逃逸成了燃煤电厂 SCR 烟气脱硝过程中普遍会出现的问题。

燃煤电厂排放烟气中含有的氨基本上都在 SCR 脱硝系统运行过程中产生，氨逃逸会随 SCR 系统运行的时间发生变化，日常运行中影响氨逃逸的关键因素有：SCR 系统 NH_3/NO_x 摩尔比分布；锅炉运行参数；烟气在 SCR 反应器内的空间速度、催化剂活性等。

4.1.1　NH_3/NO_x 摩尔比分布对氨产生的影响

SCR 系统的 NH_3/NO_x 摩尔比决定了向 SCR 系统喷入所需要氨的量。根据 NH_3/NO_x 摩尔比，由 SCR 反应器氨气流量控制系统计算出氨的用量，而向 SCR 脱硝系统提供相应的氨量保证 SCR 系统脱硝效率和氨逃逸率满足设计值。但在脱硝系统实际运行情况下，由于 NH_3/NO_x 摩尔比偏差的影响，随着脱硝效率的提高，会导致在催化剂中的某些部位 NO_x 浓度较高，而喷入的 NH_3 较少；而在另外一些部位 NO_x 浓度较低，喷入的氨较多。氨气浓度低的地方，反应速度小，氨气浓度高的地方，因为 NO_x 浓度小，其反应速率也不高，由此导致烟气脱硝效率降低和氨逃逸浓度增加。对于一个给定的 NO_x 脱除率来说，NH_3/NO_x 的摩尔比偏差不应超过理论值的±5%。偏差过大可能使脱硝反应减弱，导致氨逃逸浓度升高，并需要增大催化剂的体积。CFD 软件数值模拟表明，氨氮摩尔比分布均匀性经过每一层催化剂时都会下降，相应地，也就对 SCR 脱硝装置的脱硝效率和氨逃逸量产生一定影响；自 SCR 系统逃逸的氨主要来自 NH_3/NO_x 摩尔比大于 1 的区域，NH_3/NO_x 摩尔比分布的均匀性是影响 SCR 系统中氨逃逸量的主要因素。

4.1.2 脱硝催化剂性能对氨产生的影响

根据 SCR 反应器工作环境的不同，可分为几种不同的 SCR 工艺系统，包括高温高尘、高温低尘、低温低尘的布置方式。我国燃煤电厂机组投运的 SCR 系统几乎都是采用高温高尘的布置方式，在 SCR 高温高尘布置工艺系统中，反应器布置在省煤器的下游、空气预热器与除尘器装置的上游，该区域的烟气未经除尘，携带了大量的飞灰。因此，在 SCR 系统运行的过程中，催化剂在未经除尘的烟气中工作，会因为烟气中的飞灰（飞灰中含有的 Na、K、Ca、As 等使催化剂产生中毒、磨蚀、热烧结、堵塞/沾污等现象）和 SO_2，使催化剂活性降低，甚至失活，催化剂中毒失活会造成 SCR 系统氨逃逸增大或超标。SCR 反应器的反应温度、烟气化学成分等因素均会对催化剂活性产生影响。

4.1.2.1 催化剂烧结

催化剂烧结是造成 SCR 催化剂失活的重要原因之一。催化剂烧结一般在烟气温度高于 400℃时开始发生。当烟气温度高于 450℃以上时，SCR 系统由于长时间在高温条件下运行，暴露在外的催化剂就容易引起烧结现象，催化剂的寿命会在短时间内大幅降低。SCR 系统使用的钒类催化剂的载体 TiO_2 的晶型是锐钛型，当烟气温度在 550℃以上时，催化剂载体 TiO_2 的晶型会发生转变，从锐钛型转化成金红石型，会导致晶体粒径成倍增大，而微孔数量却在大幅度减少，使催化剂的有效表面积减少，催化剂活性降低。催化剂烧结导致催化剂活性降低的另一个原因是连续的高温运行，会导致催化剂的部分活性组分蒸发掉，活性中心位数量减少，活性降低。催化剂烧结导致的催化剂失活是不可逆的，因此烧结后的催化剂无法再通过再生的方式恢复活性。

4.1.2.2 催化剂中毒

燃煤电厂烟气中含有的碱金属（如 Na、K）、碱土金属（如 Ca、Mg）、SO_2、P、As、HCl，Pb 会使 SCR 催化剂中毒。研究结果表明，烟气中的碱金属、碱土金属、As、HCl、P、Pb 等可以导致钒系 SCR 系统中的催化剂发生中毒现象。

(1) 碱金属中毒

在 SCR 反应过程中，碱金属与催化剂的活性位发生结合，占据催化剂活性位的时候还会和催化剂表面活性位上的酸发生中和反应，将催化剂部分活性位变成非活性位，影响还原剂 NH_3 在催化剂活性位上的吸附，导致催化剂活性反应能力下降。催化剂中毒是导致催化剂失活的关键原因，碱金属是对其产生危害最大的物质之一。

清华大学等单位的研究得出，碱金属会降低钒基催化剂 B 酸性位的数目及强度，Na^+、K^+会引起催化剂氧化能力下降，也是导致催化剂中毒的主要原因。碱金属存在于催化剂表面时，一方面由于碱金属原子与催化剂表面氧原子成键，导致催化剂的氧化还原能力下降；另一方面会使 Brönsted 酸性位数量减少。

Chen 以相应的硝酸盐或者醋酸盐作为各碱金属氧化物的前驱体，采用湿式浸渍法，对 V_2O_5/TiO_2 催化剂的碱金属中毒机制进行了全面的研究。结果显示，碱金属对催化剂产生的中毒程度与碱金属的碱度有直接关系，碱金属氧化物对催化剂产生的中毒强度依次为：$Cs_2O>Rb_2O>K_2O>Na_2O>Li_2O$。朱崇兵等认为，碱金属氧化物导致催化剂中毒的方式是，碱金属与催化剂的活性组分 V_2O_5 结合，占据催化剂的活性酸性位，导致催化剂上有效活性位数量减少，降低了催化剂对 NH_3 的吸附数量，导致催化剂脱除 NO_x 的效率下降。

我国的煤炭中 CaO 含量相对较高，导致燃煤电厂飞灰中 CaO 含量偏高。因此，在特定条件下，Ca 可能是引起 SCR 催化剂失活的主要原因。当燃煤电厂产生的飞灰中含有碱性的 CaO 时，CaO 的碱性会使催化剂的酸性下降，还会与烟气中的 SO_3 发生反应生成 $CaSO_4$，覆盖在催化剂表面的微孔上，将催化剂部分活性位变成非活性位，阻止反应物向催化剂表面和催化剂内部的扩散，降低 NO_x 与 NH_3 的反应概率，抑制催化剂的脱硝效率，导致催化剂 Ca 中毒。

(2) 重金属 As 中毒

烟气中的 As 会使 SCR 系统内的催化剂发生 As 中毒现象，导致 SCR 系统催化剂失活。姜烨把重金属 As 导致催化剂中毒方式分为物理中毒和化学中毒两类。煤中的 As 多数以硫化砷或硫砷铁矿等形式存在，小部分为有机物形态。在 SCR 反应器内，As 在烟气中是以气态 As_2O_3 或者二聚物 As_4O_6 的形式存在的，同时也会吸附在飞灰颗粒上。

导致催化剂中毒的 As 主要由气态 As_2O_3 引起。目前，关于催化剂 As 中毒的机理主要围绕导致催化剂微孔堵塞的物理机理和催化剂活性位被覆盖的化学机理两方面进行研究。催化剂 As 中毒的物理机理为：烟气中气态 As_2O_3 分子粒径比催化剂孔径尺寸小很多，容易进入催化剂表面的孔径，并且在微孔内发生凝结，导致催化剂孔径堵塞，形成催化剂 As 中毒的物理机理。催化剂 As 中毒的化学机理的过程是：在 SCR 反应器内气态 As_2O_3 分子扩散到催化剂表面，吸附在催化剂活性位上，并与催化剂中的钒反应生成稳定的砷酸钒化合物，砷酸钒化合物覆盖在催化剂表面的活性位上，V_2O_5 失去活性，使得催化剂脱硝活性降低。

(3) 催化剂堵塞

在烟气流速一定的情况下，催化剂的脱硝能力与催化剂表面积呈正比。铵盐、飞灰中细小颗粒物导致催化剂堵塞，催化剂表面积变小，降低了 SCR 系统 NO_x、NH_3、O_2 到达催化剂活性表面的概率，导致催化剂钝化。因此，当催化剂表面积灰或孔道堵塞时，SCR 反应器内 NO_x、还原剂与催化剂活性物质接触面积变小，催化剂的脱硝效率下降，SCR 反应器内 NH_3 逃逸也会增大。

随着 SCR 系统长时间的运行，催化剂活性会相应地降低，NO_x 脱除效率降低，为了达到 NO_x 排放限值，在实际的工程运行中，大多情况下需要提高氨氮摩尔比，导致 SCR 系统内氨过量，逃逸氨量急剧增加，促使催化剂活性降低，SCR 系统恶性循环。

催化剂经过长期运行，烟气中含有的碱金属、碱土金属、SO_2、Cl、P、As 等有害物质以及在 SCR 内生成的硫酸铵盐、硫酸钙盐和飞灰中的小颗粒都会导致催化剂烧结、孔内堵塞、中毒、磨损、腐蚀等。不同的毒物导致催化剂的中毒机理各不相同，可以归纳为以下三种：一是烟气中的颗粒物和 SCR 系统内生成的铵盐、硫酸钙等盐类沉积在催化剂的表面，堵塞催化剂的通道和孔道；二是碱金属、碱土金属、酸性气体、重金属 As、P 等吸附催化剂活性位上，并与之发生化学反应，降低催化剂酸性和氧化还原能力；三是催化剂载体晶型发生转变，结构遭到破坏，催化剂烧结失活，催化剂的活性难以再生恢复。

4.1.3 锅炉运行参数对氨产生的影响

锅炉的机组负荷、燃尽风率、脱硝效率、氧体积分数等运行参数对氨逃逸率显著影响。杨建国等研究了 660MW 超超临界机组对 SCR 系统氨逃逸率的影响，脱硝效率的提高，会提升氨逃逸率。当脱硝效率超过设计标准时，氨逃逸率上升幅度明显加快，脱硝效率提高，相应的喷氨量增大，反应物 NH_3 增多，NH_3 反应速率减小，氨逃逸率升高。燃尽风率过高或氧含量过高会增加烟气中 NO_x 的含量，SCR 入口 NO_x 也会随之增加，脱硝系统运行参数和氨逃逸率也会受到影响。机组负荷变化会导致烟气量、烟气温度及 SCR 入口 NO_x 质量浓度等参数的变化。锅炉降负荷运行时，烟气流量相应降低，省煤器出口烟温降低，SCR 反应器内催化剂活性下降，NO_x 还原反应速率也降低，导致 NO_x 脱除量下降，因此要注入更多的氨来保持 NO_x 的脱除率，也就增加了氨逃逸。烟气温度长时间低于 SCR 脱硝系统连续喷氨温度，会导致生成硫酸氢铵和催化剂失活。但是也有研究表示，在锅炉低负荷运行时，烟气停留在催化剂层时间会增加，能使催化剂活性降低产生的影响减弱，采取合适的脱硝效率，能够有效控制系统氨逃逸率。

4.1.4 喷氨控制系统对氨产生的影响

脱硝喷氨控制系统基本上采用以下两种控制方式：一是固定氨氮摩尔比控制方式，二是 SCR 出口 NO_x 定值控制方式。其中典型的控制方式是固定氨氮摩尔比。固定氨氮摩尔比控制原理是利用 SCR 反应器入口的 NO_x 浓度乘以烟气流量，转化成脱硝喷氨控制系统 NO_x 的信号，该信号乘以氨氮摩尔比就得到基本氨气流量信号，把此信号作为定值传入PID控制器，再与实测氨气的流量信号比较，由PID控制器运算后发出调节信号控制SCR入口氨气流量。此种方式是保持出口NO_x浓度恒定。SCR出口NO_x定值控制方式采用的主控制回路与固定氨氮摩尔比采用的主控制回路控制方式基本相同，不同之处在于SCR出口NO_x定值控制方式引入了反应器出口NO_x质量浓度，根据反应器入口NO_x实测浓度及出口NO_x设定值计算出预定脱硝效率和预定摩尔比。

目前，脱硝系统喷氨控制回路多采用固定氨氮摩尔比的单一PID控制器调节，由于脱硝系统存在NO_x测量反馈滞后及催化剂反应反馈滞后的问题，使得SCR脱硝控制系统存在严重的滞后性和延时性，导致这种传统控制方式容易出现出口NO_x值波动较大的问题，难以精确控制喷氨量。尤其是机组负荷发生变化、启停制粉系统时，SCR入口烟气量和NO_x浓度会急剧变化，系统参数变化幅度较大。为了减少瞬时超标，只能随之降低NO_x设定目标值，这在一定程度上增加了喷氨量。为了保证NO_x不超标，通常出口NO_x浓度比标准低很多，不仅浪费了还原剂，还加大了氨逃逸率，影响SCR下游设备的安全运行。

喷氨格栅AIG的安装位置不合理或者烟气分布不均匀时，会导致烟气中NO_x与NH_3的混合不均匀、反应不完全，造成SCR系统局部喷氨超量，发生副反应，影响脱硝效果及经济运行。喷氨自动调节性能欠佳时，喷氨量难以适应锅炉负荷及SCR系统入口烟气中NO_x含量的变化，导致SCR装置出口NO_x浓度出现波动，瞬时喷氨量会变动过大，引起氨逃逸量提升。脱硝装置入口烟道截面上NO_x的浓度及烟气流速分布不均匀，与喷氨格栅（AIG）的喷氨量不匹配，导致脱硝装置出口NO_x不均匀。在实际脱硝运行过程中，就会出现NO_x浓度较高的区域喷氨量少，而NO_x浓度较低的区域喷氨量过多，这种不合理的现象，会引起SCR装置局部氨逃逸率升高。

4.1.5 测量系统对氨产生的影响

SCR装置出口烟道存在直段短、截面大、多处转向区域的特点，烟气浓度场、速度场存在分布不均、烟气中颗粒物浓度较高等特点。在如此复杂的环境中，想要准确测量0～10ppm范围内的微量氨，难度可想而知。绝大多数SCR工程NH_3的在线测试装置选择激光原位单点对射的安装方式，仪器安装在靠近烟道拐角的相邻两个烟道壁上，烟道变形会影响发射和接收端对光，该位置特别容易形成烟气流场死角，不适合作为整个烟道NH_3的浓度测量位置，仪器检测的准确性会受到严重影响。而抽取式氨浓度检测方式，又因为氨气极易吸附烟气中的水分，导致烟气中氨气浓度降低，抽取管线很容易产生ABS，导致原本含量就极低的逃逸氨测量变得更加不易。原位光学测量法虽然可以实现NH_3在线监测，但在高温、高尘的恶劣环境下，又极易影响光学测量的准确性。当烟气中粉尘浓度高时，仪器测量探头在钢制烟道壁振动及温度变化的影响下，会出现测量不稳或指示飘移，导致NH_3测量偏差较大。一般SCR装置左右侧出口通常只安装一个测点，由于测点数量过少，不能随时比对，会发生在线仪表管路堵塞、零点漂移，导致测量数据不具有代表性，容易出现自动喷氨过量，氨逃逸率升高。

4.2 氨的危害

氨对人体生理组织会产生强烈的腐蚀，对皮肤及呼吸器官具有强烈的刺激性及腐蚀性，其危害宜达到人体组织内部。当空气中氨的浓度达到一定程度时，人体吸入数分钟就会引起肺水肿，甚至呼吸停止，窒息死亡。

根据德国电厂运行经验：约 20%的氨以硫酸盐形式黏附在空气预热器表面，约 80%的氨进入电除尘器飞灰中，少于 2%的氨进入湿法脱硫系统溶液，少于 1%的氨以气态形式随着烟气排放。电厂脱硝出口氨逃逸在下游烟气流程中的分布如图 4-3 所示。

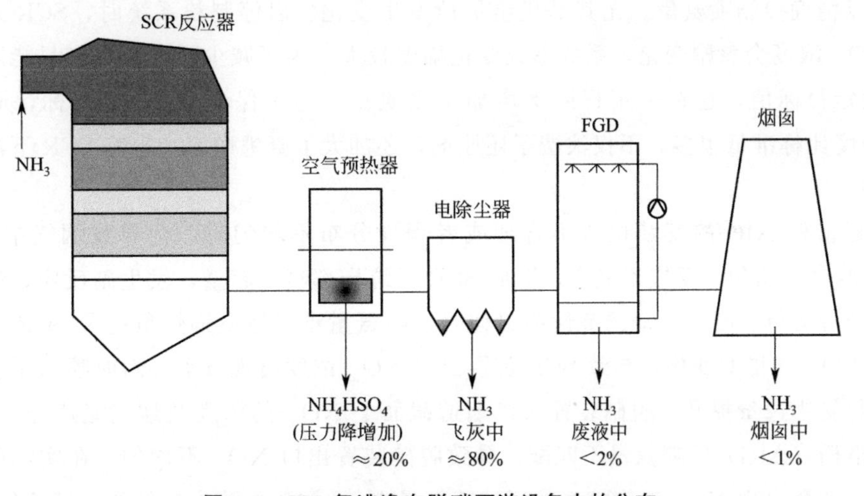

图 4-3 SCR 氨逃逸在脱硝下游设备中的分布

NH_3 逃逸的危害主要体现在：氨气是形成大气细颗粒物（$PM_{2.5}$）的重要前体物，是大气中唯一的碱性气体，可溶于水，可与酸性物质发生化学反应。大气中的 SO_2、NO_x 通过均相和非均相的氧化形成酸性气溶胶，再与 NH_3 反应生成硫酸铵和硝酸铵气溶胶粒子。细颗粒物成分中第三大组分为硝酸盐气溶胶，约占 13%。当 NH_3 逃逸浓度大于 5μL/L 时，人体通过嗅觉能感知其异味；当 NH_3 逃逸浓度大于 25μL/L，则对人体健康构成威胁。NH_3 还会与烟气中的含氯物质作用形成氯化铵，造成烟羽现象；与烟气中的 SO_3 作用形成 ABS，造成空气预热器冷端设备的堵塞和腐蚀。逃逸的 NH_3 对飞灰品质有影响，当 NH_3 逃逸很高时，飞灰中因携带有 NH_3 的气味，影响其使用和销售；当烟气中飞灰吸附的 NH_3 含量达到 50～100mg/m^3 时，会影响煤灰的综合利用和填埋。

4.2.1 对空气预热器的影响

SCR 系统催化剂中的 V、Mn、Fe 等多种金属会对 SO_2 的氧化起催化作用，SO_2/SO_3 氧化率较高，而逃逸的 NH_3 与烟气中 SO_3、H_2O 反应后形成 NH_4HSO_4（ABS）和 $(NH_4)_2SO_4$。液态的 ABS 具有很强的黏性，很容易黏附烟气中的飞灰，当烟气离开空气预热器热段后，烟气温度会随之下降。当烟气温度低于 185℃以下时，烟气中气态的 ABS

会从气态凝结为液态，迅速在空气预热器的传热元件上凝固下来，在空气预热器受热面上产生积盐与结垢，影响空气预热器的正常运行。NH_4HSO_4 对空气预热器的具体影响如下：①液态的 ABS 腐蚀性极强，沉积在空气预热器换热元件上，会导致换热元件受热面及其支撑架构的腐蚀加剧，主要形成的是点状电化学腐蚀；②分布在空气预热器冷端向上600～900mm 范围内，影响设备传热效率及使用寿命；③ABS 黏附飞灰沉积在空气预热器表面，造成空气预热器堵塞，容器预热器受热面传热受到影响，造成烟气温度升高，影响锅炉热效率；④空气预热器受热面堵塞后，会引起空气预热器差压升高，锅炉引风机电耗增大。运行经验表明，当 NH_3 的逃逸量在 1μL/L 以下时，生成 ABS 的量很小，对空气预热器表面的堵塞不明显；当逃逸 NH_3 浓度上升到 2μL/L 时，SCR 系统运行半年后空气预热器的阻力就会增大约 30%；当逃逸 NH_3 浓度上升到 3μL/L 时，SCR 系统运行半年后空气预热器的阻力就会增大约 50%，对锅炉引风机的安全运行影响较大。

4.2.1.1　ABS 形成机理

在 SCR 的催化过程中，烟气中的 SO_2 气体被催化剂中的活性组分钒催化氧化为 SO_3。据统计，约 1%的 SO_2 将转化为 SO_3。随着温度的升高，SO_2 的氧化率增加。对于给定的 SO_2 浓度和温度，SO_3 的实际生成率几乎不变。SCR 反应器注入氨的量一般为催化 NO_x 所需化学计量比的 80%～90%，但由于催化剂老化或中毒，烟气温度过高或过低等因素，会导致 SCR 系统氨喷入量过大，形成氨逃逸。研究发现，SCR 装置产生的逃逸氨可与烟气中含有的 SO_3 和 $H_2O(g)$ 在 SCR 装置、空气预热器和烟气中发生化学反应，通过元素分析、形貌分析和物相分析等分析方法，得知反应物是硫酸氢铵（ABS）和硫酸铵（AS），其可能发生反应的方程式如下：

$$NH_3+SO_3+H_2O \longrightarrow NH_4HSO_4 \tag{4-9}$$

$$NH_4HSO_4+NH_3 \longrightarrow (NH_4)_2SO_4 \tag{4-10}$$

$$2NH_3+SO_3+H_2O \longrightarrow (NH_4)_2SO_4 \tag{4-11}$$

$$SO_3+H_2O \longrightarrow H_2SO_4 \tag{4-12}$$

$$H_2SO_4+NH_3 \longrightarrow NH_4HSO_4 \tag{4-13}$$

硫酸铵是一种干燥粉末性固体，不具有腐蚀性，通过吹灰很容易去除，对 SCR 的催化剂不会造成很大影响。而 ABS 具有黏性，特别容易吸附烟气中的飞灰，导致 SCR 催化剂堵塞，严重时引起催化剂活性降低。还会腐蚀 SCR 下游的设备，如空气预热器。ABS 的物理特性如表 4-1 所示。

表 4-1　ABS 的物理特性

项目	性能设计值
熔点/℃	147
沸点/℃	491
摩尔恒压热熔 C_P/[J/(mol·K)]	193
黏度/(Pa·s)	0.1～0.2
摩尔熔化热 H_{fus}/[kJ/(mol·K)]	14(144℃)

通常认为氨在一定温度条件下直接与 SO_3 反应，但实际的反应过程分两步：首先是烟气中的 SO_3 和水的反应生成 H_2SO_4；第 2 步反应是硫酸和氨气进一步反应生成 ABS，反应式如下：

$$SO_3(g)+H_2O(g) \longrightarrow H_2SO_4(aq) \tag{4-14}$$

（315℃时，$\Delta G=-10kJ/mol$）

$$NH_3(g)+H_2SO_4(aq) \longrightarrow NH_4HSO_4(l) \tag{4-15}$$

（260℃时，$\Delta G=-50kJ/mol$）

上述发生的2个反应均为放热反应，从热力学角度看有利于反应的进行。

Radian在1982年建立了关于空气预热器ABS生成的动力学方程，采用Radian值来表示空气预热器ABS的形成速率，Radian值越大，表示ABS的生成反应速率越快。空气预热器ABS生成的动力学方程如式(4-16) 所示。

$$Radian=[SO_3]\times[NH_3]\times(T_{IFT}-T_{rep}) \tag{4-16}$$

式中，T_{IFT} 为ABS形成的初始温度（℃），中低硫燃煤 T_{IFT} 为200～220℃；高硫燃煤 T_{IFT} 值更高；T_{rep} 为离开气体的平均温度（℃），$T_{rep}=0.7\times T_{cold,end}+0.3\times T_{sxit,end}$，$T_{cold,end}$ 代表空气预热器冷端金属的温度（℃），$T_{sxit,end}$ 为空气预热器出口烟气温度（℃）；$[SO_3]$、$[NH_3]$ 分别代表烟气中含有的 SO_3 和 NH_3 的体积分数，在高硫煤、中硫煤、低硫煤中的 SO_3 体积分数分别是 50×10^{-6}、28×10^{-6}、12×10^{-6}。

式(4-16) 定性地说明了ABS的形成和 NH_3、SO_3 的浓度及烟气温度呈正相关系，用其来预见空气预热器的堵塞程度。SCR与SNCR空气预热器中沉积物所对应的Radian值为5000～7000。利用Radian值能够估算允许的氨逃逸量。在实际运行中也发现，空气预热器中ABS的生成量取决于烟气中反应物 NH_3、SO_3 的浓度，NH_3/SO_3 的比例以及烟气温度等，在空气预热器内大约有30%的ABS沉积下来，余下的则以气溶胶形态随烟气离开。

许多研究ABS形成的动力学报道称，ABS形成速率远高于AS的形成速率。所以，在工程实际运行过程中，ABS的生成量要远大于AS的生成量。

4.2.1.2 ABS形成的影响因素

硫酸氢铵的形成与烟气中 NH_3、SO_3 的浓度以及 NH_3/SO_3 的比例有很大的关系。SCR系统逃逸出的 NH_3 量对硫酸氢铵的形成至关重要。有研究表明，SCR系统未喷氨时，对总排放口的 $PM_{2.5}$ 进行取样分析，测得浓度值为 $2.3mg/m^3$；脱硝效率为79%时，增加SCR系统喷氨量，对总排放口的 $PM_{2.5}$ 进行取样分析，测得浓度值为 $4.8mg/m^3$。$PM_{2.5}$ 的浓度随着喷氨量的增加而增大，由此验证了氨逃逸量对硫酸铵盐的形成起着决定性作用。NH_3/SO_3 摩尔比升高也会加快硫酸氢铵的形成及其在空气预热器上的沉积。燃煤电厂SCR装置出口逃逸的氨气和 SO_3 会在150～200℃的范围内形成黏稠的硫酸氢铵，为防止这一现象的发生，SCR反应器的温度至少要高于300℃。当反应温度低于催化剂适用温度的最低值时，催化剂上会发生副反应，生成硫酸氢铵。硫酸氢铵的形成受温度影响，当烟气温度略低于硫酸氢铵的初始形成温度时，硫酸氢铵开始形成；当烟气温度比硫酸氢铵形成的初始温度低25℃时，NH_3 与 SO_3 和水反应生成硫酸氢铵，生成反应可达到95%。准确形成硫酸氢铵的温度区域受初始形成温度和空气预热器温度的影响。

（1）NH_3/SO_3 摩尔比

NH_3/SO_3 摩尔比对 ABS 及 AS 形成产生的影响见图 4-4。由图 4-4 可见，ABS 的形成和 AS 的形成是互相促进的。NH_3/SO_3 摩尔比较小时，反应物主要是 ABS；当 NH_3/SO_3 摩尔比大于 2 时，主要形成 AS。硫酸铵的熔点为 230～280℃，温度超过 280℃后分解。在空气预热器正常运行温度范围区间，AS 是干燥的固体粉末，不会对空气预热器产生很大的影响。通常，ABS 的熔点温度是 147℃，黏性很强，极易沉积在空气预热器表面，并黏附大量飞灰附着在空气预热器上，对传热性产生影响，增大其阻力。

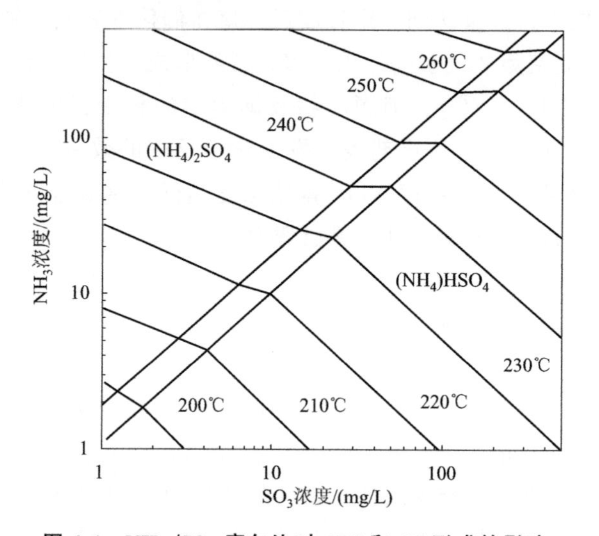

图 4-4　NH_3/SO_3 摩尔比对 ABS 和 AS 形成的影响

（2）NH_3 与 SO_3 的乘积

根据前述 Radian 建立的空气预热器 ABS 生成动力学方程，NH_3 和 SO_3 浓度的乘积是 ABS 生成的重要影响因素，ABS 的生成是 NH_3 和 SO_3 乘积的函数，关系如图 4-5 所示，随着 NH_3 与 SO_3 浓度乘积增大，ABS 露点温度升高。

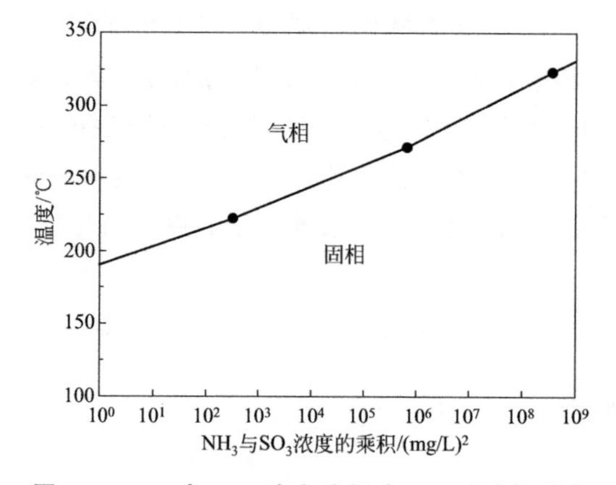

图 4-5　NH_3 与 SO_3 浓度乘积对 ABS 形成的影响

4.2.2 对催化剂的影响

催化剂的堵塞分为通道堵塞和孔堵塞两类。在 SCR 系统催化剂的氧化作用下，烟气中的 SO_2 部分被氧化成 SO_3，SO_3、逃逸氨和水反应生成硫酸铵盐，硫酸铵盐及烟气飞灰中细颗粒物沉积在催化剂表面，引起催化剂孔堵塞。硫酸铵盐是指 NH_4HSO_4 和 $(NH_4)_2SO_4$，硫酸铵的沉积现象可通过提高温度来消除。飞灰中绝大部分为细颗粒物，通过催化反应器的烟气流速为 6m/s 左右，烟气的速度比较小，气流呈现层流状态，灰粒在 SCR 反应器上游聚集，灰量达到一定程度后掉落在催化剂表面。随着 SCR 系统长时间的运行，在催化剂表面聚集的飞灰会越来越多，最终形成搭桥造成催化剂堵塞。烟气中生成的 NH_4HSO_4 和 $(NH_4)_2SO_4$、细颗粒物及烟尘中的粉尘在催化剂微小孔道中沉积，影响了 NO_x、NH_3 和 O_2 到达催化剂表面发生化学反应的效率，导致催化剂活性下降，继而 NO_x 脱除率会下降。为了保证 NO_x 排放浓度达标，SCR 系统会增加喷氨的量，氨逃逸率相应会升高，引起 SCR 系统进入恶性循环。

4.2.3 对布袋除尘器的影响

氨逃逸容易引起电除尘极线积灰，阴阳极之间积灰产生搭桥现象导致电场退出运行。SCR 脱硝系统逃逸的氨和烟气中的 SO_3、水反应生成硫酸氢铵，当硫酸氢铵生成量较大时，跟随烟气一起流动，经过布袋除尘器的硫酸氢铵会黏附在布袋表面，并不断吸附烟气中的飞灰颗粒，随着时间推移，形成厚厚的灰层，烟温的不断地加热，内层的硫酸氢铵和飞灰逐渐固化，在布袋表面形成水泥块状的板结块，导致布袋的透气性大大降低，造成布袋除尘器压差升高，引风机电流增高，严重时使风量、引风机出力受阻。布袋除尘器布袋堵塞后会引起送风机、一次风机、引风机失速，抢风，出力受阻，排烟温度失控，甚至引起保护停机等事故。

4.2.4 对湿法烟气脱硫 (WFGD) 系统的影响

SCR 系统产生的逃逸 NH_3 会跟随烟气通过 APH 和 ESP，逃离的氨会有一部分在 WFGD 装置被吸收塔浆液吸收而形成 NH_4^+，产生的 NH_4^+ 会提高浆液的 pH 值，影响石灰石的溶解及烟气中 SO_2 的吸收反应速率，同时还会提高脱硫废水的处理成本。张玉华研究发现，吸收塔浆液以及除雾器对逃逸氨衍生的细颗粒物形成的碰撞、拦截、惯性分离等作用较小，脱除效率很小。因此，SCR 系统产生的逃逸氨可能会影响 WFGD 对 $PM_{2.5}$ 的协同脱除效果。

4.3 氨的测试方法

控制 SCR 系统产生的逃逸氨，对于机组控制氨耗量，减少空预器堵塞腐蚀，实现经济稳定运行至关重要。对 SCR 反应器出口氨逃逸的监测，根据取样原理分为抽取法和直接测量法，抽取法又分为直接抽取法和稀释抽取法，根据测量原理可分为催化还原-化学发光分析法、激光测量法以及傅立叶变换红外光谱法等。激光测量法根据取样方式又分为激光原位测量法和激光抽取测量法。

目前，国内外氨逃逸监测方法有化学发光法、激光原位测量法、激光抽取测量法。

化学发光法：化学发光法通过先将 NH_3 转化为 NO，采用化学发光法检测 NO_2 浓度，然后通过差减法间接计算 NH_3 的浓度。

激光原位测量法：采用 TDLAS（可谐调二极管激光吸收光谱）技术对氨浓度进行直接测量，不需要对烟气进行取样。

激光抽取测量法：采用 TDLAS 技术，同时结合多光程反射技术，在恒温恒压条件下检测 NH_3 浓度，具有较高的测量精度和极低的检测下限。

氨逃逸监测技术比较见表 4-2。

表 4-2　氨逃逸监测技术比较

监测方法	检测精度	数据稳定性	可靠性及维护	在线校准	代表仪器
化学发光法	系统定期进行校准，但受转化效率、催化剂寿命等因素影响，在短时间内可保证测量精度	由于采取先抽取后测量的方法，数据稳定性高	系统复杂，易耗易损部件多，维护量大且运行成本较高	可自动进行零点校准，可手动进行量程和线性校准	日本 Horiba(ENDA-C 2000)；德国 Sick-GM700
激光原位测量法	没有样品取样及传输带来的影响，也不存在转化器的转换效率问题。但系统无法进行在线校准，测量结果受烟道内烟尘浓度、烟道振动、烟气温度和压力波动等因素影响	由于采取直接测量的方法，影响测量结果的因素众多，无法保证测量数据的稳定性	窗镜易污染，由于受烟道振动及热胀冷缩等因素影响，经常需要对其进行调整	无法进行零点、量程和线性校准，因此无法验证测量结果准确性	瑞士 ABB(AO2000-LS25)；德国西门子 LDS6；NEO(LaserGas Ⅱ SP)；英国 SERVOMEX(Laser SP)；加拿大 Unisearch(LasIR)
激光抽取测量法	系统定期进行校准，可消除烟道内烟尘浓度、烟道振动、烟气温度和压力波动等因素影响，有效保证测量精度	由于采取先抽取后测量的方法，数据稳定性高	系统采用三级过滤，采用定期脉冲反吹方式，系统可靠性高，维护量小	可自动进行零点校准，可手动进行量程和线性校准	国电环保(LDAS-01)；聚光科技 LGA-2000

4.3.1　国外氨的测试方法

目前，国外在线氨逃逸监测技术多采用激光法，主要分为原位测量法和抽取式稀释取样法两种。在国外检测 SCR 出口的氨逃逸量，采用激光分析原位测量法的居多。抽取式稀释取样法是规范的要求，是美国环保局（EPA）优先选用的方法。

日本工业标准《烟气中氨的分析方法》（JISK 0099—2004）中规定用靛酚蓝分光光度法和离子色谱法作为烟气中氨的分析方法，采用浓度为 0.08mol/L 的硼酸溶液作为烟气中氨的吸收液。

4.3.2 国内氨的测试方法

4.3.2.1 国内关于 NH_3 的排放标准

NH_3 是一种无色、有强烈刺激性气味的气体，能与空气混合，我国将其列入恶臭污染物进行管理，NH_3 的排放限值由《恶臭污染物排放标准》(GB 14554—1993) 规定。其中规定了氨的一次最大排放限值、复合恶臭污染物质的臭气浓度限值及无组织排放源的厂界浓度限值。

《恶臭污染物排放标准》(GB 14554—1993) 将 NH_3 厂界标准值分为三级。NH_3 排放入《环境空气质量标准》(GB 3095—2012) 中一类区中的执行一级标准，二类区中的执行二级标准，三类区中的执行三类标准。在执行《环境空气质量标准》(GB 3095—2012) 时已将二类区、三类区合并入二类区域。

《恶臭污染物排放标准》(GB 14554—1993) 规定了 NH_3 无组织排放源的厂界浓度限值一级为 1.0mg/m^3；二级新建扩建项目为 1.5mg/m^3，现有项目为 2.0mg/m^3；三级新建扩建项目为 4.0mg/m^3，现有项目为 5.0mg/m^3。

《恶臭污染物排放标准》(GB 14554—1993) 中对 NH_3 的排放标准值是根据排气筒高度不同而规定的，NH_3 排放标准值如表 4-3 所示。

表 4-3 NH_3 排放标准

排气筒高度/m	15	20	25	30	35	40	60
NH_3 排放量/(kg/h)	4.9	8.7	14	20	27	35	75

4.3.2.2 国内关于 NH_3 的测试标准

在国家标准和行业标准中有很多种 NH_3 的测定方法，适用于不同环境、不同状态的 NH_3 的测定分析。

《环境空气 氨的测定 次氯酸钠-水杨酸分光光度法》(HJ 534—2009) 是测定环境空气中 NH_3 的方法，在电力行业《燃煤电厂烟气脱硫装置性能验收试验规范》(DL/T 260—2012) 中规定用此法测定 SCR 脱硝装置氨逃逸浓度。

《环境空气和废气 氨的测定 纳氏试剂分光光度法》(HJ 533—2009)，适用于环境空气中氨的测定，也适用于制药、化工、炼焦等行业废气中氨的测定。

《空气质量 氨的测定 离子选择电极法》(GB/T 14669—1993) 适用于测定空气和工业废气中的氨含量。

《公共场所空气中氨测定方法》(GB/T 18204.25—2000) 中的靛酚蓝分光光度法适用于公共场所空气中氨浓度的测定，被作为公共场所空气中氨浓度测定的仲裁方法。因具有操作便捷、精度高等特点而成为电厂手工采样检测 SCR 系统氨逃逸浓度最常用的方法。

从 SCR 系统逃离到大气中氨的浓度一般也就几个 10^{-6}，很难准确测量其浓度。国内外烟气脱硝工程中氨逃逸浓度测试普遍采用激光光谱分析法在线测量。氨逃逸浓度测量使用可调谐二极管激光光谱仪已形成了共识，且普遍采用原位测量方式。根据安装方式可分为单侧安装的反射法和双侧安装的透射法两种类型。SCR 系统出口氨逃逸浓度要想得到准确的在线测量是极其困难的，在 SCR 系统实际运行条件的影响下，现有的在线仪器测试结果并不理想，为了能定量分析，可采取化学法采样分析装置定期进行采样分析，准确掌握氨逃逸浓度数据，与在线仪表的数据进行比对。近年来，利用 NH_3 化学取样系统采集烟气样本，送入实验室进行烟气中 NH_3 浓度检测的方式日益流行。

目前，烟气脱硝工程中氨逃逸浓度的测试主要分为在线仪器测量和手工采样分析两大类。

在线测量根据取样方式又可分为直接抽取法和稀释抽取法；根据测量原理又可分为激光原位测试法和化学发光法。

手工采样分析方法通常使用纳氏试剂分光光度法、靛酚蓝分光光度法、离子选择电极法和离子色谱法等作为 NH_3 的检测方法。

(1) 激光原位测试法

激光原位测试法运用的是可调谐激光吸收光谱技术（TDLAS)。大多数气体只吸收特定波长的光，NH_3 在近红外波段具有丰富的吸收谱线，尤其是在 1450～1550nm 波长范围内，具有吸收幅度强、光带线宽窄等特点，利用激光二极管在电流调谐下得到的窄线宽激光即可覆盖整条吸收谱线。可调谐激光吸收光谱技术是一种较成熟的红外光谱测量方法，它利用半导体激光器输出随电流或温度变化的可调谐波长的激光，该激光连续缓慢、周期性的扫描气体的每个吸收峰，同时向激光器提供高频调制信号，然后对探测器接收到的检测信号进行解调，对低频噪声加以抑制，得到有较高信噪比的 n 次谐波信号，反演计算出气体浓度。

TDLAS 是一种窄带吸收光谱技术，它充分利用了半导体激光器的窄线宽、扫描快速和高强度等特性，使得仪器结构简单，具有高灵敏度和高分辨率。为了克服干扰气体对被测气体的交叉吸收干扰，要选择被测气体位于特定波长的吸收光谱线，在这个特定波长下没有其他气体的吸收谱线或者谱线的强度很小。

可调谐激光吸收光谱技术的理论基础是 Beer-Lambert 定律（比尔-朗伯定律），TDLAS 技术有 2 种基本技术方法：直接吸收光谱测量和波长调制光谱测量。

1）直接吸收光谱测量

直接吸收光谱测量是 TDLAS 中常用的一种方法，这种方法装置结构简单，信号处理也相对简单，测量结果无须标定。其工作原理是：半导体激光器发射出特定波长的激光束，该激光束穿过被测气体时，被测气体吸收激光束，导致激光强度衰减，激光强度的衰减与被测气体含量成正比，因此通过测量激光强度衰减信号就可以分析获得被测气体的浓度。根据 Beer-Lambert 定律，测量得到激光的入射光强和透射光强、样品压强、温度以及吸收光程，计算得到被测物浓度。TDLAS 直接吸收光谱测量系统原理如图 4-6 所示。

2）波长调制光谱测量

通常，由于激光器、探测器和电子学噪声的影响，直接吸收光谱技术能检测的最小吸光度在 10^{-3} 量级，对于更小量级的吸光度测量（如 10^{-4} 及更小），一般采用波长调制光谱技术（WMS)。波长调制光谱技术是将低频的扫描锯齿波和高频调制的正弦波同时加载在半导体激光器上，被调制的激光光束被气体吸收后到达探测器，由锁相放大器解调出透过率的各阶次谐波信号，根据二次谐波信号与气体体积分数成正比的关系，实现气体体积

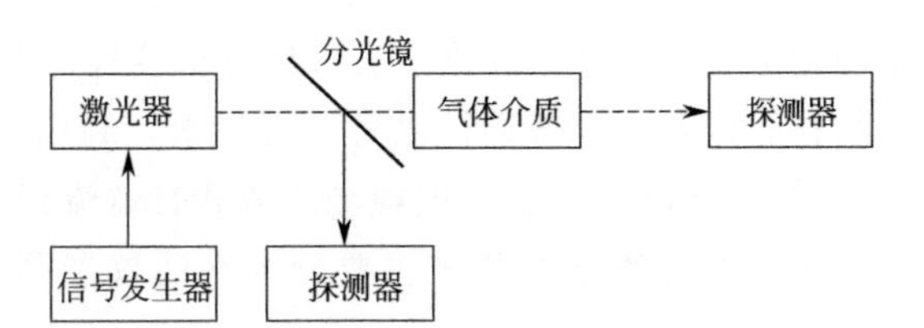

图 4-6 TDLAS 直接吸收光谱测量方法示意图

分数的测量。波长调制光谱测量技术（WMS）可以抑制激光器、探测器和电子学噪声，有效消除低频噪声对检测灵敏度产生的影响。波长调制光谱测量技术（WMS）的理论基础同样是 Beer-Lambert 定律。

波长调制光谱原理如图 4-7 所示，信号发生器生成频率为 f 的调制信号发送给分布反馈式（DFB）激光器，同时将频率为 nf 参考信号发送给锁相放大器，激光器输出的调制光经气体吸收后，再被探测器吸收进行光电信号转换，形成电信号，最后经过前置信号处理后输出到锁相放大器，锁相放大器输出波长调制光谱 n 次的谐波信号。理论上，各次谐波信号都可用来反演计算出气体浓度，但由于二次谐波信号在吸收线的中心处具有较高的信噪比，吸收光谱为峰值，所以实际应用中常选择二次谐波信号进行测量。

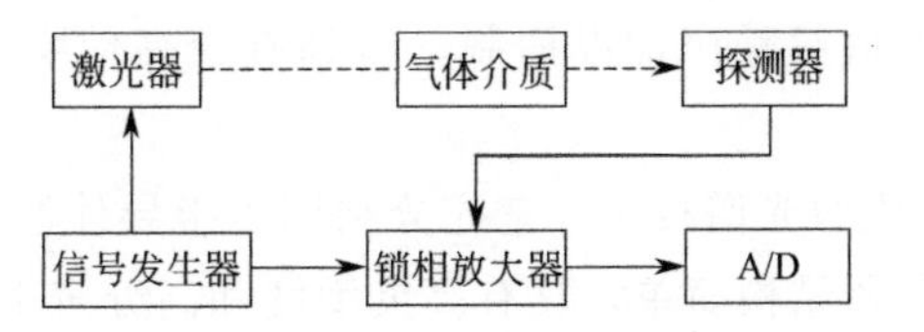

图 4-7 典型的波长调制光谱原理图

3）光谱测量的基本理论

光谱技术是自然科学研究中经常用到的一种重要技术。典型的光谱技术主要有吸收光谱技术、发射光谱技术和拉曼光谱技术。气体定性定量分析最常用、最准确和最敏感的是吸收光谱技术。可调谐激光吸收光谱技术的测量原理是：每种气体分子都具有特定的转动频率和振动频率，当发射光谱的频率与气体分子自身的特定频率达成一致时，光谱的辐射能就会被气体分子吸收。每种气体分子只能吸收某个或某几个频率范围内的光谱，在红外光谱范围内，气体吸收红外光形成红外光谱，光谱线的强度可以反映该气体的浓度。

吸收光谱定量分析是根据样品对某一特定波长光的吸收强度与待测物质含量之间的关系来定量的。样品对某一特定波长光的吸收量与样品的浓度、吸收光程及谱线强度都有关系。当一束单色入射激光 $I_0(\upsilon)$通过光程为 L 的待测样品后，气体吸收激光后，其强度变化遵循 Beer-Lambert 定律。

$$I(\upsilon)=I_0(\upsilon)\exp[-\sigma(\upsilon)cL]=I_0(\upsilon)\exp[-\alpha(\upsilon)] \tag{4-17}$$

式中 $I_0(\upsilon)$——频率为 υ 的入射光强度；

$I(\upsilon)$——频率为 υ 的透射光强度；

c——被测气体浓度，mol/cm^{-3}；

$\sigma(\upsilon)$——吸收截面，cm^2；

$\alpha(\upsilon)$——吸光度。

TDLAS 技术通过分析激光被气体的选择性吸收来获得气体的浓度。由于半导体激光光源的光谱宽度远小于特定气体吸收谱线宽度，选择激光波长接近于被测气体的吸收谱线，通过对可调谐激光二极管改变注入电流或工作温度，可使激光波长被调谐实现涵盖所选取的波长范围。当激光波长等于被测气体的特征吸收波长时，激光将被气体吸收，从接收信号分析得到激光被吸收的程度。将激光测量信号与处理单元的参比信号相比，可计算得到待测气体的浓度。

由于半导体激光光源的光谱宽度远小于特定气体吸收谱线宽度，避免了背景气体间的交叉干扰。因此，基于 TDLAS 技术的氨分析仪被越来越多的厂家应用到脱硝过程的氨逃逸监测系统中，如德国的 Siemens 和 Sick、瑞士的 ABB、加拿大的 Unisearch、日本的横河以及杭州聚光等。

激光原位测量仪安装在 SCR 出口，SCR 出口位于锅炉省煤器出口的高尘段，分析测量系统大都直接安装在测量点附近数十米的钢质平台上。通常将发射单元与接收单元设计在一起，形成探头结构，激光原位测量仪安装在 SCR 出口烟道的一侧（对角安装）或两侧，通过发射端窗口的激光进入烟道，激光被吸收，接收探头首先经过光电检测器，然后去接收被吸收后的激光信号，再将激光信号转化成电信号，通过电缆将电信号传输到中央处理器，进行信号处理。当激光通过烟气时，烟气中的 NH_3 会吸收特定波长的激光，激光被吸收强度信息储存在光信号中，形成吸收光谱，对吸收光谱进行分析最终得到烟气中 NH_3 的浓度信号。

TDLAS 技术按照取样方式不同可分为原位安装式和抽取式。原位安装按照安装方式不同又分为：对射安装和单边安装式。原位激光分析仪按照安装及连接形式基本分为：烟道两侧对装的非光纤传输型、烟道两侧对装的光纤传输型、烟道单侧安装的原位激光分析。

1）烟道两侧对装的非光纤传输型

原位激光分析仪的发射与接收头分别安装在烟道两侧，可调谐激光二极管直接安装在发射头，不采用光纤传输信号，直接测量分析。此类分析仪器只能分析一种组分，测量一个烟道需要安装一套发射头、接收器及控制器，也有的在智能化探头上直接显示测量结果，无须控制器。

2）烟道两侧对装的光纤传输型

可调谐二极管激光光源内置在分析仪控制器内，通过光纤技术传送到发射头，发出激光光束，接收信号由光纤再送到控制器。此类激光分析仪，一个控制器可以带 1～6 个发射/接收探头，如西门子的 LDS6 可以带 1～3 个发射/接收探头。

3）烟道单侧安装的原位激光分析

原位激光分析仪的发射与接收器集成安装在烟道单侧。探头深入烟道内，其中探管的一段作为被测气体扩散的气室，探头末端有反射镜将吸收光强信号送到接收器。有的设有渗透保护管，可以通标气校正。如 Sick Maihak GM700 激光气体分析系统具有单侧安装探头，属于单侧原位安装型。

激光光谱原位法是国内外用于测量微量氨的主流技术，激光光谱气体分析仪除了原位法的应用方式外，也有采用热湿抽取式-激光光谱 CEMS 监测技术。

原位激光气体分析仪检测微量氨时具有显著的优点：通过原位法直接测量氨浓度，不需要采样和预处理过程，也就不存在样品取样的过程及传输过程可能产生的影响，也不存在转换器的转化效率问题。采用原位激光分析测量微量氨，激光穿过烟道测量分析是线测量，而抽取式取样分析是点测量。相比之下，线测量更具有代表性，更能反映烟气中 NH_3 浓度的真实性。原位激光气体分析仪具有选择性较好、灵敏度较高的特点。

原位激光气体分析仪，在现场应用中也存在一些问题：激光原位测量仪安装在 SCR 出口，SCR 出口大多位于锅炉省煤器出口的高尘段，分析测量系统大都直接安装在测量点附近数十米的钢质平台上。仪器的发射探头和接受探头都直接安装在烟道壁上，容易受到钢制烟道壁振动或钢制烟道温度变化等环境因素的影响，安装管道振动或位移会对激光测量的透射光斑产生位移，形成测量不稳定或漂移。当液滴及烟尘含量较高时，时间久了会对光窗产生污染，造成激光测量光束的透射光强衰减，激光透射光到接收探头的光电池信号可能受到影响，严重时导致测量结果的准确性下降。由于探头被布置在原烟道中，烟气中烟尘容易冲刷探头，长时间探头会受到污染，分析仪的测量精度会下降。

（2）化学发光法

化学发光法为测定烟气中 NO 浓度的技术。通过测定烟气处理前后 NO 的浓度，间接计算烟气中 NH_3 的浓度。

间接催化剂还原-化学发光主要分为：高温催化转化探头-化学发光法和稀释抽取法＋间接催化转换-化学发光法。日本堀场 ENDA-C2000 采用间接催化剂还原-化学发光法 NH_3 分析技术；美国热电的 17i 化学发光法分析仪测量烟气微量氨采用的是稀释抽取法加间接催化转化-化学发光法。

1）间接催化剂还原-化学发光法的原理

采用间接催化剂还原-化学发光法测量微量 NH_3 的测量原理，是在样品取样探头上设置催化剂通道（NO_x-NH_3）和非催化剂通道（NO_x），把样气分成独立的两份，送入两个独立的通道。一个通道里面配置有两层还原反应催化剂或氧化反应催化剂，催化剂部件高温加热到 350℃，保证 NH_3 和 NO_x 的反应充分；另一个通道没有设置催化剂，用来测量 NO_x。催化剂通道的反应器将样品中的 NH_3 定量还原，再通过化学发光法 NO_x 分析仪测定两个通道的 NO_x 的浓度，差值，计算两个通道 NO_x 浓度的差值，即可求得烟气中 NH_3 的浓度。

该方法来源于 NO_x 浓度测试技术，在取样气路上加装催化装置对烟气中的 NH_3 进行处理，催化反应通常又被分成两种，一种是还原反应，另一种是氧化反应。

还原反应的化学方程式为：

$$4NO+4NH_3+O_2 \longrightarrow 4N_2+6H_2O \tag{4-18}$$

$$NO+NO_2+2NH_3 \longrightarrow 2N_2+3H_2O \tag{4-19}$$

氧化反应的化学方程式为：

$$4NH_3+5O_2 \longrightarrow 4NO+6H_2O \tag{4-20}$$

从还原反应和氧化反应的方程式可以看出：在这两种反应中 NH_3 和 NO_x 发生的反应都是按照 1∶1 的摩尔比进行的，即表示理论上有多少氨就能消耗掉多少 NO_x，通过测量 NO_x 的减量来求得 NH_3 的浓度。

2）化学发光分析仪测量 NO_x 浓度的原理

化学发光是指物质在化学反应过程中，其分子吸收化学能产生光的辐射现象。化学发光法是最准确的分子级检测方法，理论上说，即使只有一个分子跳变，也能准确捕捉到。化学发光法方程式如下：

$$NO+O_3 \longrightarrow NO_2^* + O_2 \tag{4-21}$$

$$NO_2^* \longrightarrow NO_2 + h\nu \tag{4-22}$$

NO 在反应室内与来自臭氧发生器的 O_3 混合时生成激发态的 NO_2^* 与 O_2。激发态 NO_2^* 在返回基态 NO_2 时会衰变，同时以光的形式释放能量。这种发光的强度与 NO 的浓度成线性比例关系，NO 浓度越高，光的能量越强。由于该反应只能由 NO 完成，因此要测量氨逃逸需要把烟气中 NH_3 通过转化炉转化为 NO。化学反应所需的 O_3 是通过臭氧发生器对空气进行紫外线辐射而获得。

3）交替流动调制技术

交替流动调制技术使原生 NO_x 通道的样气、NO_x-NH_3 通道样气和参比气体（零气）交替恒流进入测量池。所有监测均通过同一测量池监测得出，克服了不同测量池检测产生的系统误差。参比气体（零气）交替测量，克服了零点漂移问题。

4）试验仪器

HORIBA APNA-370/CU-2 大气氨检测仪的主要性能参数见表 4-4。

表 4-4　HORIBA APNA-370/CU-2 大气氨检测仪的主要性能参数

项目	参数
测量项目	空气中的 NH_3
测量原理	交替流动调制型减压化学法(CLD)
量程	标准量程：0～0.1μL/0.2μL/0.5μL/1.0μL/L；可以实现远程切换，可自动选择或手动选择量程
	可选量程：可在 0～10μL/L 范围内选择 4 段量程；可以实现远程切换，可自动选择或手动选择量程
样气流量	约 0.8L/min
检测下限	0.5nL/L(2σ)(量程≤2×10^{-7})
	1.0 nL/L(2σ)(量程>2×10^{-7})
线性	±1.0% FS
重复性	±1.0% FS
量程漂移	±1.0% FS/d
	±2.0% FS/周
零点漂移	±1.0nL/(L·d)或±1.0% FS/d(以两者中较大值为准)
	±2.0nL/(L·d)或±2.0% FS/d(以两者中较大值为准)
输入/输出	0～1V/0～10V//4～20mA(需指定)，两种检测值输出选择：瞬时值和累计值；动态平均值
	接点输入/输出
	RS-232C
指示信息	检测值、量程、报警、屏幕维护
报警信息	在 AIC 期间，可显示零点校正错误、量程校准错误和脱氧器的温度错误等
语言选择	英语、德语、法语和日语
环境温度	5～40℃
电源	100V/110V/115V/120V/220V/230V/240V AC，50/60Hz(需指定)
质量	约 21kg

HORIBA APNA-370/CU-2 采用双向交替流动调制化学发光测量原理和计算法相组合，这种设计保证了仪器具有极好的稳定性和极高的灵敏度。

交替流动调制方式原理如图 4-8 所示。

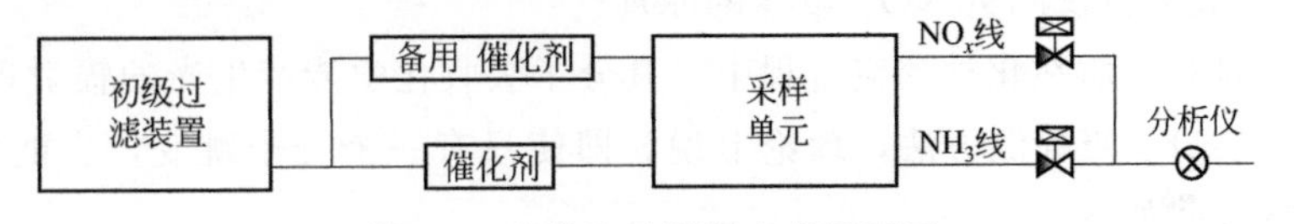

图 4-8 交替流动调制方式原理图

HORIBA ENDA-C2000 分析仪采用交替流动调制方式-化学发光法，利用非催化剂通道和催化剂通道的 NO_x 浓度差通过交替流动调制方式，只使用一个化学发光分析仪检测，并通过计算获取 NH_3 的浓度。

该仪器采用样气温度低于 350℃的取样探头的前处理结构，有采样管、探头前过滤器、反吹型过滤网及反吹系统等构成。

HORIBA ENDA-C2000 中 NH_3 分析系统主要性能参数见表 4-5。

表 4-5 HORIBA ENDA-C2000 中 NH_3 分析系统主要性能参数

检测成分和量程	NH_3	标准量程：20～100μL/L
		可选量程：10～20μL/L 以下
		量程比：10 倍以内
	NO_x	标准量程：20～100μL/L
		可选量程：10～20μL/L 以下
		量程比：10 倍以内
再现性	±0.5% FS，如果包括可选项量程时，±1.0% FS(周围温度：−5～40℃)	
响应速度	装置入口：T90(达到最终读数 90%处的时间)、90s 以下	
	校正气体入口：T90(达到最终读数 90%处的时间)、70s 以下	

HORIBA ENDA-C2000 设备可以用于脱硝装置氨逃逸浓度的连续检测。可监测脱硝催化剂的寿命、限制 NH_3 的注入量，在设备的监测、控制方面可以发挥相应作用。

HORIBA ENDA-C2000 中 NH_3 分析系统应用的优点：

体积小，集中了所有必需的元部件，包括参比气体发生器、臭氧发生器源气干燥单元、臭氧分解单元和取样泵等，不需要任何辅助气体。

抗干扰能力强，通道多，对比测量，灵敏度高。

HORIBA ENDA-C2000 中 NH_3 分析系统应用的缺点：

需要内部进行催化反应，设备内部采样要求高，烟气流速过大会导致测量结果偏移。

设备内部要安装较大的加热元件且要将温度提升到催化反应的反应温度（一般为 350℃以上），设备温度高，维护难度高。

(3) 激光抽取测量法

1) 激光抽取测量法的分析原理

激光抽取测量法的分析原理与激光原位分析法一致。主要区别是激光抽取测量法对原烟气的粉尘进行了脱除，增加了前期净化预处理功能。在采样泵的作用下，原烟气在经过高温探头时大量的粉尘颗粒会被过滤，烟气经过 180℃恒温伴热管到达样气分析室。为了验证数据的准确性，在分析室前还会安装二次过滤阀和标气验证阀。整个烟气采样过程高温伴热，可以避免水汽冷凝以及铵盐结晶污染和堵塞流路。在高温条件下，利用激光法测量分析室内烟气样品中氨气的浓度。可用标准气检测标定和调零设备装置，校正输出曲线，保证检测结果的准确性。该方法有效解决了烟道振动、热膨胀等因素对激光检测的影响，适合对环境恶劣、工况复杂的烟气污染源进行检测。

2）激光抽取测量法的优点

预处理后，原烟气中的大量烟尘被去除，仪器寿命得到一定程度上的延长；烟气采样全程高温伴热，确保样气温度高于其酸露点温度，样气接触管路被腐蚀的概率降低；抽取的烟气更具代表性，采用插入烟道核心区域或辐射状进行多点采样；标准气体注入方便，可以及时标定及验证分析仪器。

3）激光抽取测量法的缺点

烟气采样全程高温伴热，导致系统的稳定性变差，当出现温控异常时，测试结果可能出现一定的偏差；系统在反吹扫阶段，分析仪会退出运行，数据监控会出现间断性空白。

（4）热湿法傅立叶变换红外光谱法

热湿法傅立叶变换红外光谱（FT-IR）可以用来检测多组分气体，采用抽取式加热湿烟气直接分析的方法，不仅可以测量 NH_3，还能测试 CO、SO_2、NO、NO_2、HCl、HF 等气态污染物。FT-IR 由高温取样处理、样品处理、傅立叶变换红外光谱仪和数据采集处理系统等部分组成。

取样处理由高温取样探头、电加热样品输送管线及样品处理单元等组成。高温泵、高温切换阀、二次过滤器和流量计等组成样品处理单元，所有部件均在恒定温度 180℃的机箱内安装。高温采样泵把烟气从烟道中抽取出来，抽取出来的烟气首先通过二次过滤器，进行一次再过滤，脱除超细的烟尘，最后用流量计对烟气流量进行监测。

傅立叶变换红外分析仪由五个部分组成，分别是宽带红外光源、加热样品池、干涉计、检测器和计算机控制单元。红外光源是目前最常用在 FT-IR 系统中的陶瓷 SiC 光源，温度可达 1200℃，具有光谱范围宽、抗振、使用时间长的优点；干涉计选用新型旋转式的卡洛斯干涉计，具有结构紧凑、稳定性高的特点，不受环境温度和压力变化的影响，适合于微量浓度气体检测；加热样品池是双板定曲率镀金面的反射样品池，总长可达 7.0m，体积为 1.07L，窗口材料选用的是极耐腐蚀 BaF_2，样品池恒温在 180℃；检测器为 DTGS，对红外光很敏感，响应时间 0.001～0.1s；计算机控制单元，主要包括微处理器等。

1）方法

利用不同气体组分对红外光的吸收光谱特性，红外光源发出的光被分光器分为两束，一束经反射到达动镜，另一束经透射到达定镜。两束光分别经定镜和动镜反射再回到分光器，动镜以一匣定速度做直线运动，因而经分光器分光后的两束光形成光程差，产生干涉。由光源发出红外光，用透镜组合压缩红外光的视场角后由银镜反射镜改变方向，让红外光与接收望远镜的光轴同轴，红外光在面阵角反射器表面发生反射，然后沿着原光路返回到接收望远镜，最后进入光谱仪的干涉腔内。干涉图传输到上位机，通过傅立叶变换技术，将干涉图上的每个频率转变为相应的光强，得到红外光谱图，进行校准谱计算、最小二乘浓度反演和数据保存及显示。

2）原理

FT-IR 使用分光光束照射得到干涉信号，通过傅立叶变换技术，将时域干涉图转换为频域光谱，FT-IR 基本原理结构如图 4-9 所示。使用开放光程 FT-IR 进行大气吸收光谱的测量是进行气体定量分析的基础。

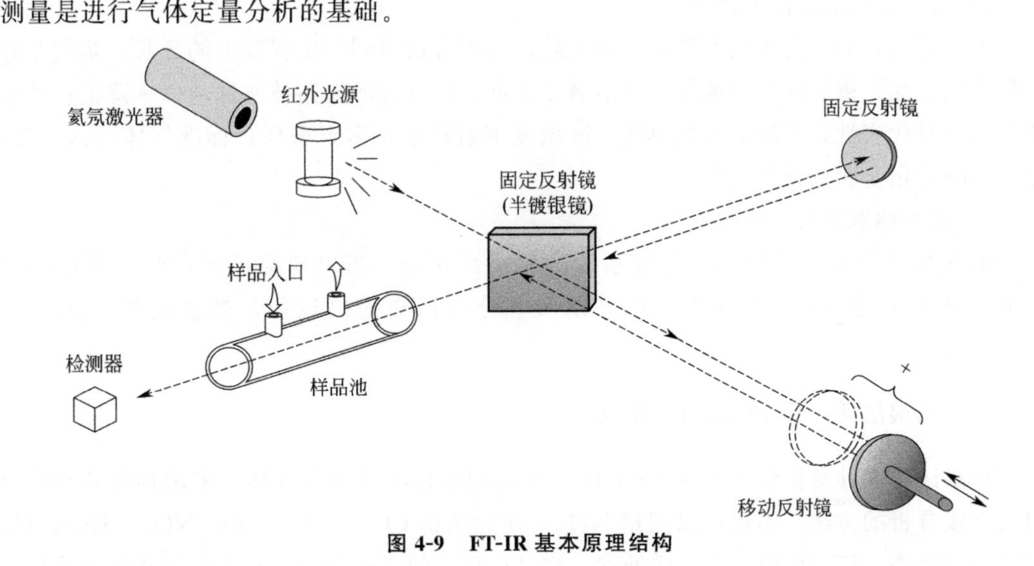

图 4-9 FT-IR 基本原理结构

3）试验仪器

便携式傅立叶变换红外气体分析仪中 NH_3 分析系统的主要性能参数见表 4-6。

表 4-6 便携式傅立叶变换红外气体分析仪中 NH_3 分析系统的主要性能参数

仪器名称	便携式傅立叶变换红外气体分析仪
规格型号	DX4035
生产厂家	芬兰 GASMET
测试气体	NH_3
干涉仪	分辨率：8cm^{-1}；扫描速度：10 次/s
检测器	PMCT
红外光源	SiC，1550K；分束器：ZnSe；窗口：ZnSe
样气室	多次反射光光程：9.8m
	材料：100%黄金涂层
	防 HCl、Cl_2 腐蚀的锈防护层
	反射镜：固定，黄金涂层
	体积：0.4L
气路接口	Swagelok 6mm or 1/4
通信接口	蓝牙，串行，RS232
采样	需外接采样系统

续表

电源	220V AC
便携式采样系统	过滤采样系统、全程加热、恒温控制
	样气流量：2～10L/min，两级过滤系统
	长加热软管：(5+1)m；加热温度：恒温 180℃
	便携式加热探头：1m
	零气校准阀
图形工作站	CalCMET
	出厂标定光谱库 CalcmetLibrary
	光谱库搜索 LibrarySearch
	测量时间可选 1～5s
	自动存储测量光谱图
	回放历史数据

4）仪器优缺点

GASMET DX4035 NH_3 分析仪优点介绍：

设备集成度、准确度高，分辨率高，通量大，频带宽；开放式非接触的测量方式避免了传统采样方式测量带来的干扰；光学材料防潮防湿，样气室防腐蚀，内置采样泵直接采样不需样品预处理，可进行连续分析，提供了一种实时在线的监测方式；测量的是积分光程内的平均浓度信息，测量结果反映该区域的实际浓度水平。

GASMET DX4035 NH_3 分析仪缺点介绍：

设备精细，对现场条件要求高；测试结果易受水分含量影响。

（5）靛酚蓝分光光度法

靛酚蓝分光光度法适用于公共场所空气中氨浓度的测定。因其具有操作便捷、精度高等特点而成为火电厂手工采样检测 SCR 系统氨逃逸浓度最常用的方法。该方法氨的检出下限为 0.01mg/m^3，检出上限为 2mg/m^3。

1）NH_3 吸收装置

NH_3 化学取样系统主要由烟尘过滤器、烟气采集管、加热器、温度控制仪、吸收瓶、干燥 H 器、流量调节阀、采样泵、压力表、流量计和温度计等组成。NH_3 吸收装置见图 4-10。

① 过滤材料：为防止烟尘进入采集的烟气中，应在烟气采样管的前端或适当位置填充过滤材料。过滤材料选用石英棉、无碱玻璃棉等不与烟气成分发生化学反应的材质，过滤材料承受温度在 400℃以上。

② 烟气采集管：应使用不易被烟气中氨及其共存成分腐蚀或不吸附此种成分的玻璃管、石英管、不锈钢管和聚四氟乙烯树脂管等。

③ 加热器：为防止采集烟气中的水分发生冷凝，应尽可能缩短管道长度，当水分有可能冷凝时，应将采集管吸收瓶间的管道加热至 120℃以上。

④ 吸收装置：吸收装置由两只串联的 250mL 多孔玻璃吸收瓶组成。吸收瓶采用标准

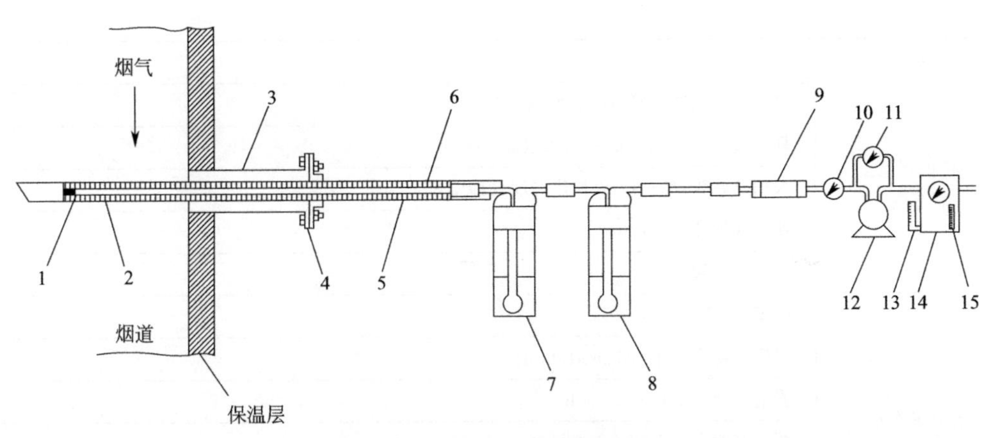

图 4-10 NH_3 吸收装置示意图

1—过滤材料；2—烟气采集管；3—测控；4—法兰；5—加热器；6—温度控制仪；7，8—吸收瓶；9—干燥器；10，11—流量调节阀；12—采样泵；13—压力表；14—流量计；15—温度计

磨口，要求严密不漏气，鼓泡要均匀，吸收瓶与气路应密封连接且拆装方便。

⑤ 干燥器：保护流量计和采样泵的干燥器应便于拆装和更换吸湿剂。

⑥ 采样泵：采样泵的抽气能力应能克服烟道及采样系统阻力，并保证能采集到足够的烟气量。

⑦ 流量计：控制采气流量，流量范围为0～20L/min，精确度应不低于2.5%。

⑧ 压力表：用于测量通过流量计的压力，压力表真空度量程上限应不大于50kPa，精确度应不低于2.5%。

2）检测原理

烟气中的氨吸收在硫酸中，反应生成硫酸铵，在硝普钠及次氯酸钠存在下，与水杨酸生成蓝绿色的靛酚蓝染料。根据着色深浅，在测波长为697.5nm处，用分光光度计测定吸收液的吸光度，计算吸收液中氨浓度大小。

3）试剂和材料

本方法所用的试剂应属优级纯或分析纯化学试剂，水为无氨蒸馏水。所有分析试剂及氨吸收液应使用无氨水配置，无氨水可用离子交换法、蒸馏法或纯水器法制备。

离子交换法：将蒸馏水通过强酸性阳离子交换树脂（氢型）柱，流出液收集在具塞磨口玻璃瓶中。

蒸馏法：向1000mL的蒸馏水中加入0.1mL硫酸（=1.84g/mL），在全玻璃蒸馏器中重蒸馏，弃去50mL初馏液，于具塞磨口玻璃瓶中接收其余馏出液，密封，保存。

纯水器法：用市售纯水器直接制备。

① 吸收液[$c(H_2SO_4)=0.05mol/L$]：量取2.8mL浓硫酸（优级纯）缓慢加入水中，并稀释至1L。

② 水杨酸溶液（50g/L）：称取10.0g水杨酸[$C_6H_4(OH)COOH$]和10.0g柠檬酸钠（$C_6H_5Na_3O_7 \cdot 2H_2O$），加适量水，再加55mL氢氧化钠溶液[$c(NaOH)=2mol/L$]，用水稀释至200mL，摇匀，储存于棕色瓶中，室温下可稳定一个月。

③ 氢氧化钠溶液[$c(NaOH)=2mol/L$]：称取20.0g氢氧化钠溶解于250mL水中。

④ 硝普钠溶液（10g/L）：称取1.0g硝普钠[$Na_2Fe(CN)_5 \cdot NO \cdot 2H_2O$]，溶于

100mL水中，储存在冰箱中可稳定一个月。

⑤ 次氯酸钠溶液[$c(NaClO)$=0.05mol/L]：取1.00mL次氯酸钠试剂原液，用碘量法标定其浓度。然后用氢氧化钠溶液[$c(NaOH)$=2mol/L]稀释成次氯酸钠浓度为0.05mol/L的，游离碱浓度为$c(NaOH)$=0.75mol/L(以NaOH计)的溶液，储存于棕色瓶中，可稳定一周。

⑥ 氯化铵标准储备液（1000μg/mL）：称取0.3142g优级纯氯化铵（NH_4Cl）在105℃下干燥2h，用少量水溶解，移入100mL容量瓶中，用水稀释至标线。此溶液1.00mL含1.00mg氨。

⑦ 氯化铵标准溶液（10μg/mL）：临用时，吸取氯化铵标准储备液5.0mL于500mL容量瓶中，用水稀释至标线，现配现用。此溶液1.00mL相当于含10.0μg氨。

4）分析仪器

① 具塞比色管：10mL；

② 分光光度计：配10mm光程比色皿。

5）样品采集和保存

① 采样前在2个250mL多孔玻璃吸收瓶中各装入100mL吸收液，吸收液密封避光保存，以防止被空气中的氨污染，导致氨定量分析出现误差。

② 选择能够采集到有代表性烟气的部位，以5～8L/min的流量，采集气体至少40min。要求至少采集样品烟气2次，并分别进行分析。

③ 样品采集后应尽快分析，以防止吸收空气中的氨。若不能立即分析，需转移到具塞比色管中密封好，在2～5℃下可保存7天。

6）分析步骤

标准曲线的绘制：a. 取10mL具塞比色管7支，按表4-7制备标准系列溶液。b. 在各管中分别加入1.00mL水杨酸溶液、1.0mL硝普钠溶液和1.0mL次氯酸钠溶液，混匀，用水稀释至10mL标线，室温下放置1h。用1cm比色皿于波长697.5nm处，以水作参比，测定吸光度。以氨含量（μg）作横坐标，以扣除试剂空白（无氨水零浓度）的校正吸光度为纵坐标，绘制标准曲线。

表4-7 标准系列溶液

管号	0	1	2	3	4	5	6
氯化铵标准溶液/mL	0	0.50	1.00	1.50	2.00	2.50	3.00
氨含量/μg	0	5.0	10.0	15.0	20.0	25.0	30.0

空白试验。在每批样品测定的同时，取10mL吸收液，按操作步骤b加入分析试剂，做试剂空白测定。

样品测定。样品取完后移开吸收瓶，用未采样吸收液冲洗，将一级和二级吸收瓶中的溶液合并定容于250mL容量瓶中，然后吸取10mL样品溶液于具塞比色管中，按操作步骤b分别加入1.0mL水杨酸溶液、1.0mL硝普钠溶液和1.0mL次氯酸钠溶液，混匀，室温下放置1h。用1cm比色皿，于波长697.5nm处，以水作参比，测定样品溶液吸光度。扣除试剂空白液吸光度后，按式(4-23)计算出样品中的氨含量。如果样品溶液吸光度超过标准曲线范围，则可以用吸收液稀释样品后再进行分析。计算样品中氨浓度时，应考虑样品溶液的稀释倍数。

7）结果计算

氨逃逸浓度按式(4-23) 进行计算，采样体积应换算成标准状态下的体积：

$$C=\frac{A-A_0-a}{b\times V_0\times V_{nd}}\times V_s \tag{4-23}$$

式中 C——氨逃逸浓度（标态，干基），mg/m^3；

A——样品溶液的吸光度；

A_0——与样品同批配置的吸收液空白的吸光度；

a——校准曲线截距；

b——校准曲线斜率；

V_s——样品溶液的总体积 250mL；

V_0——分析时所取样品的体积，10mL；

V_{nd}——采气体积（标态，干基），L。

8）干扰和排除

加入稀盐酸可消除因硫化物存在，样品产生异色（绿色）的干扰，H_2S 允许量为 30μg。

路璐等通过大量的现场试验，对采用靛酚蓝分光光度法进行 NH_3 逃逸浓度检测的影响因素进行了分析，并对该方法进行改进：①在采集 NH_3 样品时，最适宜的烟气采样流量为 5L/min，采样时间为 20min，采样流量过大会导致稀硫酸吸收液与烟气反应不充分，未反应的 NH_3 会跟随烟气再次逃逸出去，使检测结果偏小；②在采集 NH_3 样品时，为了避免气态 NH_4HSO_4 的凝结，采样温度最好控制在 200℃以上；③稀硫酸吸收液的浓度最好控制在 0.004～0.006mol/L，吸收液物质的量浓度过大，存在不显色的情况；④采集 NH_3 样品的吸收装置改用 2 只 100mL 的多孔玻璃吸收瓶串联组成，分别装有 30～40mL 的稀硫酸吸收液；⑤水杨酸显色剂的最佳用量为 0.5mL，显色时间由 1h 缩短为 30min。显色剂用量过小，会使显色不完全；相反用量过大，会导致反应体系中的酸度过大，吸光度迅速下降。

(6) 离子选择电极法

离子选择电极法主要适用于烟气中 NH_3 的线下手工检测。试验主要分两步进行，第一步利用 NH_3 化学取样系统采集烟气样本；第二步对吸收液中的氨含量进行检测分析。烟气中氨的吸收装置同靛酚蓝分光光度法。

1）原理

氨气敏电极为复合电极，以 pH 玻璃电极为指示电极，Ag-AgCl 电极为参比电极，此电极置于盛有 0.1mol/L NH_4Cl 内充液的塑料套管中，管底用一张微孔疏水薄膜与试液隔开，并使透气膜与 pH 玻璃电极间有一层很薄的液膜。当测定用 0.05mol/L H_2SO_4 吸收液所吸收的烟气中的氨时，加入强碱，使吸收液中的铵盐转化为氨，由扩散作用通过透气膜（水和其他离子均不能通过透气膜），使氯化铵电解液膜层内 $NH_4^+ \rightleftharpoons NH_3+H^+$ 的反应向左移动，引起 H^+ 浓度改变，pH 玻璃电极测得其变化。在恒定的离子强度下，测得的电极电位与氨浓度的对数呈线性关系。因此可从测得的电位值确定样品中氨的含量。

2）适用范围

检出限为 $0.7\mu g/10mL$ 吸收液。当吸收液体积为10mL，采样体积60L时，最低检测浓度为 $0.014mg/m^3$。

离子选择电极法具有测量速度快、测量结果准确、操作简单、使用试剂较少等优点。随着电极的更新换代，测量精度在逐步提高。

(7) 纳氏试剂分光光度法

1）NH_3 吸收采样

同靛酚蓝分光光度法。

2）试验原理

纳氏试剂分光光度法主要通过烟气采样器将烟气采集到吸收瓶中，运用稀硫酸溶液吸收烟气中的氨，形成的氨离子与纳氏试剂反应生成黄棕色络合物。该络合物的吸光度与氨的含量成正比，在420nm波长处测量吸光度，根据吸光度来计算出烟气中的氨含量。

3）方法检出限

本标准方法检出限为 $0.5\mu g/10mL$ 吸收液。当吸收液体积为50mL，采样10L时，氨的检出限为 $0.25mg/m^3$，测定下限为 $1.0mg/m^3$，测定上限为 $20mg/m^3$；当吸收液体积为10mL，采样45L时，氨的检出限为 $0.01mg/m^3$，测定下限为 $0.04mg/m^3$，测定上限为 $0.88mg/m^3$。

4）干扰和消除

当样品中含有三价铁等金属离子、硫化物和有机物时会干扰测定，分析时加入0.5mL酒石酸钾钠溶液络合掩蔽，可消除三价铁等金属离子的干扰。

5）方法优缺点

该方法操作简便、测试快速。但是，在纳氏试剂中含有易挥发、对人体有害的碘化汞。在氨逃逸浓度的测定过程中显色条件严苛，调节pH显色后误差较大。

(8) 离子色谱法

用稀硫酸作吸收液，吸收烟气中的 NH_3 生成 $(NH_4)_2SO_4$ 溶液，采用离子色谱法定量分析溶液中的 NH_4^+。用阳离子分析柱分离溶液，用采样抑制型电导检测离子色谱法检测，以 NH_4^+ 的保留时间定量，根据峰高或峰面积定量得出 NH_3 含量。

该方法的检出质量浓度下限为 $0.04mg/m^3$。

离子色谱法的优点是快速简单、准确度高、灵敏度高及重复性好，但离子色谱仪较昂贵，不便于携带，因此不适用于 NH_3 逃逸的现场检测。

4.4 氨的控制技术与方法

在锅炉燃烧负荷、催化剂种类和性能、喷氨格栅及氨-烟气混合器设计结构、烟道流场均匀性等因素的影响下，SCR脱硝系统在实际运行过程中普遍存在反应器出口氨逃逸浓度过高的问题。氨逃逸浓度过高会造成SCR催化剂堵塞钝化、空气预热器换热面积灰、堵塞和腐蚀，甚至会影响锅炉的安全稳定运行。因此，氨逃逸量的控制至关重要，氨与烟气中的 NO_x 的混合效果是 SCR 设计和运行的关键。为了使 NH_3 和 NO_x 较好的混合，需要对 SCR 脱硝系统进行流场优化设计。流场优化设计通常包含 CFD 数值模拟和物理流场模型试验两个试验环节。通过流场优化设计，改善进入催化剂层前烟气入口条件，尽可能获得良好的烟气流速分布、NH_3/NO_x 摩尔比分布、温度分布、烟气入射角及系统阻力，使催化剂的性能发挥最充分，为整个装置的安全经济运行提供有利的保障。

4.4.1 流场优化

催化反应器内的流动场、温度场和反应物浓度分布越均匀，化学反应的效率就越有保障。流场优化设计通常包含 CFD 数值模拟和物理流场模型试验。CFD 数值模拟的分析项目主要有：AIG 上游、第一层催化剂上游烟气流速偏差、催化剂上游烟气温度偏差、催化剂上游 NH_3 浓度偏差、催化剂上游烟气变化角度等。物理模型试验通常包括以下内容：催化剂优化、AIG 各区域分支流的优化、整流板优化、导流板优化等。

通过对喷氨格栅或氨涡流混合器实施全截面多测点的分区优化，实现烟气和氨混合的均匀性，达到催化剂入口混合度均匀的技术要求，保障 SCR 脱硝系统速度分布、浓度分布、温度分布满足 NO_x 脱除反应要求，实现系统稳定运行。喷射格栅优化一是要每个喷嘴区域内的氨与烟气均匀混合；二是要让喷入的氨和烟气中 NO_x 的分布尽量匹配，使 NH_3/NO_x 的摩尔比分布尽可能均匀。流场优化主要针对 2 个问题，一是使通过催化剂层的烟气尽量均匀；二是使氨气快速地与烟气中的 NO_x 混合均匀，第 2 个问题更为重要。通过催化剂的烟气速度通常为 4～6m/s，催化剂每层的高度为 1m 左右，烟气在每层催化剂的停留时间只有 0.2s 左右。因此，在催化剂层的局部区域若存在过多的氨气的量，就会造成氨逃逸。

脱硝系统中气流流动较为复杂，为保障流场均匀性，在系统入口斜烟道截面变化处、竖直烟道转向区、反应器顶部入口处布置导流板可有效改善速度不匀现象。导流板安装的位置、数量等，要根据机组的具体情况而定。还可以在反应器顶部区域加装整流格栅，来加强均流效果和矫正烟气入射角度。

张楚城等借助 CFD 软件，对某 300MW 机组的 SCR 脱硝改造工程的流场进行诊断及优化，分析了优化前后流场的分布、NO_x 脱除率及氨逃逸浓度的变化，定性和定量地证明了流场分布均匀性是脱硝系统性能的关键因素。通过采取以下措施显著改善了 SCR 脱硝装置的流场分布，同时也改善了 SCR 出口的 NO_x 浓度分布均匀性：①在喷氨格栅上游烟道增设或调整导流板改善了喷氨区域的流场分布；②在顶部斜坡烟道增设导流板和阻流板改善催化剂入口的流场分布；③进行喷氨混合改造。

4.4.2 控制系统优化

针对 SCR 脱硝控制系统存在 NO_x 分析仪响应和反应器催化剂反馈的滞后性、延时性的问题，在控制回路中设置一个前馈回路。前馈回路根据锅炉烟气流量和入口 NO_x 浓度动态预测模型，直接计算出需要脱除的 NO_x 量，进而计算出需要喷入的氨量，这一流量直接作为副调节器的设定值，提前预测被调节量 NO_x 未来变化的趋势。另外，在控制回路中加入锅炉大负荷变化的预喷氨控制措施，用烟气流量信号作为预示负荷变化的信号。基于智能的前馈技术和预喷氨控制的脱硝喷氨优化控制，能提高脱硝系统闭环的稳定性和抗扰动能力。考虑锅炉系统多个变量对 SCR 脱硝过程的影响，将多参数进行拟合作为扰动变量，实现预测控制和提前调节。通过对喷氨控制系统进行优化，完善了喷氨控制系统的喷氨时间，特别是提高了喷氨控制系统对锅炉负荷变化的响应速度，避免了由于锅炉负荷变动较大，喷氨量调整不及时，造成氨逃逸率超标的问题出现。

4.4.3　喷氨优化调整

对于已建的 SCR 脱硝系统，在系统设备不进行改造的条件下，采取优化调整喷氨格栅的方式，可以使氨氮摩尔比分布的均匀性得到改善。脱硝系统喷氨量控制通常会由多个蝶阀等部件协同完成，需要依据喷氨格栅截面内的流场分布特点对各喷氨支管的控制阀门进行改变，使喷氨格栅各分支区域的喷氨量与烟气中 NO_x 分布尽量匹配，保证氨氮摩尔比分布均匀，提高 NO_x 脱除效率，避免局部区域喷氨过量导致氨逃逸浓度偏高；同时，还可以改善 SCR 反应器出口烟气中 NO_x 浓度分布均匀性，减小 NO_x、NH_3 的测量误差，优化 SCR 脱硝系统控制参数，提高喷氨量控制的精确度。

采取喷氨总量控制及分区均衡调节控制方式能够显著改善 SCR 脱硝出口 NO_x 的分布不均问题。喷氨总量的优化控制方式主要是：SCR 脱硝出口 NO_x 动态前馈预估，针对机组不同负荷工况，构建多模型驱动 PID，通过模型的切换，精准控制 SCR 脱硝系统喷氨总量，减少喷氨量过多或过少以及反应滞后的问题。对喷氨格栅安装分区调节阀，在脱硝出口选取多点测量烟气中 NO_x 浓度，指导分区调节阀的控制，提高脱硝出口 NO_x 分布的均匀性。

第5章 燃煤电厂可凝结颗粒物的产生、测试及控制

近些年来，我国火电大气污染物治理标准日趋严格，已成为各行业中大气污染治理的典范。自2014年7月，“史上最严”的火电大气污染物排放新标准发布并开始执行，这一标准的出台意味着国家对火电行业污染排放从严治理的开端，不少火电企业开始向更清洁的大气排放不断前进。

由此开始，我国的燃煤电厂大气污染物治理也在按计划有条不紊地进行。2014年9月，环境保护部、国家发改委、国家能源局联合印发《煤电节能减排升级与改造行动计划（2014—2020年）》，提出全国新建燃煤发电机组平均供电煤耗低于300g/(kW·h)（标准煤）。东部地区新建燃煤发电机组大气污染物排放浓度基本达到燃气轮机组排放限值，中部地区新建机组原则上接近或达到燃气轮机组排放限值，鼓励西部地区新建机组接近或达到燃气轮机组排放限值。计划中提出，在更严格地执行能效环保标准前提下，2020年力争使煤炭占一次能源消费比例下降到62%以内，电煤占煤炭消费比例提高到60%以上。燃煤电厂主要环保措施示意图，见图5-1。

2015年12月，环境保护部、国家发改委、国家能源局再次联合印发《全面实施燃煤电厂超低排放和节能改造工作方案》，方案要求：到2020年，全国所有具备改造条件的燃煤电厂力争实现超低排放（即在基准氧含量6%的条件下，烟尘、SO_2、NO_x 排放浓度分别不高于10mg/m^3、35mg/m^3、50mg/m^3）。全国有条件的新建燃煤发电机组达到超低排放水平。加快现役燃煤发电机组超低排放改造步伐，将东部地区原计划2020年前完成的超低排放改造任务提前至2017年前总体完成；将对东部地区的要求逐步扩展至全国有条件地区，其中，中部地区力争在2018年前基本完成，西部地区在2020年前完成。至此，中国燃煤电厂开始迈入常规污染物的“超低排放”时代。

2016年3月至10月，国家提出煤电项目要“取消一批、缓核一批、缓建一批”，使28个省级电网区域被列为煤电规划建设红色预警地区，同年11月出台的《电力发展“十三五”规划（2016—2020年）》也提出“十三五”期间力争将煤电装机控制在1.1×10^9kW以内。2018年7月发布《打赢蓝天保卫战三年行动计划》中提出大力淘汰关停环保、能耗、安全等不达标的3×10^9kW以下燃煤机组，这更体现了国家在近年来对燃煤电厂污染控制的持续。

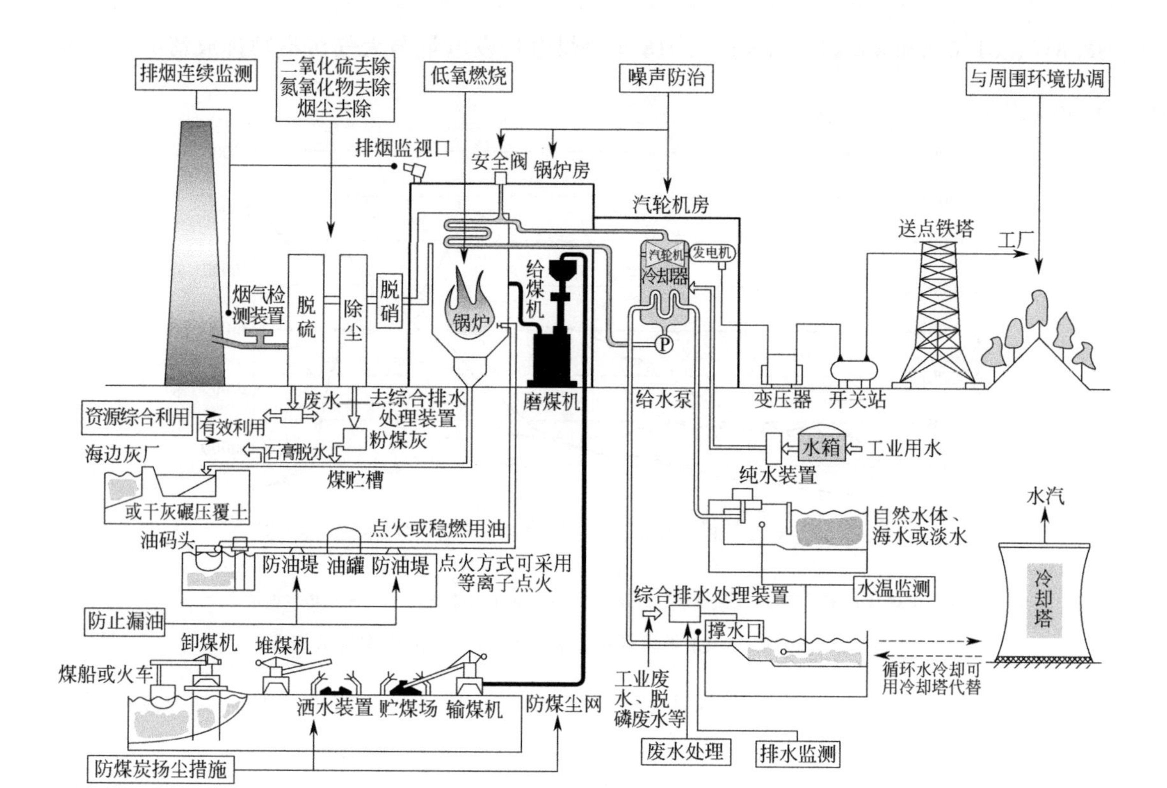

图 5-1 燃煤电厂环保措施示意图

截止到2019年底，全国已完成超低排放改造的燃煤发电机组容量达8.9亿千瓦，约占全国煤电总装机比例的86%。SO_2、NO_x、烟尘等常规烟气污染物经电厂烟囱排放总量大幅降低，燃煤电厂超低排放为改善我国大气环境质量做出了巨大贡献。近年来主要燃煤电厂环境保护政策如表5-1所示。

表 5-1 近年来主要燃煤电厂环境保护政策

发布时间	2014年	2015年	2016年	2018年
政策名称	《煤电节能减排升级与改造行动计划(2014—2020年)》	《全面实施燃煤电厂超低排放和节能改造工作方案》	《电力发展"十三五"规划(2016—2020年)》	《打赢蓝天保卫战三年行动计划》
政策主要内容	燃煤发电机组大气污染物排放浓度基本达到燃气轮机组排放限值;新建煤电机组平均供电煤耗低于300g/(kW·h)(标准煤)	到2020年,全国所有具备改造条件的燃煤电厂力争实现超低排放(即在基准氧含量6%条件下,烟尘、SO_2、NO_x排放浓度分别不高于10mg/m^3、35mg/m^3、50mg/m^3)	"十三五"期间力争将煤电装机控制在1.1×10^9kW以内	大力淘汰关停环保、能耗、安全等不达标的3×10^9kW以下燃煤机组

燃煤电厂烟气污染物来源于锅炉燃烧生成及烟气治理过程次生，主要包括颗粒物和SO_2、NO_x、Hg及其化合物、CO、NH_3（脱硝喷氨逃逸）等气态污染物。随着超低排放政策的全面实施，2016年电力行业烟尘、SO_2、NO_x排放量与2010年相比分别下降

88.6%、81.6%和85.2%。1979—2018年燃煤电厂发电量与大气污染物排放情况，见图5-2。

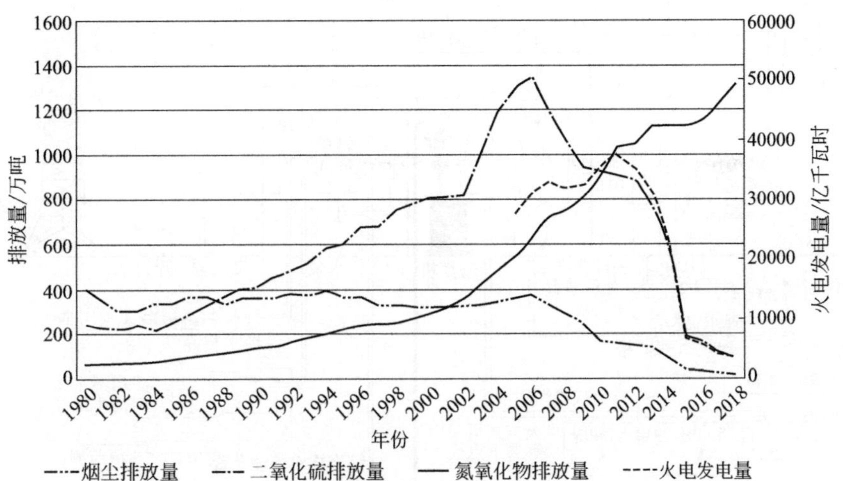

图5-2 1979—2018年燃煤电厂发电量与大气污染物排放情况

随着污染防治攻坚的进一步深入和我国对生态环境管理要求的提高，对于以可凝结颗粒物为代表的非常规污染物治理成为我国大气污染物治理的下一个方向。目前，有些学者认为我国大气污染防治存在治理重点和方向不清、颗粒物定义不全、可凝结颗粒物基础研究不够、治理技术有待验证等问题。燃煤电厂污染物防治领域亟待开展燃煤电厂可凝结颗粒物治理技术研究、可凝结颗粒物对大气环境影响研究，加快可凝结颗粒物检测技术开发、研究出台国家层面可凝结颗粒物管控政策也成为领域内的重要研究方向。

5.1 可凝结颗粒物的产生机理

5.1.1 可凝结颗粒物的特性

近年来，燃煤电厂大气污染物防控对颗粒物和SO_2、NO_x、Hg及其化合物等为代表的常规污染物排放控制已有显著成效，中国暴发大面积雾霾事件的总频次减少，但个别重度雾霾污染事件与轻度污染天气始终未能得到有效根治，严重影响了人民生产和生活。

雾霾的主要根源来自大量悬浮于大气中的颗粒物。依据粒径可以将颗粒物分为两类：一类为粒径≤10μm的颗粒物，称为可吸入颗粒物，通常表示为PM_{10}；另一类为粒径≤2.5μm的颗粒物，称为细颗粒物，通常表示为$PM_{2.5}$。其中，以$PM_{2.5}$为主的细颗粒物粒径小、结构复杂，具有极大的比表面积，在大气环境中吸附性与表面活性极强，在大气环境中$PM_{2.5}$可以吸附周围其他污染物，如重金属颗粒、有机物以及吸附大气中的水分并与酸性气体结合，这些均是雾霾的主要来源。

《火电厂大气污染物排放标准》（GB 13223—2011）对颗粒物规定了排放限值，根据现有标准，可过滤颗粒物仅包括燃煤电厂排放烟气中的颗粒物、烟气脱硫治理过程中烟气雾滴中包含的未溶硫酸盐、亚硫酸盐等不溶物可被滤膜过滤的颗粒物，尚未包含因粒径小于未被捕获穿透采样滤膜的微粒以及因物理状态变化而改变形态生成的颗粒物（不包括SO_2、NO_x 在大气环境中发生复杂化学反应生成的二次颗粒物）。这些未被包含的部分在美国 EPA 标准中被定义为可凝结颗粒物（condensable particulate matter，CPM），这类可凝结颗粒物包含两类：一类以 SO_3/H_2SO_4、NH_3 等分子态或微型气溶胶态存在的污染物；另一类是以离子态存在于细微雾滴中的硫酸盐、亚硫酸盐、氯盐等溶解性固形物，其直径小不会被滤膜捕获，在大气环境中经物理变化稀释、干燥、降温、凝结，最终变成另一部分可凝结颗粒物。

美国 EPA 对可凝结颗粒物的定义为：在烟道温度下，可凝结颗粒物在采样位置处于气体形态，在从烟道排出后进入大气环境状态下，经过降温后在数秒内凝结成液态或者固态。可凝结颗粒物在大气环境中凝结为液态或者固态后，通常会变为大气中的冷凝核，在大气环境中粒径≤2.5μm，均为 $PM_{2.5}$。可凝结颗粒物在烟道中烟气状态下呈气体形态，现今燃煤电厂的各类颗粒物脱除的技术如电除尘器、布袋除尘器和电袋除尘器均无法脱除此类可凝结颗粒物。同时，现有颗粒物监测方法也无法监测可凝结颗粒物。

从总量来讲，固定污染源排气中总颗粒物（total particulate matter，TPM）应是可过滤颗粒物（filterble particulate matter，FPM），即目前《固定污染源排气中颗粒物测定与气态污染物采样方法》（GB 16157—1996）中规定测试出的颗粒物与可凝结颗粒物（condensable particulate matter，CPM）之和。固定污染源排气中总颗粒物的构成示意图见图 5-3。

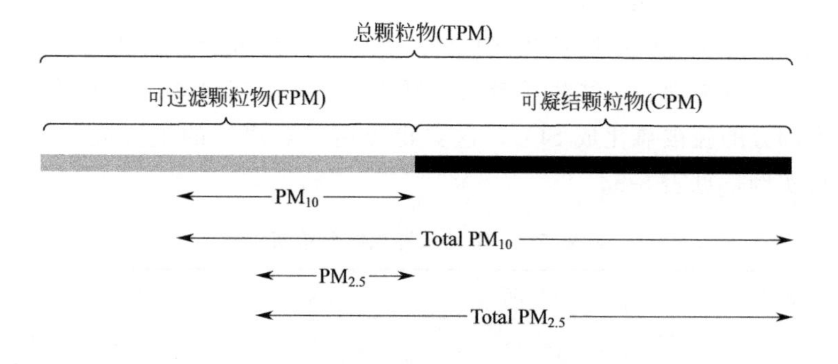

图 5-3 固定污染源排气中总颗粒物的构成示意图

FPM—我国现有颗粒物测试方法采集到的颗粒物质；CPM—烟道温度状况下在采样位置处为气态，离开烟道后在环境状况下降温数秒内凝结成液态或固态的颗粒物质；TPM—FPM 与 CPM 之和；PM_{10}—FPM 中空气动力学直径小于 10μm 的颗粒物质；Total PM_{10}—PM_{10}（总 PM_{10}）与 CPM 量之和（CPM 空气动力学直径通常小于 1μm，属于总 PM_{10} 组成部分）；$PM_{2.5}$—FPM 中空气动力学直径小于 2.5μm 的颗粒物质；Total $PM_{2.5}$—$PM_{2.5}$（总 $PM_{2.5}$）与 CPM 量之和（CPM 空气动力学直径通常小于 1μm，属于总 $PM_{2.5}$ 组成部分）

图中各成分比例为示意图，不代表真实情况，实际比例与燃料种类、燃烧方式及除尘设施等因素有关

绝大多数 SO_2 和少量 SO_3 主要来自燃料在锅炉中的燃烧过程，在我国绝大多数燃煤电厂脱硝工艺采用 SCR 法，脱硫工艺采用石灰石-石膏法，SCR 法脱硝工艺中的催化剂如

V_2O_5 等物质会将烟气中部分 SO_2 氧化成为 SO_3。同时，烟气中的 SO_3 会在喷淋塔中因浆液喷淋急剧降温冷凝形成 SO_3/H_2SO_4 气溶胶，气溶胶具有粒径微小的特性，并在喷淋塔中不易被浆液洗涤脱除。烟气经过脱硫后温度约为50℃，此时烟气中还含有大量的气态水和小雾滴为饱和湿烟气，烟气中的水与可凝结颗粒物在烟囱口排入大气环境的过程中由于温度降低会继续发生凝结，大量水蒸气形成含有 SO_3/H_2SO_4 气溶胶的烟羽，烟羽会因天空背景色和光照、观察角度不同发生颜色变化。当 SO_3/H_2SO_4 气溶胶浓度较低时常为白色、灰白色烟羽；当 SO_3/H_2SO_4 气溶胶浓度较高时会对光线产生散射作用形成蓝色烟羽，这些均被称为“有色烟羽”。蓝色烟羽因其含有较高的 SO_3/H_2SO_4 等可凝结颗粒物而具有污染性环境影响：

一是停留时间长。可凝结颗粒物因其粒径小，难于沉降，不易被雨水冲刷去除，在大气中停留时间长，污染扩散距离远。

二是环境毒性大。可凝结颗粒物主要成分为 SO_3/H_2SO_4 气溶胶，其比表面积大，活性强，易附带重金属和病毒等有毒、有害物质，是酸雨的主要成分。

三是对雾霾形成贡献大。SO_3/H_2SO_4 具有强酸性，极易与大气中的 NH_3 等发生反应形成硫酸盐，此为大气 $PM_{2.5}$ 的重要组分，其吸湿增长能力强。相关实验测试数据表明，当大气相对湿度升高到95%以上时，在12min内粒径可长大3～5倍，质量浓度增加30～125倍。

5.1.2 可凝结颗粒物形成机理

构成煤炭有机质的元素主要有C、H、O、N和S等，此外，还有极少量的P、F、Cl和As等元素。C、H、O是煤炭有机质的主体，占95%以上；S、P、F、Cl和As等是煤炭中的有害成分。煤炭燃烧时除产生热量外，绝大部分的成分都会转化为污染物，随烟气排放，污染大气，危害动、植物生长及人类健康，腐蚀金属设备，其中以硫最为重要，煤炭燃烧时绝大部分的硫被氧化成 SO_2，这类物质通常是煤中的主要成分。常见的三种煤质的煤质分析实例，见表5-2。

表5-2 常见煤种煤质分析实例

检测项目		单位	烟煤	褐煤	混煤
全水分	M_t	%	18.0	38.8	24.4
一般分析试验煤样水分	M_{ad}	%	8.16	10.10	7.24
空气干燥基灰分	A_{ad}	%	24.92	15.64	33.10
干燥基灰分	A_d	%	27.13	17.40	35.68
收到基灰分	A_{ar}	%	22.25	10.65	26.98
空气干燥基挥发分	V_{ad}	%	25.18	32.88	26.22
干燥无灰基挥发分	V_{daf}	%	37.63	44.28	43.95
空气干燥基全硫	$S_{t,ad}$	%	1.08	1.78	1.30
干燥基全硫	$S_{t,d}$	%	1.18	1.98	1.40

续表

检测项目		单位	烟煤	褐煤	混煤
收到基全硫	$S_{t,ar}$	%	0.96	1.21	1.06
固定碳	FC_{ad}	%	41.74	41.38	33.44
空气干燥基氢值	H_{ad}	%	3.74	4.21	3.80
弹筒发热量	$Q_{b,ad}$	J/g	19491	19944	16307
干燥基高位发热量	$Q_{gr,d}$	MJ/kg	21.09	21.97	17.43
收到基低位发热量	$Q_{net,ar}$	MJ/kg	16.19	11.96	11.98
		cal/g	3872	2861	2864

注：1cal=4.186J。

煤炭是复杂原料经过复杂过程所生产的产物，实际成分十分复杂，可以从煤炭及煤炭的衍生产品中检测到86种元素。其中大部分元素含量低于0.1%。煤炭中微量元素的存在形态，见表5-3。

表5-3　煤炭中微量元素的存在形态

存在形式/相关元素组分	元素
硫化物	Ag、Cd、Co、Ni、Pb、Sb、Sn、Tl、Zn、Hg、Cu、Cr、As
卤化物	Br、Cl、F
碳酸盐	Cu、Hg、Mn、Ni、Sb、Ba、Se
砷酸盐	As
硅酸盐	Ba、Ni
磷酸盐	P
氧化物	As、Cr、Sn、Th
络合物	Co、F
与有机质相关	Ag、Be、B、Br、Cd、Cu、Hg、Mn、Ni、Sb、Sn、U、Zn、P、V
与黄铁矿相关	As、Hg、Sb、Se、U、Cu、Zn、Ni、Cr、Cd、Pb、Th
与黏土矿物相关	Be、Tl、V、Zn
与孔隙等吸附相关	Cl、Hg

在燃煤电厂煤炭燃烧是一个较为复杂的过程。在燃煤电厂的煤粉炉中，被磨碎成粉的煤炭在1400℃以上的温度下、极短的时间中经过加热、分解和燃烧等过程，煤炭中的成分被裂解、熔化、汽化、凝聚、团聚等。在这之间，煤炭中的有机质受热分解后生成可燃性气体，燃烧不充分时还会产生未燃尽的碳粒和其他一氧化碳、醛类、多环芳烃等污染物，这类有机污染物中部分在烟气环境中呈气态，进入大气环境后变为气溶胶或颗粒物，是可凝结颗粒物的一部分。

矿物质是煤炭的主要杂质，如硫化物、硫酸盐、碳酸盐等，其中大部分属于有害成分，在燃烧后一部分凝结成具有不同粒径、化学特征和形态的颗粒物，其中也有部分属于可凝结颗粒物。

水分对煤炭的加工利用也有很大影响。水分在燃烧时变成蒸汽，同时将部分可溶解成分变为离子态，蒸汽在烟气中易与其他有害污染物结合，形成各式各样的气溶胶，排入大气后又可变为颗粒物，也是部分可凝结颗粒物的来源。

灰分是煤炭完全燃烧后剩下的固体残渣。灰分主要来自煤炭中不可燃烧的矿物质，灰分粒径范围广泛，对于粒径小于 0.6μm 的粒子，无法被现有环保设施脱除，也无法用可过滤颗粒物测试方法捕集，因此，也是可凝结颗粒物中的一部分。

燃煤电厂在生产中还会产生大量气态污染物，如酸性氧化物、氨等，这些成分在烟气中均为气体形态，现有环保设施并不能将其完全脱除，他们中的一部分会在进入大气后与水蒸气及其他大气成分结合变为强酸或与其他盐类结合变为颗粒物，是可凝结颗粒物的主要来源。这类气态污染物中尤以 SO_3 为代表，SO_3 主要来源于硫的完全燃烧、烟气中的 SO_2 进一步氧化以及 SCR 催化剂将 SO_2 催化氧化为 SO_3。这类气态污染物均有极强的吸湿性，同时理化性质活泼，与烟气、大气中的其他物质反应后均可变为可凝结颗粒物，是可凝结颗粒物的最主要来源。

5.2 可凝结颗粒物的量级和危害

5.2.1 可凝结颗粒物的量级

根据研究，在燃煤锅炉排放的总颗粒物中，可凝结颗粒物排放质量分别占到总 PM_{10} 排放与总 PM 排放的 76%和 49%。由此可见，当前对于固定源颗粒物的测定结果仅仅考量可过滤颗粒物是无法真实反映颗粒物的排放情况。可凝结颗粒物都属于微细颗粒物且在 PM_{10} 总排放中所占份额较大（76%），因此，有必要将可凝结颗粒物同步进行管理。

5.2.2 可凝结颗粒物的危害

可凝结颗粒物是微细颗粒物，对环境的影响源自其物理形态和化学组成。从物理形态上看，可凝结颗粒物主要由气态物质凝聚而成，粒径一般小于 1μm，以气溶胶的形式存在于环境空气中；从化学组成上看，这些颗粒上通常富集各种重金属（如 Se、As、Pb、Cr 等）和 PAHs（多环芳烃）等污染物，多为致癌物质和基因毒性诱变物质，危害极大。对于环境，可凝结颗粒物显著影响能见度，鉴于其对温度的敏感性，可能为霾的成因之一，因其具有较大的比表面积且富集各种重金属，也为众多的化学反应提供场所，起到催化作用。其对人体健康的危害有 2 个方面：一是可凝结颗粒物可作为其他污染物的载体，吸附多种化学组分随呼吸进入人体，并能使毒性物质有更高的反应和溶解速率。随着粒径的减小，可凝结颗粒物在大气中的存留时间和在呼吸系统的吸收率也增加；二是微细颗粒物可直接进入肺泡并在肺内沉积，被细胞吸收，侵入组织细胞，形成尘肺。

5.3 可凝结颗粒物的测试方法

美国 EPA 明确规定固定污染源向环境空气中排放的颗粒物总量（Total PM）应为可过滤颗粒物（含溶解性固形物）与可凝结颗粒物量之和，其发布的 Method 201A、Method 5 和 Method 202 也分别体现了对两者的准确测试。《固定污染源排气中颗粒物测定与气态污染物采样方法》（GB/T 16157—1996）将颗粒物定义为悬浮于排放气体中的固体和液体颗粒物状物质，此方法未要求采样时加热烟气。《固定污染源废气低浓度颗粒物的测定　重量法》（HJ 836—2017）则是在滤膜过滤捕集颗粒物的环节，提出应选择具备加热采样头固定装置功能的采样管，并提出烟气中水分影响正常采样时开启加热装置。但并未明确开启加热的使用条件，也未从测量溶解性固形物角度强制要求加热，因此我国燃煤电厂烟气中颗粒物测试结果不包括可凝结颗粒物，也缺失部分溶解性固形物。我国现行排放标准和测试标准表征的仅是烟气中可过滤颗粒物（缺失部分溶解性固形物），不包含可凝结颗粒物。中美固定源颗粒物测试标准比较，见表 5-4。

表 5-4　中美固定源颗粒物测定方法体系

国家	标准编号	标准名称
美国	Method 5	Determination Of Particulate Matter Emissions From Stationary Sources
	Method 5A	Determination Of Particulate Matter Emissions From The Asphalt Processing And Asphalt Roofing Industry
	Method 5B	Determination Of Nonsulfuric Acid Particulate Matter Emissions From Stationary Sources
	Method 5D	Determination Of Particulate Matter Emissions From Positive Pressure Fabric Filters
	Method 5E	Determination Of Particulate Matter Emissions From The Wool Fiberglass Insulation Manufacturing Industry
	Method 5F	Determination Of Nonsulfate Particulate Matter Emissions From Stationary Sources
	Method 5G	Determination Of Particulate Matter Emissions From Wood Heaters (Dilution Tunnel Sampling Location)
	Method 5H	Determination Of Particulate Matter Emissions From Wood Heaters From A Stack Location
	Method 5I	Determination Of Low Level Particulate Matter Emissions From Stationary Sources
	Method 17	Determination Of Particulate Matter Emissions From Stationary Sources
	Method 201	Determination Of PM_{10} Emissions (Exhaust Gas Recycle Procedure)
	Method 201A	Determination Of PM_{10} And $PM_{2.5}$ Emissions From Stationary Sources (Constant Sampling Rate Procedure)
	Method 202	Dry Impinger Method For Determining Condensable Particulate Emissions From Stationary Sources
	CTM 039	Measurement of $PM_{2.5}$ and PM_{10} Emission by Dilution Sampling (Constant Sampling Rate Procedures)
中国	GB/T 16157—1996	固定污染源排气中颗粒物测定与气态污染物采样方法
	HJ/T 397—2007	固定源废气监测技术规范
	HJ 836—2017	固定污染源废气低浓度颗粒物的测定 重量法
	DL/T 1520—2016	火电厂烟气中细颗粒物($PM_{2.5}$)测试技术规范 重量法

自 2014 年起，上海市环境保护监测中心、北京市环境保护监测中心、中国环境科学研究院依据我国燃煤烟气的特点，各自提出了更适宜我国国情的可凝结颗粒物检测优化方法并开展实测应用，但大多数地方环境监测站仍然不具备进行可凝结颗粒物的检测能力。同时，可凝结颗粒物的在线监测设备研制研发较少，目前实际应用案例也较为少见。

5.3.1 国内测试方法

5.3.1.1 采样设备

国内可凝结颗粒物测试方法是基于国内通用的固定源颗粒物采样设备进行研究的，在原有设备基础上通过增设配件来达到可凝结颗粒物测试要求。该设备与方法可实现按《固定污染源排气中颗粒物测定和气态污染物采样方法》(GB/T 16157—1996) 采样可过滤颗粒物的同时完成可凝结颗粒物的采样。与美国 EPA 标准设备相比，国内可凝结颗粒物采样配件在搬运使用上更为便利，其设备示意图，见图 5-4。

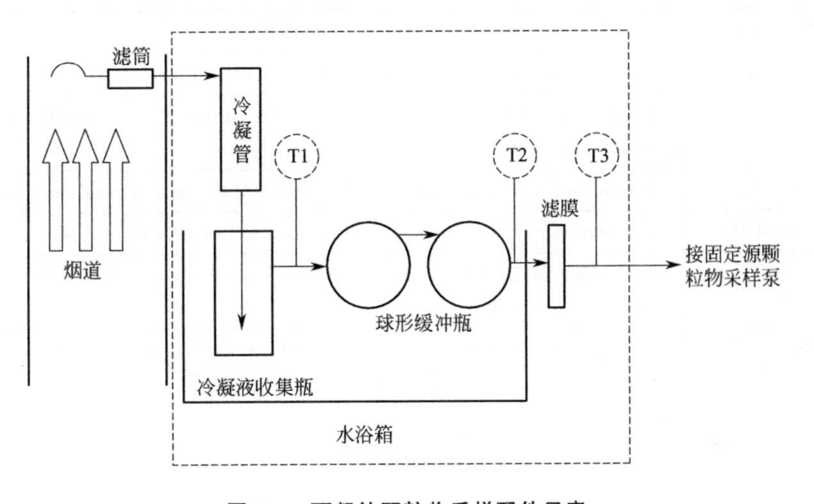

图 5-4 可凝结颗粒物采样配件示意

在该采样系统中，烟气由颗粒物采样泵进行等速采样抽取，烟气通过采样管前部的滤筒，可过滤颗粒物被滤筒捕集。烟气进入冷凝管后，冷凝管中采用水浴箱中的水经循环泵进行冷却水循环，烟气在冷凝管中冷却，形成冷凝液，流入冷凝液收集瓶。烟气经过冷凝管与收集瓶后被除湿，而后进入球形缓冲瓶，球形缓冲瓶相对于 EPA 标准中的气体冲击瓶增大了换热面积，同时为可凝结颗粒物在低温下转化为细颗粒物提供停留时间，也能减少颗粒物在冲击瓶上的吸附。烟气经降温后可凝结颗粒物转化为新的颗粒物，烟气经过固定源颗粒物采样泵抽取，通过球形缓冲瓶后的滤波将新转化的颗粒物捕集。采样系统中，冷凝液收集瓶与球形缓冲瓶应全程浸没在水浴箱水浴液面下，同时在设备的冷凝液收集瓶出口、球形缓冲瓶出口与滤膜后设置温度测点，控制采样烟气温度。

5.3.1.2　系统停留时间

为确保可凝结颗粒物在该系统内有足够的停留时间向颗粒物转化，应根据设备中球形缓冲瓶体积选取合理的采样流速。根据测试研究，系统中停留时间选取 2.5s 最为合理。停留时间对可凝结颗粒物质量浓度的影响，见图 5-5。

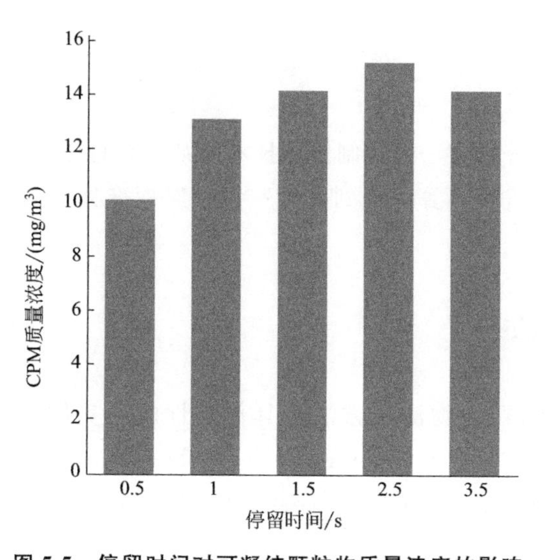

图 5-5　停留时间对可凝结颗粒物质量浓度的影响

5.3.1.3　采样与分析方法

在设备进行采样作业前，应用超纯水清洗设备各个部件，将清洗后的冷凝管、冷凝液收集瓶、球形缓冲瓶及用于连接的部件等玻璃材质部件放入 150℃烘箱中干燥 6h。设备中使用的滤膜应为特氟龙材质，滤膜以确定质量浓度，使用前将滤膜在温度为 20℃±1℃、湿度为 50%±5% RH 的试验室中放置 24h。系统其余设备按《固定污染源排气中颗粒物测定与气态污染物采样方法》(GB/T 16157—1996) 中的要求进行准备。

采样时，将可凝结颗粒物配件安装在《固定污染源排气中颗粒物测定与气态污染物采样方法》(GB/T 16157—1996) 中设备的采样枪与固定源颗粒物采样泵之间，采样枪中放置准备好的滤筒，系统连接完成后，进行气密性试验，并做空白样。采样测点按照《固定污染源排气中颗粒物测定与气态污染物采样方法》(GB/T 16157—1996) 中要求在对应测试位置进行网格法采样，采样体积也依据标准执行。采样过程中，根据冷凝液收集瓶出口、球形缓冲瓶出口与滤膜后设置温度测点温度，控制可凝结颗粒物系统中水浴箱温度及冷凝管中冷却水的循环，保证烟温降至合理温度且稳定。采样完毕后，取出滤筒、滤膜，放入密封袋编号保存，选取两只干燥并称重的样品瓶，将冷凝液移至样品瓶，编号保存。先后用超纯水、正己烷彻底冲洗冷凝管、收集瓶和球形缓冲瓶，冲洗后的超纯水与冷凝液移入同一样品瓶，正己烷移入另一个样品瓶并做编号。

将样品带回实验室，将样品瓶中超纯水样品用正己烷充分萃取，萃取后正己烷萃取液与正己烷样品合并，将合并后的正己烷在通风橱内恒温干燥至恒重，称量计算参与物质的质量，该部分质量为可凝结颗粒物中的有机部分质量。将萃取余液进行烘干浓缩至

10mL，后将 10mL 萃取余液在室温下干燥至恒重，该部分残余物质的质量为可凝结颗粒物的无机部分质量。将采集的滤筒根据标准要求烘干称重，就能计算出可过滤颗粒物的质量，将采集的滤膜称重后计算可得到滤膜收集到的转化为颗粒物的可凝结颗粒物质量。将可凝结颗粒物的有机部分、无机部分、滤膜部分质量相加后扣除空白后所得到的质量即为样品中可凝结颗粒物的质量，除以标准状态下的采样体积即可得到可凝结颗粒物的质量浓度。

5.3.1.4 精度与检出限

根据《环境监测 分析方法标准制修订技术导则》（HJ 168—2010）中的要求，以本方法的特征指标为基础进行计算，得到实验室内相对标准偏差为 12.7%，方法的检出限为 0.28mg/m^3。

5.3.2 国外测试方法

目前，国外可凝结颗粒物测试方法最具代表性的为美国 EPA 发布的 Method 202《Dry Impinger Method For Determining Condensable Particulate Emissions From Stationary Sources》即干式撞击法测定固定源可凝结颗粒物排放。

5.3.2.1 适用性和使用范围

美国环保局开发的 EPA Method 202 方法适用于固定源可凝结颗粒物（CPM）排放量的测定。其目的是将可冷凝物质表示为通过过滤器后冷凝的物质，并进行测量，该方法与 EPA Method 5、Method 17、Method 201A 装置连接后也可对可过滤颗粒物进行分析。在去除可过滤颗粒物后，可以使用此方法从固定源排放物中测量 CPM。测量时，抽出烟气并经过滤后，如果排放气体被过滤时的温度超过 30℃，颗粒物总量是 FPM 与 CPM 方法测量结果的加总；若当气体过滤温度低于 30℃时，则 FPM 采样的结果即可代表颗粒物的总量。

5.3.2.2 方法概述

CPM 采样系统安装在基于 EPA Method 5、Method 17、Method 201A 取样系统的冲击瓶部分。可过滤颗粒物通过前端过滤后，CPM 通过后面连接的干式气体冲击瓶收集，将冲击瓶收集的有机 CPM 和无机 CPM 以及冲击瓶后滤纸中的 CPM 干燥并称重。测得的有机 CPM、无机 CPM 和滤纸中的 CPM 的总和代表 CPM 的总量。与 1991 年 12 月颁布的 EPA Method 202 的版本相比，该方法取消了冲击瓶用水作为吸收介质的方式，且将第一级冲击瓶改进为水滴收集瓶，并将瓶内管截短以达到更好的收集效果。利用冷凝管和冷凝水收集瓶将 CPM 从烟气中分离出来，减少了 SO_2 的潜在干扰。为了提高 CPM 的收集效率，在第二和第三冲击瓶之间增加了一个滤膜。

采样结束后，用氮气吹扫采样系统，去除系统中溶解且尚未氧化的 SO_2。将冲击瓶后的滤膜分别用水和正己烷萃取，并用正己烷萃取冲击瓶中收集的溶液，分别干燥有机部分与水分，并称重残留物。

5.3.2.3 定义

可凝结颗粒物（CPM）是指在烟道内处于气态，当排放到大气环境中经冷却、稀释而短时间内冷凝或者反应形成的固态或者液态颗粒物。

恒重是指两次连续称重之间质量差不超过0.5mg或总质量减去皮重的百分之一（以较大者为准），两次称重之间的干燥时间不少于6h。

现场空白样。在进行第一次试验之前，现场用干净、完全组装的设备上取一个现场空白样。

可过滤颗粒物是指在固定源中直接排放的固体或液体并在烟气采样中被可过滤装置捕获的颗粒物。

初级PM（也称为直接PM）是指从烟囱或开放源直接排放到大气中的颗粒物。一次PM由两部分组成：可过滤PM和可凝结颗粒物。

主要$PM_{2.5}$（也称直接$PM_{2.5}$、总$PM_{2.5}$、$PM_{2.5}$或可过滤$PM_{2.5}$和可凝结颗粒物的组合）指空气动力学直径≤2.5μm的PM。这些固体颗粒直接从烟气中排放，或者是烟气中的气体或液滴，在环境温度下冷凝形成的固体颗粒物。直接排放的$PM_{2.5}$包括元素碳、直接排放的有机碳、直接排放的硫酸盐、直接排放的硝酸盐和其他无机颗粒。

主要PM_{10}（也称为直接PM_{10}、总PM_{10}、PM_{10}或可过滤PM_{10}和可凝结颗粒物的组合）指空气动力学直径≤10μm的PM。

5.3.2.4 测试精度与干扰因素

EPA Method 202方法在可凝结颗粒物测试中因测试环境影响，依据美国环保局现场评估某一工厂，本方法精密度：总CPM约4mg；有机CPM约0.5mg；无机CPM约3.5mg。

5.3.2.5 仪器

可凝结颗粒物采样设备采样探针为EPA Method 5、Method 17、Method 201A的采样组件，在此之上进行了部分改进：可过滤颗粒物采样滤膜和冷凝管之间的连接部分必须用玻璃或聚四氟乙烯材质作为采样管路内壁。设备中冷凝器规格见图5-6。

冷凝器后需先安装一短头式冷凝水收集瓶，后面加一级格林伯格史密斯冲击瓶（其吸收管末端内径为1.3cm、距冲击瓶底部1.3cm的玻璃管）。二级冲击瓶后安装可凝结颗粒物滤纸固定器（CPM Filter Holder）：材质可为玻璃、不锈钢（316或同级材质）或聚四氟乙烯涂层的不锈钢。可采用市售滤纸固定器，包含可装载47mm或更大的滤纸，市售滤纸固定器包含聚四氟乙烯材质密封垫圈、可装载滤纸的不锈钢、陶瓷或聚四氟乙烯材质的滤纸支撑体。在CPM滤纸出口处，安装可与气流接触的有聚四氟乙烯涂层或不锈钢包覆的热电偶。当进行采样管线氮气吹扫时，需要将冷凝水收集瓶中的短杆替换成长杆。

样品回收时需用到：

① 氮气吹扫管路：使用惰性管线与接头来输送至少14L/min的钢瓶氮气到冲击瓶组

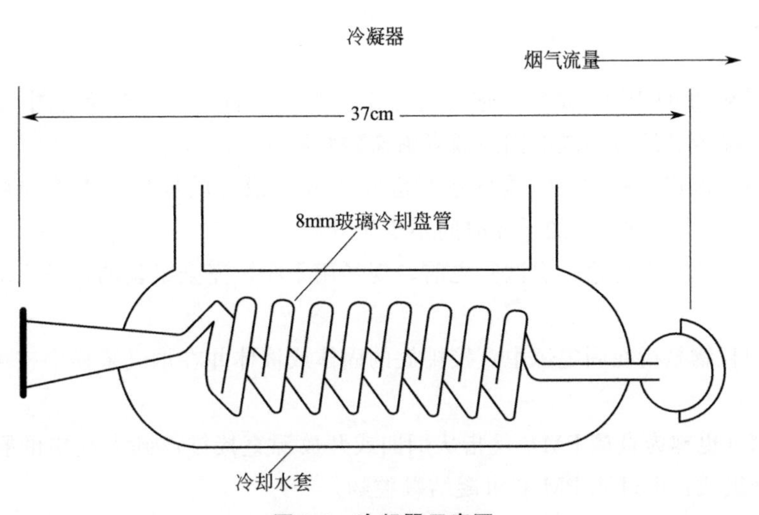

图 5-6 冷凝器示意图

中。管径应为 0.6cm，可结合可调式压力调节器和针形阀的迫紧式接头。

② 浮子流量计：测量流量最高可达 20L/min，精密度需达到全量程的 5%。

③ 氮气净化系统：配置超高纯度氮气钢瓶、调压阀和过滤器，系统需提供至少可连续 1h、14L/min 净化氮气通过采样装置。

④ 棕色玻璃瓶：500mL。

分析时需用到：

① 分液漏斗：玻璃材质，1L。

② 称重器皿：玻璃蒸发瓶、内衬为聚四氟乙烯烧杯或铝材质称重器皿，50mL。

③ 玻璃烧杯：300～500mL。

④ 干燥设备：内含无水硫酸钙干燥器，可维持容器中相对湿度低于 10%，及具有温度控制功能的加热板或烘箱。

⑤ 玻璃滴管：5mL。

⑥ 玻璃滴定管：A 级，容量为 100mL，最小刻度 0.1mL。

⑦ 分析天平：可称至 0.0001g (0.1mg)。

⑧ pH 计或酸碱试纸：精度为 0.1。

⑨ 超音波震荡槽：超音波频率需至少达 20kHz，深度可符合样品萃取管（约 10～16cm）。

⑩ 防漏样品储存容器：用于样品和空白样品回收，CPM 残留物不可超过 0.05mg。

⑪ 清洗瓶：任何材质均可，用于样品或空白样品回收时，CPM 残留物不可超过 0.1mg。

5.3.2.6 试剂和标准品

采样需用到：

① 滤纸：不与任何有机键结合的聚合滤纸，此滤纸 CPM 残留物不可超过 0.5mg。必须对 0.3μg 的邻苯二甲酸二辛酯微粒有至少 99.95%（低于 0.05%穿透力）的捕捉效率。

② 硅胶：使用6～16目的硅胶。也可使用主管机构认可的其他种类效果相同或更佳的干燥剂。使用过的硅胶可置于175℃烘干2h后重复使用。

③ 试剂水：去离子水、超纯水，用于回收与萃取，干燥残余物质量需低于1mg/L。

④ 碎冰。

⑤ 氮气：使用超高纯度氮气或是具有相同功能的气体进行净化，其中氧气浓度需低于1mg/L，总碳氢化合物（碳当量）浓度需低于1mg/L，水分浓度需低于2mg/L，压缩氮气残留物不可超过0.1mg。

样品回收分析时需要：

① 丙酮：需储存于玻璃瓶中。不可使用金属瓶储存，空白值需低于0.1mg/100g的残余质量。

② 己烷：ACS等级，空白值需低于0.1mg/100g的残余质量。

③ 试剂水：去离子水、超纯水，残余质量低于1mg/L，或低于冲击瓶内所回收的残留物。

④ 样品干燥剂：在称重前使用指示型无水硫酸钙，去除样品中水分和有机萃取残留物。

⑤ 氨水：0.1mol/L，将7mL，14.8mol/L氢氧化铵用去离子水定容至1L，接着利用标准0.1mol/L H_2SO_4 进行标定，使用两次分析平均来计算。滴定数值精准度需在1%或0.2mL之内（取较高值），或是购买市售可追溯源的0.1mol/L氢氧化铵。

⑥ 标准缓冲溶液：使用pH值中性缓冲液和pH值不低于4的酸性缓冲液。

5.3.2.7　样品收集、储存与运输

为了保证测试结果的可靠性，试验人员应该在试验前进行烟气烟尘采样（如旋风分离器、冲击瓶和顶针）以及冲击瓶和湿度测定的培训。

采样前准备：在收集与分析样品前，应先清洗所有玻璃器皿。每次采样均应使用清洗过的玻璃器皿，每批次采样前应分析实验室试剂空白（含水、丙酮与己烷）来确认样品空白符合标准要求。

现场设置：遵循EPA Method 5、Method 17或Method 201A中要求的程序，依据现场测试条件确定采样条件，包括：

① 确定采样点位置和测定点。

② 计算探针/旋风分离器采嘴直径。

③ 核实采样位置烟气无旋流。

④ 确定烟气流速剖面，选择喷嘴和采样率。

采样点位置：按照EPA Method 1中的标准选择适当的取样点。选择一个位置，最大限度地减少上游和下游流动干扰。

测定点：按照EPA Method 5、Method 17或Method 201A，在任何位置使用所需的导线点数量，以适用于试验要求为准，必须与烟囱壁保持1英寸的距离（直径小于24英寸的取样位置为0.5英寸，1英寸=25.4mm），以防止干扰和捕获积聚在烟道内壁表面的杂物。

采样装置准备：可凝结颗粒物采样装置示意图，见图5-7。所有用于采样和分析样品的玻璃器皿在测试前需用清洁剂清洗后，依次用自来水、去离子水、丙酮、己

烷润洗，要完全去除样品回收时会暴露在己烷润洗接触面的硅胶油。清洗后的玻璃器皿在每次采样前必须用 300℃烘箱烘 6h，或是用现场空白试验来取代清洗、烘箱过程。每次 CPM 采样进行之前，必须使用去离子水与超纯水（残余物低于 1mg/L）充分润洗。

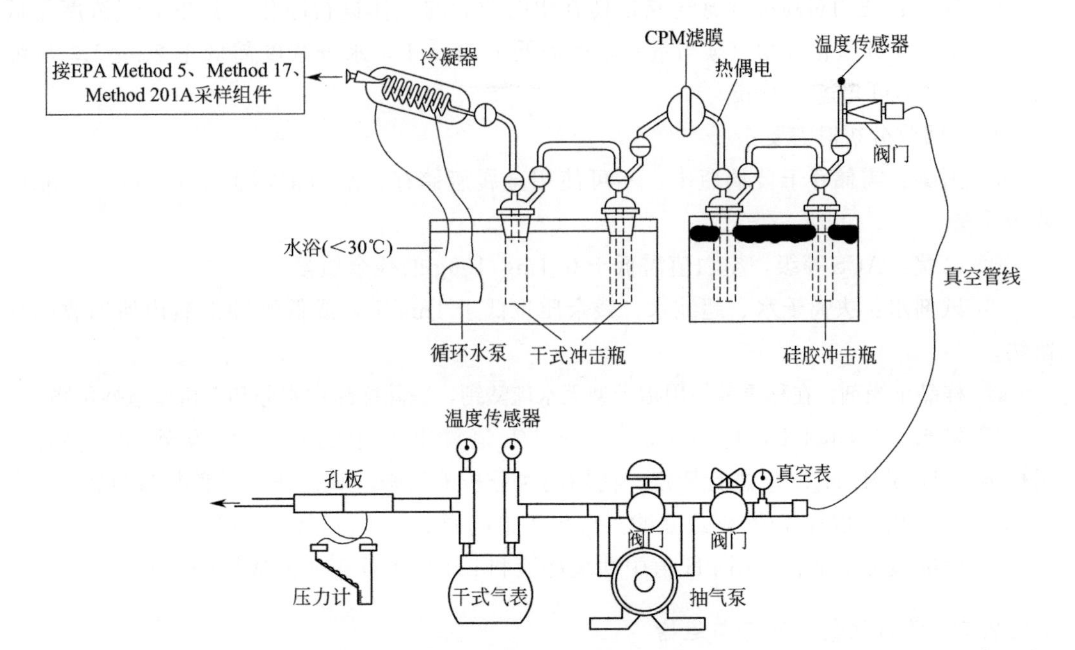

图 5-7 可凝结颗粒物采样装置示意图

冷凝器和冷凝水收集瓶：冷凝管与冷凝水收集瓶连接在可过滤颗粒物滤纸采样装置后，冷凝器必须能够将烟气冷却至≤30℃。

后置冲击瓶：冷凝水收集瓶后接无锥度的改进型格林伯格史密斯冲击瓶（备用）。将滴水器和备用冲击器放在一个水箱中，水温度≤30℃。试验开始时，冷凝水收集瓶和备用冲击瓶必须清洁，不得添加任何水或试剂。

CPM 滤纸：在备用冲击瓶后放置一个滤纸支架。CPM 滤纸和除湿系统之间的连接必须包括热电偶配件，该配件在热电偶和采样装置烟气之间要有密封（注：不可使用热电偶套管，因为装在氟聚合物或是金属壳内的热电偶温度计会与样品空气接触）。

水洗气瓶：使用装有 100mL 水的改良格林伯格史密斯冲击瓶，用于收集通过 CPM 滤纸的水分和一部分有毒气体。

硅胶捕集器：在冲击瓶中各放置 200～300g 硅胶。称量冲击瓶（包括硅胶）的质量，精确到 0.5g，并记录。硅胶冲击瓶出口处排气温度必须保持在 20℃以下。

泄漏检查：对整个取样系统进行泄漏检查。步骤如下：

① 采样系统：泄漏率不大于 $0.00057m^3/min$ 或者不大于采样期间平均采样流率的 4%，取其较小者。同时须确认泄漏检查时的真空压大于或等于采样期间的真空压，记录测试数据于现场采样表格中。

② 皮托管组件：采样系统检漏后，遵循 EPA Method 5 要求对皮托管组件进行检漏。

5.3.2.8 采样

可过滤颗粒物采样依据 EPA Method 5、Method 17、Method 201A 的要求进行，可凝结颗粒物采样要求如下：

① 监测水气在冷凝水收集瓶与后置冲击瓶中凝结的程度，如果冷凝水收集瓶内明显有凝结水，如水位超过一半的容积或是淹没后置冲击瓶的长头，必须停止采样，记录两冲击瓶中水的质量并收集水分，之后再进行泄漏检测才可继续进行采样。在中止采样期间必须快速地进行氮气吹扫。

② 在计算水气含量时必须包含此冲击瓶中的水分。

③ 当采样中止时，记录采样开始时的 CPM 滤纸增加的温度。在样品收集过程中，维持 CPM 滤纸温度在 20～30℃间。

采样完成后氮气冲洗：当采样后测漏完成且通过后，尽快将 FPM 采样系统的采样头、旋风分径器、滤纸与 CPM 采样系统的冷凝管与冲击瓶组分开。如果在 CPM 滤纸前方没有水分被捕集，则可以省略氮气净化过程并直接进行样品回收。氮气吹扫可以采用加（正）压净化氮气或采样系统真空泵进行吹扫。氮气吹扫步骤如下：

① 使用正压氮气吹扫采样系统时，可选择直接吹扫整体 CPM 采样系统（从冷凝管的入口到 CPM 滤纸固定器出口），或将冷凝管与冷凝水收集瓶中的水集中至后置冲击瓶中，仅吹扫后置冲击瓶及 CPM 滤纸固定器。记录冷凝水收集瓶及后置冲击瓶中的水体积或质量。如果选择直接吹扫整体 CPM 采样系统，则必须将冷凝水收集瓶中的短杆内管替换成长杆内管。如果选择将冷凝器与冷凝水收集瓶中的水集中至后置冲击瓶中，则必须吹扫后置冲击瓶及 CPM 滤纸固定器。如果后置冲击瓶吸收管末端未没入水面，则必须额外添加超纯水（残余物低于 1mg/L）使吸收管末端没入水面下至少 1cm，并记录添加的水量，来修正采集气体的含水率（注意：超纯水应先进行氮气吹扫 15min 以上，去除溶解在水中的氧气）。使用正压式氮气吹扫时，不应有其他气体流经吹扫管线与接头。连接氮气过滤器出口与冷凝水收集瓶入口，并分离 CPM 滤纸与水洗气瓶之连接管线，见图 5-8。如果在氮气净化前已测量现场冲击瓶内的含水率，可以只吹扫整个 CPM 采样系统，无须连接后方的水气捕集系统。在吹扫时应慢慢增加氮气钢瓶压力以避免冲击瓶内压力过大。流量应控制在约 14L/min，吹扫最少 1h，吹扫结束后关闭氮气输送系统。

② 使用采样系统真空泵来进行氮气吹扫，吹扫系统配置方式见图 5-9，将冷凝水收集瓶中的短杆替换成改良式冲击瓶长杆，且其尖端延伸入水面下 1cm。使用此方法必须净化整个 CPM 采样系统，从冷凝管入口到硅胶捕集冲击瓶出口，同样，如果冲击瓶吸收管末端没入水面，则必须额外添加超纯水（残余物低于 1mg/L）使吸收管末端没入水面下至少 1cm，并记录添加的水量，来修正排出气体的含水率。使用此方法进行氮气净化时，不应有其他气体流经净化管线与接头。连接过滤器出口与冷凝水收集瓶入口，为避免冲击瓶内压力过大，应逐渐调节真空泵量或是氮气流量，并将流量控制在约 14L/min，或者流经浮子流量计的正压流量小于 2L/min。正压流量可保证氮气输送系统流量大于大气压力，并且避免外界空气进入冲击瓶内。吹扫最少 1h，并每 15min 确认一次浮子流量计流量，吹扫结束后关闭氮气输送系统。

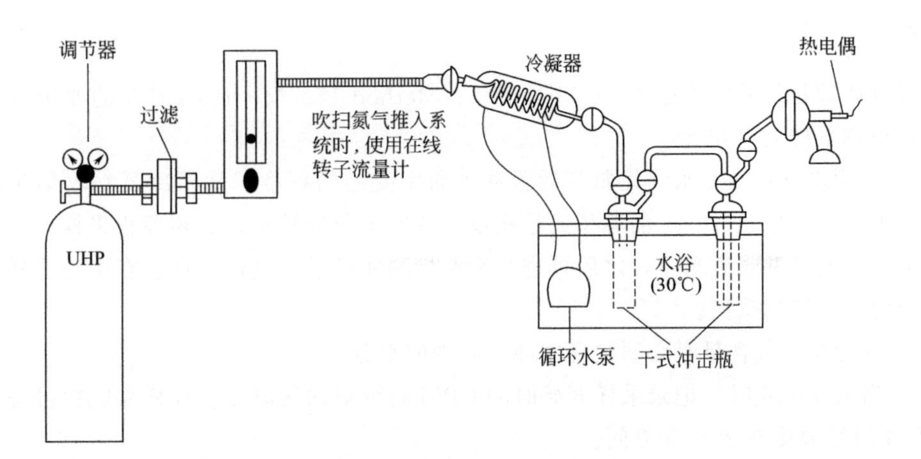

图 5-8　正压氮气吹扫链接示意图

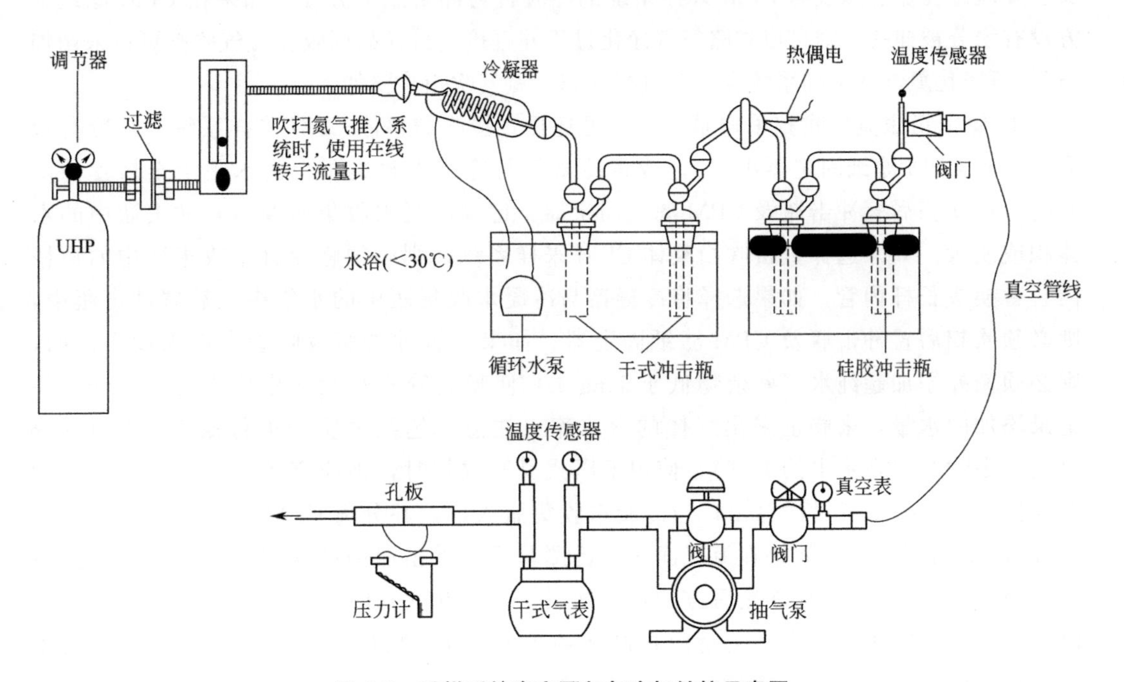

图 5-9　采样系统真空泵氮气吹扫链接示意图

在氮气吹扫过程中，无论采用何种吹扫方式，持续运转冷凝器的水循环泵，并保持冷凝水收集瓶与后置冲击瓶内的气体，排放至 CPM 滤纸出口端的温度大于 20℃且小于等于 30℃。在氮气吹扫前，若还未测量水汽捕集冲击瓶中水的体积，需维持 CPM 滤纸固定器后方的气体温度，避免水汽被氮气吹出，如果有需要，可在氮气净化过程中增加更多的碎冰，以维持气体离开硅胶冲击瓶时的温度低于 20℃。

如果在氮气净化前没有测量收集在冲击瓶与硅胶水汽捕集瓶中的液体质量或体积，则要测量冷凝水收集瓶中的水体积（精准至 1mL）或是质量（精准至 0.5g）。将体积或质量记录下来，计算气体的含水率。如果现场使用天平称重硅胶水汽捕集瓶的质量，须注意硅胶颜色是否指示吸收饱和，并记录下来。

5.3.2.9 样品处理

采样结束后，可过滤颗粒物样品处理按照EPA Method 5、Method 17、Method 201A的要求进行，步骤如下。

（1）冲击瓶内水溶液

将CPM滤纸前方的冷凝水收集瓶与后置冲击瓶内水分倒入干净密封容器中，连接玻璃器皿及CPM固定器前半部。收集去离子水冲洗液，置于“♯1，冲击瓶内水溶液”，并标记容器液位。

（2）有机冲洗收集液

以丙酮冲洗采样管路、冷凝器、冲击瓶、连接玻璃器皿及CPM滤膜前半部。收集丙酮冲洗液，倒入干净密封容器中，于容器外标注“♯2，有机冲洗收集液”，然后使用正己烷重复上述冲洗步骤两次，收集己烷冲洗液于“♯2，有机冲洗收集液”中，并标记容器液位。

（3）CPM滤纸样品

用镊子及干净的一次性手套，将滤纸从固定器中移开，将滤纸放在贴上标签的培养皿中，标注“♯3，CPM滤纸样品”。

（4）冷却冲击瓶水

在现场或样品分析时测量冷却冲击瓶内水的质量或体积。如果冷却冲击瓶内的水在现场已被测量，则可以将水倒掉；如果无法在现场测量则将冲击瓶内捕集的水倒入干净密封容器，于容器外标注“♯4，冷却冲击瓶水”，并标记容器液位。♯4内容物为排放气体中的液态水。

（5）硅胶冲击瓶

在现场或样品分析时，称量硅胶冲击瓶质量。如果硅胶在现场已被测量吸水量，可在测量后丢弃或是回收；如果无法在现场测量，则将冲击瓶内硅胶倒入原来保存硅胶的容器（标注“♯5，硅胶冲击瓶”）且密封。可使用漏斗和橡胶刮勺来回收冲击瓶内硅胶，残留于冲击瓶内壁的少量硅胶粒可以忽略不收集。

（6）丙酮试剂空白

从干净丙酮冲洗瓶中取出约200mL的丙酮冲洗液，置于干净密封容器中，容器外标注“♯6，丙酮试剂空白”，并标记容器液位。在测试中如有多瓶丙酮冲洗液，可任意择一瓶丙酮当现场试剂空白。

（7）试剂水现场试剂空白

从干净试剂水冲洗瓶中取出约200mL的试剂水冲洗液，置于干净密封容器中，于容器外标注“＃7，试剂水现场试剂空白”，并标记容器液位。测试中如有多瓶试剂水冲洗液，可任意择一瓶试剂水当为现场试剂空白。

(8) 己烷现场试剂空白

从干净正己烷冲洗瓶中取出约200mL的己烷冲洗液，置于干净密封容器中，容器外标注“＃8，正己烷现场试剂空白”，并标记容器液位。在测试中如有多瓶己烷冲洗液，可任意择一瓶己烷当现场试剂空白。

若用采样的玻璃器皿使用前没有在300℃烘箱烘6h，则需进行（9）、（10）进行现场设备空白验证。

(9) 现场采样系统无机物空白

在采样开始前，以去离子水冲洗采样管路、冷凝器、各冲击瓶、连接玻璃器皿与CPM滤纸固定器前半部共两次。收集去离子水冲洗液，倒入干净密封容器中，容器外标注“＃9，现场采样系统无机物空白”，并标记容器液位。

(10) 现场采样系统有机物空白

制备完成现场采样系统无机物空白后，以丙酮同样冲洗采样管路、冷凝器、各冲击瓶、连接玻璃器皿与CPM滤纸固定器前半部。收集丙酮冲洗液，倒入干净密封容器中，容器外标注“＃10，现场采样系统有机物空白”，然后使用正己烷重复上述冲洗步骤两次，收集正己烷冲洗液于“＃10”中，并标记容器液位。

所有样品容器必须在运输过程中保持直立且封口向上，且运输过程中全程保持在30℃以下。

5.3.2.10 分析步骤

样品运输结束后测量所有容器内的液体体积（±1mL）或质量（±0.5g）。确认在运送过程中是否有泄漏发生。若有泄漏，则采样结果不可用。

＃3，CPM滤纸样品：如果滤纸是在烟道内温度低于30℃下，则将滤纸与其他可能遗漏的微粒，放置滤纸的容器中再移至玻璃称重盘。置入无水硫酸钙的干燥箱24h，再称重至恒重（6h称重间隔质量差异小于0.5mg），数据记录至0.1mg（注意：当滤纸置于30℃以下的烟道内采样时，样品可能会包含可凝结颗粒物与可过滤性微粒，此样品保存时应维持在≤30℃）。而取得的CPM滤纸样品，则进行以下过程：

① 萃取滤纸中水溶性（水性或无机性）CPM：将滤纸对折成1/4大小并置于50mL萃取管中，加入超纯水直到覆盖过滤纸（约10mL），将管置于超音波震荡槽至少持续震荡2min，将萃取液倒入“＃1，冲击瓶内水溶液”，再重复上述步骤两次（总共萃取3次）。

② 萃取滤纸中有机物质：完成上述步骤后，加入正己烷直到覆盖过滤纸（约10mL），将管置于超音波震荡槽至少持续震荡2min，将萃取液倒入“＃2，有机冲洗收集液”，再重复上述步骤两次（总共萃取3次）。

分析＃1，冲击瓶内水溶液中水溶性物质。将＃1，冲击瓶内水溶液内容物倒入分液漏斗中，加入30mL正己烷并充分混合，将上层有机相溶液倒出，再重复上述步骤两次（总共萃取3次）。每次保留少许正己烷于分液漏斗中，确保水分不会被有机相收集。收集三次正己烷萃取液（约90mL），倒入#2中。

测量无机物质量：将分液漏斗中水溶液倒入500mL或更小的干净烧杯中，利用加热板或105℃烘箱将水溶液蒸发至不小于10mL，然后置于室温干燥（不可超过30℃）。在进行非挥发性酸类中和前，确认水分与挥发性酸类完全蒸发。将干燥烧杯置入含无水硫酸钙的干燥箱持续24h后，接着执行间隔6h称重至恒重（精确至0.1mg），将烧杯中溶液倒入一个50mL干净已称重的锡盘中，置于实验室抽气罩中室温干燥（不可超过30℃）。将已干燥锡盘置入含无水硫酸钙的干燥箱持续24h后，接着执行间隔6h称重至恒重，记录结果。

如果无法维持恒重，则将残余物溶解于100mL的去离子超纯水（残余质量低于1.0×10^{-6}）中，使用滴定法来中和样品里的酸类，并移除水分。首先使用中性和酸性缓冲标准液校正pH计，接着以0.1mol/L NH_4OH将溶液滴定至pH为7.0，记录滴定所使用的体积。

使用加热板或105℃烘箱将滴定完的水溶液蒸发至接近10mL，将烧杯中溶液倒入一个50mL干净已称重的锡盘中，置于实验室抽气罩中室温下干燥（不可超过30℃）。将已干燥锡盘置入含无水硫酸钙的干燥箱持续24h后，接着执行间隔6h称重至恒重，记录结果。

根据式(5-1)计算质量修正，扣除因滴定造成NH_4^+干扰样品的情况。

分析#2中有机物质：将#2内容物倒入干净烧杯中，将烧杯置于实验室抽气罩中干燥至不少于10mL（不可超过30℃），接着将烧杯中溶液倒入一个50mL干净已称重的锡盘中，置于实验室抽气罩中室温干燥（不可超过30℃）。将已干燥锡盘置入内含无水硫酸钙的干燥箱持续24h后，接着执行间隔6h称重至恒重，记录下结果。

分析#4中水量：如果在采样现场没有测量#4中水量，查看记录标注的液面高度，确认目前#4水量是否在运送中有损失，若有显著损失则本次采样无效。若无明显损失，记录下水量。

分析#5中硅胶质量：记录#5中硅胶质量（精确至0.5g）。

分析#6丙酮试剂空白：取150mL #6中丙酮倒入干净的250mL烧杯中，将烧杯置于实验室抽气罩中室温干燥（不可超过30℃）至10mL左右，接着将烧杯中溶液倒入一个50mL干净已称重的锡盘中，置于实验室抽气罩中干燥（不可超过30℃）。将已干燥锡盘置入内含无水硫酸钙的干燥箱持续24h后，接着执行间隔6h称重至恒重（前后两次质量差≤0.5mg），记录下结果（精确至0.1g）。

分析#7去离子超纯水试剂空白：取150mL #7中试剂水倒入干净的250mL烧杯中，将烧杯置于105℃烘箱，将水溶液蒸发至10mL左右，接着将烧杯中溶液倒入一个50mL干净已称重的锡盘中，置于实验室抽气罩中室温干燥（不可超过30℃）。将已干燥锡盘置入内含无水硫酸钙的干燥箱持续24h后，接着执行间隔6h称重至恒重（前后两次质量差≤0.5mg），记录下结果（精确至0.1g）。

分析#8正己烷试剂空白：取150mL #8中正己烷倒入干净的250mL烧杯中，将烧杯置于实验室抽气罩中干燥（不可超过30℃）至10mL左右，接着将烧杯中溶液倒入一个 50mL 干净已称重的锡盘中，置于实验室抽气罩中室温干燥（不可超过 30℃）。将已干燥锡盘置入含无水硫酸钙的干燥箱持续 24h 后，接着执行间隔 6h 称重至恒重（前后两次质量差≤0.5mg），记录下结果（精确至 0.1g）。

5.3.2.11 结果计算

氨质量修正：修正滴定 100mL 水溶液 CPM 样品，假设没有水化，根据式(5-1)计算：

$$m_c = 17.03 \times V_t \times N \tag{5-1}$$

式中 m_c——NH_4^+ 加入样品的质量，mg；

V_t——氨水滴定体积，mL；

N——氨水滴定当量，mg/L。

现场回收样品空白质量，根据式(5-2) 计算：

$$m_{fb} = m_{ib} + m_{ob} \tag{5-2}$$

式中 m_{fb}——现场回收样品空白总可凝结颗粒物质量，mg；

m_{ib}——现场回收样品空白无机可凝结颗粒物质量，mg；

m_{ob}——现场回收样品空白有机可凝结颗粒物质量，mg。

无机可凝结颗粒物质量，根据式(5-3) 计算：

$$m_i = m_r - m_c \tag{5-3}$$

式中 m_i——无机可凝结颗粒物质量，mg；

m_r——无机部分样品干重，mg。

总可凝结颗粒物质量，根据式(5-4) 计算：

$$m_{cpm} = m_i + m_o - m_{fb} \tag{5-4}$$

式中 m_{cpm}——总可凝结颗粒物（TCPM）质量，mg；

m_o——有机可凝结颗粒物质量，mg。

标准状态下，CPM 干基浓度，根据式(5-5) 计算：

$$C_{cpm} = \frac{m_o + m_i - m_b}{VM_{std}} \tag{5-5}$$

式中 C_{cpm}——标准状态下，CPM 干基浓度，mg/Nm^3；

VM_{std}——干式气体流量计测得的样品体积修正至标准状态；

m_b——现场回收样品空白可凝结颗粒物质量，mg。

5.3.2.12 质量控制

① 现场分析天平校正确认：作业前用接近捕集样品加容器质量的经过检定量具进行现场分析天平校正程序。

② 玻璃器皿：使用 A 级定量进行滴定。

③ 实验室分析天平校正确认：称重时用接近捕集样品加容器质量的经过检定量具进行实验室分析天平校正程序。

④ 实验室试剂空白：使用空白去离子水、丙酮和正己烷进行现场样品回收和分析，在开始回收样品和分析样品前，每批试剂至少分析一个样品（150mL 以上）。

⑤ 现场试剂空白：现场样品回收时，至少使用一次空白去离子水、丙酮和正己烷进行现场试剂空白验证。

⑥ 现场采样系统空白验证：若没有清洗玻璃器皿，则每个固定污染源的烟道均需进行现场空白验证。

⑦ 现场采样系统回收空白：每个烟道至少进行一组现场回收空白样品，第一次或第二次采样后进行。组装完整采样系统，在氮气吹扫之前，加入 100mL 试剂水至第一个冲击瓶并记录质量，接着氮气吹扫，再进行空白样品回收。将实际样品 CPM 质量扣除 m_{fb} 或 2.0mg（取较低者）。

5.4　可凝结颗粒物的控制技术与方法

自 2017 年，我国越来越多的省份出台政策或标准，希望通过对“有色烟羽”的控制，改善当地的大气质量。部分地方对涉及可凝结颗粒物排放的规定，见表 5-5。

表 5-5　部分地方对涉及可凝结颗粒物排放的规定

地方	规定来源	生效日期	相关规定内容
上海	《上海市大气污染物综合排放标准》(DB 31/933—2015)	新建源 2015-12-01 起执行，现有源 2017-01-01 起执行	硫酸酸雾：最高允许排放浓度 $5mg/m^3$，最高允许排放速率为 1.1kg/h
浙江	《燃煤电厂大气污染物排放标准》征求意见稿(DB—33)	自标准规定之日起	位于城市主城区及环境空气敏感区的燃煤发电锅炉应采取温控及其他有效措施，消除石膏雨、“有色烟羽”等现象
浙江杭州	《锅炉大气污染物排放标准》征求意见稿(DB—201)	新建锅炉实施之日起执行高标准，现有锅炉实施之日起一定期限内，执行低标准，2022-07-01 起执行高标准	SO_3：高标准 $5mg/m^3$，低标准 $10mg/m^3$ 氨气：燃煤热电锅炉及 65t(含)以上燃煤锅炉，掺烧、污泥锅炉 $2.5mg/m^3$，其他 $8mg/m^3$ 管理要求：锅炉应采取烟温控制及其他有效措施，消除石膏雨、“有色烟羽”等现象
天津	《火电厂大气污染物排放标准》(征求意见稿)	新建电厂自实施之日起执行烟气排放高标准和烟气温度湿度标准，现有锅炉自 2018-07-01 或 2018-10-01 起执行超低排放标准，2019-07-01 执行烟气温度湿度标准	烟气排放高标准：颗粒物 $5mg/m^3$，SO_2 $10mg/m^3$，NO_x $30mg/m^3$；超低排放：颗粒物 $5mg/m^3$，SO_2 $35mg/m^3$，NO_x $50mg/m^3$；烟气排放温度：非采暖季(4～10 月)48℃，采暖季 45℃；烟气湿度排放：非采暖季(4～10 月)9.5%，采暖季 8.5%；燃煤发电锅炉采取相应技术降低烟气排放温度和含湿量后，可利用余热对烟气再加热
天津	市环保局《关于进一步加强我市火电、钢铁等重点行业大气污染深度治理有关工作的通知》	2017-10-23 发布，索引号 000125575/2017—03732	本市行政辖区内的发电燃煤锅炉(已安装湿式电除尘设备的可除外)、供暖燃煤锅炉、工业燃煤锅炉、钢铁烧结机、垃圾焚烧炉等应采取烟温控制及其他有效措施消除石膏雨、“有色烟羽”等现象。即通过采取相应技术降低烟气排放温度和含湿量，收集烟气中过饱和水蒸气中水分，减少烟气中可溶性盐、硫酸雾、有机物等 CPM 的排放
河北唐山	《2018 年生态环境保护重点工作》	45 家钢铁企业 2018 年 10 月底完成；17 家燃煤电厂 2018 年 9 月底完成	钢铁企业实施烧结(球团)烟气脱硝、湿法脱硫烟气“脱白”、燃煤电厂(含自备电厂、煤和其他能源混烧电厂)湿法脱硫烟气“脱白”治理
河北邯郸	《关于强力推进当前大气污染综合治理几项重点工作整改的实施意见》	2017 年 12 月底前完成治理改造	任务：实施“白烟”治理工程，达标排放到位。全面开展电力、钢铁、焦化等重点行业企业烟筒冒“白烟”治理工程

续表

地方	规定来源	生效日期	相关规定内容
山西临汾	《关于印发全市生态环境治理"春季攻势"行动方案的通知》	2018年3月底前，全市所有钢铁、焦化、火电企业启动烟羽"脱白"治理，9月底前完成并正常运行	重点行业烟羽"脱白"治理

目前我国广泛应用的低低温电除尘、复合塔脱硫、湿式电除尘等超低排放技术，对以 SO_3 为主的可凝结颗粒物具有良好的协同脱除效果。

一是低低温电除尘对以 SO_3 为主的可凝结颗粒物有良好的协同脱除效果，去除效率在44%～87%之间，平均去除效率超过65%，合理控制烟气温度是保证其发挥最佳脱除效能的关键。

二是空塔、海水、单托盘、双托盘、旋汇耦合等脱硫技术对以 SO_3 为主的可凝结颗粒物的去除效率依次在18%～86%之间，旋汇耦合及托盘等复合塔技术由于强化了气液接触，对以 SO_3 为主的可凝结颗粒物去除效率更高。上述技术脱硫出口以 SO_3 为主的可凝结颗粒物浓度在2.2～67.1mg/m^3 之间，大部分高于6mg/m^3，主要受原煤硫含量及运行工况等影响。

三是湿式电除尘器入口以 SO_3 为主的可凝结颗粒物浓度在0.5～67.1mg/m^3 之间时，出口以 SO_3 为主的可凝结颗粒物排放浓度稳定在5mg/m^3 以下，是较为有效的可凝结颗粒物控制技术。

典型设备各污染物协同脱除及典型污染物治理技术间的协同脱除作用见表5-6、表5-7。

表5-6 典型设备各污染物协同脱除

设备名称	污染物		
	烟尘	SO_3	Hg
脱硝装置	—	脱硝催化剂会促使部分 SO_2 转化为 SO_3	采用高效汞氧化催化剂，将零价汞(Hg^0)氧化为二价汞(Hg^{2+})
热回收器	烟气温度降至酸露点以下，绝大部分 SO_3 在烟气温度降温过程中凝结并被粉尘吸附	绝大部分 SO_3 被粉尘吸附	在较低温度下会增加颗粒汞(Hg^P)被烟尘捕获的机会
低低温电除尘器	粉尘性质发生了很大变化，使粉尘比电阻降低，烟气击穿电压升高、烟气量减小，除尘效率提高	绝大部分 SO_3 随烟尘被一起脱除	颗粒态汞(Hg^P)、二价汞(Hg^{2+})被颗粒物吸附并去除
湿法脱硫装置	(1)因除尘器出口粉尘粒径增大，湿法脱硫装置协同除尘效应得到大幅提高； (2)因脱硫浆液的洗涤作用，被进一步脱除； (3)合适的吸收塔流速、较好的气流分布、优化喷淋层设计及采用高性能的除雾器，可实现较低的烟尘排放	对 SO_3 有一定的脱除作用，其脱除率一般为30%～50%	(1)颗粒态汞(Hg^P)和二价汞(Hg^{2+})在湿法脱硫装置中被吸收； (2)部分二价汞(Hg^{2+})被还原为零价汞(Hg^0)，不利于汞脱除

续表

设备名称	污染物		
	烟尘	SO_3	Hg
湿式电除尘器	粉尘性质发生明显变化，且可根本上消除“二次扬尘”，除尘效率大幅提高，并可达到极低的烟尘排放限值	对 SO_3 有较好的脱除作用，脱除效率一般可达到60%左右	可去除烟气中部分颗粒态汞(Hg^P)和二价汞(Hg^{2+})

表 5-7 典型污染物治理技术间的协同脱除作用

污染物	脱硝	热回收器	低低温电除尘器	湿法脱硫	湿式电除尘
PM	基本无作用或无作用	间接协同作用	直接作用	直接协同作用	直接作用
SO_2	基本无作用或无作用	基本无作用或无作用	基本无作用或无作用	直接作用	基本无作用或无作用
SO_3	反作用	间接协同作用	直接作用	直接协同作用	直接作用
NO_x	直接作用	基本无作用或无作用	基本无作用或无作用	直接协同作用	基本无作用或无作用
Hg	间接协同作用	间接协同作用	直接协同作用	直接协同作用	直接协同作用

超低排放技术协同控制燃煤电厂烟气中以 SO_3 为主的可凝结颗粒物已有良好效果，可凝结颗粒物控制方法目前主要为此三类技术。

5.4.1 低低温电除尘

为降低除尘器入口烟气温度至酸露点以下，通常在除尘器入口处加装烟气冷却器或热回收器和再加热器将烟气温度换热至90℃左右。温度降低后，烟气中绝大多数气态 SO_3 及其他可凝结颗粒物冷凝成为气溶胶、颗粒物。烟气中烟尘表面结构复杂，比表面积大，为气溶胶、颗粒物等物质的附着提供了良好的条件，这些气溶胶、颗粒物吸附在烟尘上，能够降低除尘器中烟尘的比电阻，被除尘器同烟尘一起脱除。烟气温度降低后，烟气流量减小、流速降低，烟尘在除尘器中停留时间变长，有效提高了除尘器运行的击穿电压，提高了除尘效率，同时可除去大部分可凝结颗粒物。低低温电除尘器系统示意图，见图5-10。

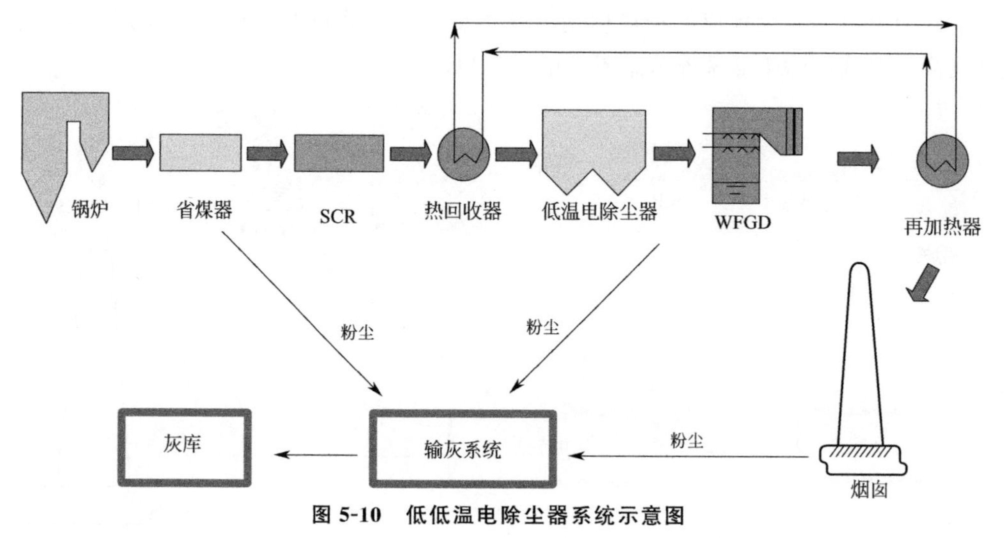

图 5-10 低低温电除尘器系统示意图

该技术适用条件：

① 灰硫比>100；

② 煤种：低硫煤或中硫煤且灰分较低；

③ 出口烟尘浓度：出口烟尘浓度要求＜$15mg/m^3$ 时，电场数≥5 个；

④ 煤种除尘难易性：容易或较易，比集尘面积≥$130m^2/(m^3/s)$；一般，比集尘面积≥$140m^2/(m^3/s)$；

⑤ 对于灰硫比过大、含硫量高、飞灰中碱性氧化物（主要为 Na_2O）含量高的煤种，烟尘性质改善幅度小，对低低温电除尘器提效幅度有一定影响。

5.4.2 复合塔脱硫

燃煤电厂复合塔脱硫是指运用托盘、错流、分区、单塔双循环、旋回耦合等技术的脱硫塔。复合塔在原有空塔基础之上，通过结构改造，均匀分布烟气在脱硫塔内流速、优化塔内传质、传热和反应进度，提高烟气在塔内停留时间，提高气液接触，强化气液传质，有效降低液气比。复合塔脱硫可更好提高脱硫效率，也可增大可凝结颗粒物与浆液接触的概率，提高可凝结颗粒物脱除效率。

5.4.3 湿式电除尘器

湿式电除尘器是用电极吸附烟气中的粉尘而后用水冲洗电极上的粉尘，在通有直流高压电的作用下，周围产生电晕层，空气在电晕层中电离，电离产生的负离子与粉尘和颗粒物发生碰撞并吸附在其表面荷电，经过荷电后的粉尘、颗粒物在静电场作用下，被集尘极收集，水流从集尘极顶部流下形成稳定的水膜，然后将收集的粉尘、颗粒物清除。湿式电除尘器主要用于去除经脱硫塔后烟气中剩余的粉尘、酸雾、可凝结颗粒物等有害物质，是目前可凝结颗粒物及“有色烟羽”控制的有效手段。湿式电除尘器（WESP），根据其阳极选用不同结构类型可分为三大类：金属极板、导电玻璃钢和柔性极板。随着超低排放的实施，WESP 已得到大规模的推广应用，其中金属极板式已在国外电厂应用多年，技术成熟度高。湿式电除尘器系统示意图，见图 5-11。

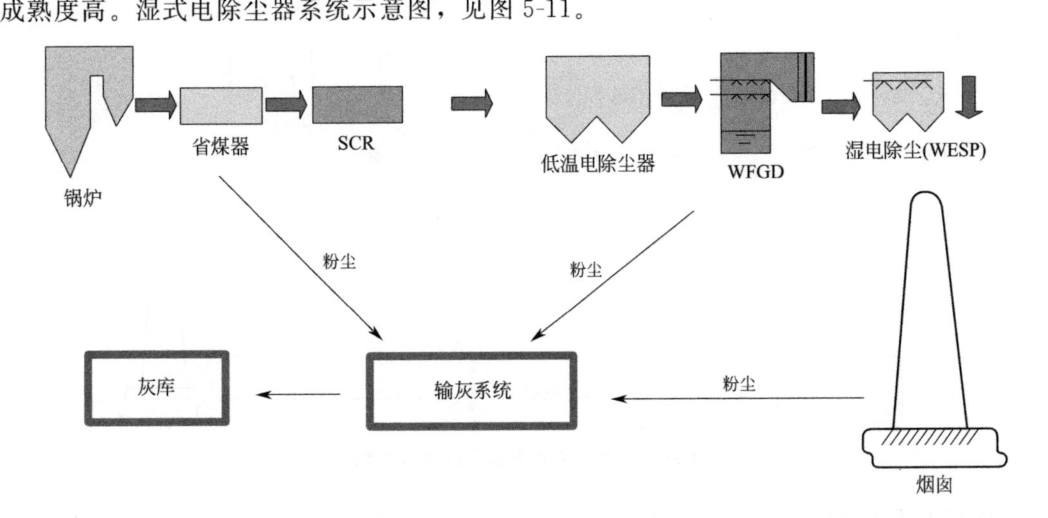

图 5-11 湿式电除尘器系统示意图

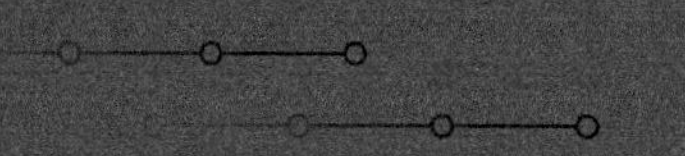

第6章 燃煤电厂其他非常规污染物的产生、测试及控制

6.1 燃煤电厂重金属的产生、测试及控制

煤炭作为我国重要能源，在我国的能源消费中占有极大的比例。我国电力行业中占主导地位的仍是燃煤火力发电，预计在今后相当长时间内，其比例仍保持在65%左右。在大量燃烧煤带来工业发展的同时也造成了环境危害，尤其是痕量重金属元素的污染。

随着人们对环境质量要求的不断提高，煤燃烧过程中潜在有毒痕量重金属元素的排放引起了世界各国的重视，一些发达国家已制定了相应的排放标准。联合国欧洲经济委员会对于大气中重金属元素的污染已达成了协议，并于1998年颁布了草案，草案要求成员国降低固定源中汞、铅和镉的排放。目前，许多国家都制定了减少重金属元素排放的法规和计划，美国国家环保局（EPA）规定：要尽量利用各种先进的技术控制，减少燃烧过程中重金属元素的排放，特别是资源保护与回收法（RCRA）和清洁空气法（CAA）中已确定的14种限制排放的重金属元素。澳大利亚也已对煤燃烧过程中有毒重金属元素的排放制定了排放标准或指导值。

6.1.1 重金属的种类及产生

6.1.1.1 燃煤电厂重金属的种类

有害痕量元素是指含量小于1.0%的有毒元素、腐蚀性元素、放射性元素、致病元素以及其他对环境有害元素的总称。有害痕量元素理论上应包括：氟(F)、氯(Cl)、镉(Cd)、汞(Hg)、铬(Cr)、铅(Pb)、砷(As)、铍(Be)、镍(Ni)、钍(Th)、铀(U)、锑(Sb)、碲(Te)、锗(Ge)、锡(Sn)、镓(Ga)、铟(In)、钋(Po)、镭(Ra)、锶(Sr)、钡(Ba)、锂(Li)、钴(Co) 等。

重金属是指密度在$5000kg/m^3$以上的金属元素，燃煤过程中所产生的有毒痕量金属元素基本属于此范围，因此，可以将燃煤过程排放的痕量有毒金属元素称为重金属元素。美国环保协会报道称：燃烧装置中排放的大气污染物中最重要的有害物有硫氧化物、氮氧化物、有机成分（如苯并芘）、未燃尽可燃物以及重金属等，其中重金属排放物对环境的危害最大。

过去，废物和垃圾焚烧所造成的重金属污染是欧美国家主要关注方向。近年来，由于燃煤电厂的增加，除了关注二氧化碳，二氧化硫，氮氧化物的排放重金属污染排放问题也在世界范围内引起了广泛的关注。在我国，随着人们对环境保护意识的不断提高和认识的深入，对重金属污染排放的限定必然会越来越广泛和严格。

煤炭中对环境和人类健康造成危害的痕量重金属元素有汞、铬、镉、镍、砷、铅、锌、锡、钒和钴等。从元素的物理特性及化学性质上看，易挥发并能富集在飞灰上，或是可直接排放进入大气中。其中大部分元素被美国、日本、法国、英国、中国等国家列入有毒空气污染物中。

煤中痕量元素主要分为以下 6 类：

1 类：砷、汞、铅、硼、锡、钼、硒；

2 类：铬、氟、铜、镍、锌、钒；

3 类：钡、溴、氯、钴、锗、锂、锰、锶；

4 类：铀、钋、镭、钍、氡；

5 类：铊、铍、锡、银；

6 类：除上述五类的其余痕量元素。

其中，1 类元素需要特别关注；2 类元素需要关注；3 类元素需要加以关注；直至 5 类元素，对环境基本无害，从上向下需要关注的程度逐渐下降。

燃煤电厂的重金属污染主要来源于煤炭的燃烧。在煤燃烧过程中，部分易挥发的重金属（如：Hg、As、Pb、Zn、Ni、Cd、Cu 等）极易气化挥发进入烟气，随飞灰颗粒一起经过烟道，到达烟囱并逐渐降温。气态重金属被飞灰颗粒吸附，一部分经冲灰渣水排至贮灰场，一部分随烟气释放到大气中。在这一过程中，灰渣中部分可溶的重金属元素将转入水中，如果冲灰渣水外排至江河，还可能造成环境水体污染。

(1) 汞 (Hg)

大气中汞污染的重要来源是汞冶炼、有色金属冶炼和化石燃料燃烧等。汞在自然界以金属汞、有机汞和无机汞的形式存在。有机汞包括甲基汞、二甲基汞、苯基汞和甲氧基乙基汞等；无机汞有一价和二价化合物。汞在地壳中的含量为 1600 亿吨，其中 99.98%呈稀疏的分散状态，0.02%富集于可以开采的汞矿床中。含汞矿物主要有辰砂、黑辰砂、硫汞锑矿和汞黝铜矿等。土壤中的汞主要来自成土母岩，岩石中汞含量平均为 0.08μg/g。页岩含汞量最高，为 0.4μg/g；花岗岩最低，为 0.01μg/g。汞在自然界的主要转化形式为汞的甲基化，植物可通过根系吸收金属汞或甲基汞。我国土壤中汞含量为 0.005～2.240μg/g，大多数低于 0.1μg/g。大气中汞的本底含量为 1～10ng/m^3；天然水体中汞含量很低，海水、湖水≤1.0ng/g；植物中都含有微量汞，为 1～100ng/g。

(2) 铅 (Pb)

铅在地壳中的含量为 13μg/g。铅的主要来源是火成岩和变质岩。铅在自然界多以硫化物和氧化物存在。常见的矿物有方铅矿（PbS）、白铅矿（$PbCO_3$）和铅矾（$PbSO_4$）。世界土壤中铅含量大部分为2～200μg/g，平均为20μg/g，我国土壤平均含铅25μg/g。未污染大气中铅的浓度为0.0001～0.001μg/m^3；淡水中含铅量为0.06～120ng/g，中间值为3ng/g。海水中铅含量低于淡水，为0.03～13ng/g，中间值为0.1ng/g。植物中的自然含铅量变化很大，大多数植物含铅量为0.2～3.0μg/g，某些水生植物含铅量达106μg/g。矿山开采、金属冶炼、汽车尾气、燃煤和油漆涂料等都是环境中铅的主要来源。铅的主要价态有+2价和+4价，通常以二价离子状态存在。大气中铅主要吸附在悬浮颗粒物中。植物可通过根系和茎叶气孔吸收土壤和大气中的铅。铅在天然水中主要以Pb^{2+}形态存在，土壤中铅主要以$Pb(OH)_2$、$PbCO_3$和$PbSO_4$固体形态存在。

(3) 砷 (As)

砷在地壳中的平均含量为2μg/g。大气中的自然含砷量为15～53ng/m^3。大气中砷的人为输入源主要是砷矿冶炼、金矿及其他矿业冶炼，化石燃料的燃烧也将大量的砷引入环境。含砷矿物主要有砷黄铁矿（FeAsS）、雄黄（AsS）、雌黄（As_2S_3）等，但砷多伴生于铅、铜、锌等硫化物中，与黄铁矿、黄铜矿、闪锌矿共生。土壤中含砷量一般约为6μg/g，而我国土壤平均含砷量为10μg/g左右。淡水自然含砷量为0.2～230ng/g，平均为1.0ng/g；海水中含砷量为0.5～10ng/g，平均为2.6ng/g；黄河、长江、珠江沉积物中砷含量分别为7.5μg/g、9.6μg/g和17.0μg/g。生物体中都含有微量的砷，多数陆生植物的自然含砷量在1.0μg/g以下。但是海洋植物含砷量高，如海藻中的砷含量可达17.5μg/g。由于砷存在+5、+3、0和-3等几种价态，所以砷在环境中的化学行为较为复杂。环境中的砷化合物可以发生络合、氧化还原、沉淀、甲基化以及生物化学等反应，因此，各种形态的化合物在一定条件下相互转化。砷在环境中的化学形态有多种：亚砷酸盐（AsO_3^{3-}）、甲基砷酸（$H_2AsO_3CH_3$）、砷酸盐（AsO_4^{3-}）、三氢化砷（AsH_3）、二甲基胂[$HAs(CH_3)_2$]、二甲基砷酸盐[$(CH_3)_2AsO_3H$]和三甲基胂[$As(CH_3)_3$]等，砷化合物最主要的是三氧化二砷（As_2O_3）。

(4) 镉 (Cd)

镉是一种稀有的分散元素，它在岩石中的含量多低于1μg/g。含镉矿物主要有硫化镉（CdS）、碳酸镉（$CdCO_3$）和氧化镉（CaO）等。世界土壤含镉量为0.01～0.2μg/g，平均为0.035μg/g。我国土壤中含镉量为0.010～1.800μg/g，平均为0.163μg/g，低于世界土壤平均值。大气中镉的平均含量为1～50ng/m^3。镉在大气中的分布规律是冶炼厂>工业区>城市>乡村>海洋。天然水中镉含量很低，为0.01～3ng/g，中间值为0.1ng/g。植物体中镉含量都很低，大部分在1μg/g以下。燃煤、冶炼、石油燃烧以及垃圾焚烧处理都能导致镉对大气环境的污染。自然界环境中，镉主要以Cd^{2+}存在，有时也以Cd^+存在。镉的化合物最常见的为氧化镉、氢氧化镉、卤化镉、硫化镉和硝酸镉等。镉在环境中的存在形态可分为难溶性镉、吸附性镉和水溶性镉。

(5) 铬 (Cr)

铬的地壳丰度为100μg/g，大气中铬含量为0.04μg/m^3。我国土壤中铬含量一般小于

100μg/g，平均为82μg/g。海水中铬含量为0.05～0.5mg/L，地表水中为9.7mg/L。植物体内含有微量的铬，一般海生植物为1μg/g，大多数陆生植物在0.5μg/g以下。铬的主要矿物有氧化物、硫化物、氢氧化物、铬酸盐和硅酸盐，其中氧化物是铬的主要工业矿物。铬以含铬粉尘形式排入大气中。金属冶炼、耐火材料制备、化石燃料燃烧以及化学工业等排放的含铬粉尘扩散面大、污染面广、危害大。铬通常有Cr^{2+}、Cr^{3+}和Cr^{6+}等氧化态。在天然水系中，Cr^{3+}和Cr^{6+}是两种主要的氧化态。在水体和土壤中铬主要有四种离子形态：$Cr_2O_7^{2-}$、CrO_4^{2-}、CrO_2^-、和Cr^{3+}。

(6) 锌 (Zn)

锌是自然界分布比较广的金属元素，地壳中锌的平均含量为70μg/g。主要以硫化锌和氧化锌两种形态存在。常见的矿物有闪锌矿（ZnS）、菱锌矿（$ZnCO_3$）、红锌矿（ZnO）等。土壤中锌含量为25～100μg/g，平均为50μg/g。我国土壤含锌量为3～709μg/g，中间值为100μg/g，比世界土壤含锌量高。大气中含锌较低，锌含量与工业污染关系密切，大气中锌浓度的分布为工业区＞商业区＞居民区。城市地区大气悬浮颗粒物中锌的含量仅次于铁，比其他重金属高。锌在海水中浓度为10ng/g，天然水中为1～100ng/g，平均为10ng/g。我国天然水中含锌量为2～330ng/g，锌在植物体内自然含量为1～160μg/g。大气中锌主要是由熔锌、焙烧硫化矿物、冶炼其他含锌杂质的金属产生的，煤燃烧、垃圾焚烧等也是大气中锌的来源之一。在天然水中锌以Zn^{2+}状态存在，锌是最容易迁移的重金属元素之一。锌能够和腐殖酸络合，也可与普通配位体生成络合物。

6.1.1.2 燃煤电厂重金属的产生及分布

煤中重金属元素和矿物质作为煤的一部分被带入燃烧系统。由于这些重金属元素在煤中的存在形式以及化学性质的不同，导致它们在燃烧过程中的特性也不同。重金属元素在煤燃烧过程中的排放途径有烟气、飞灰、底灰、脱硫装置排渣。如Hg、As、Pb、Zn、Cu、Ni、Cd等容易挥发的重金属汽化后以气态的状态停留在烟气中，随着烟气温度的逐渐降低，重金属发生化学反应、物理吸附和化学吸附等作用。部分重金属元素在高温燃烧时难以汽化，在燃烧过程中被飞灰和底渣（炉渣、炉灰）吸附，存留于飞灰和底渣（炉渣、炉灰）中，在飞灰和底渣（炉渣、炉灰）中，可以检测到炉前煤中所含有的全部痕量元素。采用相同分析方法分析不同工况条件下、不同类型锅炉中燃煤后的排放物飞灰（除尘器入口飞灰、除尘器出口飞灰、被除尘器捕获的飞灰）和底渣（灰渣、炉灰），就会发现煤在燃烧产物中重新分配的转化和迁移规律。另一部分重金属被飞灰颗粒吸附而富集于飞灰中；剩余未被吸附的重金属与烟气一同排入大气中。

经过复杂的物理化学作用过程后，各类重金属分别向烟气、飞灰、炉渣和底灰中转移得以重新分配。这个再分配过程分别与煤中元素的物理化学特性、高温燃烧时的挥发性表现、元素在煤中的分布赋存形式、煤中有机碳总量以及燃烧中硅酸盐矿物含量等因素有关。其中可挥发的痕量元素在燃烧气化后一部分可再向固态形式转化并在飞灰中聚集，一部分散发到大气环境中；最具挥发性的痕量元素大多穿过除尘系统和脱硫系统进入到大气环境中；与大多数常量元素一样，不挥发的痕量元素主要存在于底渣和飞灰中。

① 通过煤燃烧，大部分的痕量元素在底渣、飞灰中的富集因子都大于或者远远大于10，说明绝大多数富集在底渣或者飞灰中。同一元素在不同燃烧条件下和不同煤样条件下也不完全一样。

② 元素的亲属性与它们的转化行为之间有密切关系。无机元素在煤中的赋存形式既可以是以溶解状态存在于矿物之中的，也可以与有机质结合，还可以是单质、氧化物、硫化物。它们的存在形式可以影响燃烧的特征，如赋存于矿物体中的元素不易气化，而存在于有机物中的元素在燃烧时更易于挥发。亲硫元素（如As、Cd、Pb、Co、Mo、Zn、Sb、Se、W）燃烧时很易挥发，它们主要以硫化物形式存在，高温下分解产生还原条件，使硫与金属发生分离。同时这些元素在燃烧时很容易产生部分气化。卤族元素（Cl、Br和I）以及S、Se等在煤燃烧时几乎全部挥发掉，少数元素如Cs、K和V则部分挥发掉，大部分元素保留或富集在煤渣中。

③ 煤中痕量元素分散到各种产物中，弱挥发性元素也不全留在底渣中，在飞灰中也都检测得到；强挥发性元素不仅在飞灰中能检测到，在底渣中也会有少量残存。灰渣中部分可溶的微量重金属元素会因雨水等冲洗、渗透浸入地表水或地下水中，对环境水体造成污染。

④ 排入大气中的重金属元素随着温度的降低，会通过成核、凝聚、凝结等方式富集到亚微米颗粒表面。气溶胶是亚微米颗粒在大气中的主要存在形式，不易沉降。由于重金属元素不易被微生物降解，并且在生物体内沉积，容易转化为毒性很大的金属有机化合物，给环境和人类健康造成危害。

6.1.2　重金属的危害

重金属环境污染中最受人们关注的元素有Hg、Cr、Cd、Pb、As、Zn等元素。美国环境保护协会报道“燃烧装置中排放的大气污染物中最重要的是有害的有机成分（如苯并芘）、硫化物、氮氧化物、未燃尽可燃物以及重金属，其中尤以亚微米量级颗粒形式存在的重金属排放具有最大的威胁性。”这些重金属及其化合物即使在浓度很低的情况下，也具有很强的毒性，会对大气、土壤和水等生态环境造成严重的污染，其中，最主要的是对人体的直接伤害。

水体中的微生物不能对重金属及其化合物进行微生物降解，只能发生重金属迁移。重金属及其化合物被生物从环境中摄取，经过食物链的生物放大作用，逐级在较高级的生物体内成千万倍地富集起来，再通过食物进入人体，引发某些器官和组织发生病变。从燃烧炉排放的污染物中最有害的是重金属、有机物（如苯并芘）、硫化物、氮氧化物和未完全燃烧物，其中威胁最大是以亚微米颗粒形式存在的重金属排放物，是造成绝大多数癌症的主要原因。

煤的燃烧过程中痕量重金属会被释放，通过迁移并富集在飞灰粒子（亚微米的细小颗粒）上，它们在大气中有很长的驻留期，不易降解，在生物体内沉积，并转化为毒性更大的有机化合物。

6.1.2.1 重金属污染的特点

1848年，Richardson在煤中首次发现Zn和Cd元素。多数元素以痕量级浓度存在于煤中，就赋存状态而言，可分为与无机结合的、与有机结合的，或者二者兼有，这些元素以多种形态在煤中产生。一般而言，大多数元素一部分是与无机矿物质结合的，一部分是与有机质结合的。而且与矿物无机质结合的部分贡献了煤中该元素丰度的大部分。这些矿物分属于氧化物矿物、硫化物矿物、氢氧化物矿物、硅酸盐矿物、碳酸盐矿物、硫酸盐矿物以及少量的自然单质元素。

从对人体和生物的危害及毒性方面看，重金属污染的特点表现如下：

① 某些重金属及其化合物即使在浓度很低的情况下，也具有十分大的毒性。对生态环境（大气、土壤、水源等）造成污染，对人体造成直接性的伤害。

② 微生物不能对重金属及其化合物进行微生物分解，生物从环境中摄取重金属及其化合物，经食物链的生物放大作用逐级富集，通过食物进入人体，在人体的某些器官中沉积造成慢性中毒，影响人体健康。

③ 重金属及其化合物的毒性大都是通过与机体结合发挥作用。

根据美国国家环保局（EPA）的推测，美国排放到大气中的汞为150t/a，其中约三分之一的排放量来自燃煤电厂，约48t/a。大气中汞的主要形式是单质汞。单质汞具有较低的水溶性和较高的挥发性，极易在大气中通过长距离的大气运输形成全球性的汞污染。大气中汞的重要来源是燃煤的排放，在煤燃烧过程产生的烟气中汞的含量一般为10μg/m^3左右，大部分是气相，存在于烟气中；小部分为固相，存在于底灰中。越来越多的汞通过湿沉降或干沉降污染水体，经生物反应后形成具有剧毒的甲基汞，在鱼类和其他生物体内沉积富集，最终会循环进入人体，给人类带来极大的健康隐患。

6.1.2.2 重金属及其化合物对人体健康的常规危害

重金属的危害在于：重金属不能被微生物分解且能在生物体内富集形成毒性更强的化合物。在环境中重金属经历生物和地质双重循环迁移、转化，最终通过食物、水源、大气等渠道，以粉尘颗粒、气溶胶或蒸气等形式被人体吸收。

重金属及其化合物有极强的毒性。如化合态的镉和铅、重金属单质如汞，都是常见的全身毒物，不但可以从食品、水源进入体内，有些还可以以蒸汽形式进入体内。

颗粒较大的不溶性重金属颗粒沉淀于上、下呼吸道黏膜上，可经黏液纤毛清除作用随痰排出，其中一部分可进入消化系统；当重金属颗粒小于0.1μm时，可经肺泡上皮组织扩散至淋巴管，进入血液循环；沉着于肺泡内的微粒大部分经巨噬细胞的吞噬作用被清除，进入淋巴系统，或存留于附近淋巴结内，或被转运至肝、胃肠道。重金属蒸汽不易溶于水，可直达肺泡，进入血液循环。重金属不仅危害人体的呼吸系统，也会随着血液循环，在体内长期积蓄，有的会与体内某些有机物结合并转化为毒性更强的金属有机化合物。

6.1.2.3 各种重金属成分的具体危害

对人体毒害最大的重金属元素有Hg、As、Cd、Cr、Pb、Zn等。水体中的微生物不能对这些重金属进行微生物分解，这些重金属与水中的其他毒素结合生成毒性更大的有机物或无机物，人饮用后毒性增大。人身体出现的头痛、头晕、失眠、健忘、神经错关节疼痛、结石、癌症（如胃癌、乳腺癌、肝癌、肠癌、膀胱癌、前列腺癌）、畸形儿及乌脚病等病症均有可能是由这些重金属及其化合物引起的。

(1) 汞的危害

大气中的汞通过干、湿沉降回到表生生态环境中，加速了汞在水生生态系统食物链中富集的强度和速度，对人类的生存构成了潜在威胁。造成汞环境污染的来源主要是人为和天然释放两个方面。从局部污染来看，人为污染是主要污染来源。

全球每年约有 34%的汞排放来自煤炭燃烧，燃煤过程向大气中排放汞造成的污染是人为汞污染的主要来源，也是大气中汞的主要来源。2000 年我国人为汞排放约 605t，占全球排放总量的 28%。联合国环境规划署在 2003 年初，发表的一份调查报告指出：燃煤电厂是最大的人为汞污染源。我国每年排放到大气中的汞约为 220t，其中电厂的排放量为 78t，约占汞排放总量的 35%。联合国环境规划署（UNEP）和北极监测与评估机构（AMAP）在《全球汞评估报告》中指出：2010 年，中国人为源大气汞排放量约为 583t，占全球总排放量的 1/3。表 6-1 为 2010 年世界各地区汞排放量。由表可知，在 2010 年，全球范围内人为汞的排放量约为 1960t。在全球人为汞的分布中，北半球排放量巨大，而汞浓度较大的区域有亚洲、非洲北部、欧洲中部和北美洲东南部等，这些地区都是人口较密集或经济较发达的地区，因此，人类活动是导致汞污染加剧的重要原因之一。由于亚洲的人口巨大，能源消耗也逐年增加，因此人为汞的排放量也会不断增加，整个亚洲的汞排放量几乎达到了全球汞排放总量的 1/2。人为汞的排放量在北美洲和欧洲呈下降的趋势，但是预计全球汞的排放总量仍将持续增加。

表 6-1　2010 年世界各地区汞排放量

地区	排放量/t	比例/%
澳大利亚、新西兰和大洋洲	22.3(5.4～52.7)	1.1
中美洲	47.2(19.7～974)	2.4
欧洲独联体(C1S)和其他欧洲国家	115(42.6～289)	5.9
东亚和东南亚	777(395～1690)	39.7
欧盟(EU27)	87.5(44.5～226)	4.5
中东	37.0(16.1～106)	1.9
北非	13.6(4.8～41.2)	0.7
北美洲	60.7(34.3～139)	3.1
南美洲	245(128～465)	12.5
南亚	154(78.2～358)	7.9
撒哈拉以南非洲	316(168～514)	16.1
其他	82.5(70.0～95.0)	4.2
总计	1957.8(1010～4070)	100

汞及其化合物的排放会对生态环境（包括水、土壤以及大气）产生污染，汞不能被微生物分解且能在生物体内富集形成其他毒性更强的化合物，再在人体内沉积并转化，对人类的身体健康产生直接或间接的危害。汞及其化合物具有很强的生物毒性，汞危害问题已引起国际环境、卫生界的极大关注。

在我国，贵阳市雨水样品中的汞含量平均值约为36ng/L，是全球雨水中汞含量背景值（10ng/L）的3.6倍；郑州市使用含汞煤燃烧，大气汞污染加剧，其雨水中汞含量最高值为0.136mg/L，是饮用水汞含量标准要求的136倍，该地区的地表水与地下水中的汞含量也普遍接近我国饮用水标准的极限标准值（0.001mg/L）。

汞的毒性以有机汞化合物的毒性最大。其中以甲基汞致病最严重。甲基汞能使细胞的通透性发生改变，从而破坏了细胞离子平衡，抑制营养物质进入细胞，并引起离子渗出细胞膜，导致细胞坏死，肾功能衰竭。甲基汞还能引起神经系统的损害，在末梢神经中感觉神经元出现强烈的变性，而中枢神经中各处均可造成神经细胞变性、脱落，发生感觉障碍。同时，甲基汞侵入机体，与—SH基结合形成硫醇盐，使一系列含—SH基酶的活性受到抑制，这些酶包括细胞色素酶、氧化酶、琥珀酸脱氢酶、琥珀酸氧化酶、葡萄糖脱氢酶等，它们与甲基汞结合失去活性，从而破坏了细胞的基本功能和代谢，破坏了肝脏细胞的解毒作用，中断了肝脏的解毒功能，损害了肝脏合成蛋白质的功能及其他功能。

甲基汞的毒性主要为神经毒性，神经系统和大脑被视为发生甲基汞中毒的靶器官，典型症状为视野收缩、震颤、构音障碍、运动性共济失调、听觉错乱以及末梢感觉错乱。大多数地区汞的本底浓度都是相对安全的，并不会造成对人体的损害。但是，由于人类开发和使用汞造成汞的加速释放，导致了汞的环境污染。例如：我国第二松花江汞的污染；日本由于汞，污染造成震惊世界的水俣病。水俣病的致病物质就是甲基汞，第一例水俣病在1953年的日本水俣镇被发现，到1972年发现了约280个病例，其中约有60人死亡，仅水俣镇受害的居民就有10000多人。这类病症最主要成因是使用汞盐做催化剂生产氯乙烯和乙醛，生产废水中含有大量的汞盐，汞盐随着生产废水排出并沉积在污泥中，然后汞盐又被微生物作用转化成为甲基汞，随水生生物食物链传递使得甲基汞进入鱼体等生物中，人吃了含甲基汞的鱼、贝类等，造成人类的汞中毒。

无机汞的毒性主要表现为肾脏毒性和中枢神经毒性。汞蒸汽暴露的最敏感的靶器官就是中枢神经系统，其比较典型的症状包括：情绪不稳定、失眠、注意力不集中、记忆衰退、震颤、肌肉神经功能变化、说话震颤、视力模糊、头痛以及综合性神经异常等。与中枢神经系统相同，肾脏也是汞蒸汽暴露的主要器官。无机汞的毒性还表现在：呼吸系统毒性、消化系统毒性、心血管疾病影响、致癌性、免疫系统影响、生殖毒性和皮肤毒性等。

无论是汞蒸汽、有机汞化合物还是无机汞化合物都会引起植物汞中毒，是危害植物生长的重要因素。若土壤中含汞量过高，不仅对植物产生毒害，还会在植物体内累积。喷施的有机汞农药、雨水、大气中的汞化合物、尘埃以及土壤中的汞蒸汽都能被植物吸收，吸收量过大时，叶片就会遭受损害。而且汞被植物吸收后转移到农作物中并沉积，经人食用进入体内，会对人体造成损害。

汞及其化合物被人体吸收主要有三种途径：

一是消化道。肠道对金属汞或离子型汞的吸收率较低，其平均吸收率仅为7%左右。所以，一般情况下通过食物和饮水摄入的金属汞或离子型汞不会引起中毒。但对于大部分有机汞化合物，95%以上易被肠道吸收。

二是呼吸道。金属汞主要以汞蒸汽经呼吸道进入人体，汞蒸汽经肺泡吸收的量较高，肺泡吸收的汞量占吸入汞量的78%左右。

三是皮肤吸收。汞在金属中是较富于脂溶性的，通过皮肤侵入人体，被血液吸收后迅速弥散到全身各器官。

人体对汞具有一定的排毒和解毒能力，与人体组织和血液中蛋白质的硫基能迅速结合，并逐渐在具有解毒功能的肾脏和肝脏中汇集，它们一边将汞暂时蓄积起来，一边将汞排出。随着进入人体汞含量的增加，体内蓄积的汞量也增加。体内蓄积汞量的 80%左右是由肾脏完成的，以肾皮质的含汞量最高。当肾脏对汞的蓄积能力超出范围，与汞结合的肾内金属硫蛋白质耗尽时，就会引起肾脏损害，肾脏的排汞能力也将随之降低。

（2）铅的危害

汽车废气是大气铅污染的主要来源。大气铅污染的另一个重要来源就是煤燃烧产生的工业废气。煤燃烧过程中产生的粉煤灰一部分进入了大气，其中 1/3 的灰分排入大气中形成飘尘，飘尘成为铅进入大气的良好载体，之后随着可吸入颗粒物进入了人体肺部，沉淀于肺泡中。人体吸入的可吸入颗粒物中只有少部分沉积于肺泡中，其中约 90%都随着呼吸排出了体外。而铅则不同，在呼出可吸入颗粒物的同时，将铅滤下，残留于肺中。这样即使在低浓度的铅环境中，只要长期作业，可吸入颗粒物吸附的铅就会在肺部湿润、弱酸性的环境中溶解，进入人体肺泡，进而逐渐渗入血液，最终导致铅中毒。

裴冰等选取了 30 台燃煤电厂锅炉开展燃料铅含量及烟尘铅排放浓度的外场测试，结果表明：燃煤电厂燃料铅含量均值为 8.50mg/kg，烟尘铅平均排放浓度为 0.0081mg/m^3，排放因子为 0.0643g/t。不同机组容量及有无选择性催化还原装置状况下烟尘铅排放因子无显著性差异，不同除尘设施类型下烟尘铅排放因子有显著性差异，布袋除尘（fiber filter，FF）的电厂烟尘铅排放因子低于静电除尘（electro static precipitator，ESP）的电厂。

大气铅污染物主要是富集在细颗粒上或形成重金属细颗粒，对铅的补集来说，现有的燃煤锅炉除尘、脱硫工艺均是相对落后的，细颗粒不易被捕获，因此造成烟气中铅的释放量也随之增加，如果不及时加以管理控制，势必会对大气环境和人体健康产生更大的危害。

随着社会的不断发展，铅造成的环境污染也日趋严重，这也成为影响人们健康的主要因素之一。环境铅污染是造成人体慢性铅中毒的主要原因，当人体内血铅浓度超过 30μg/100mL 时，就会出现头晕、失眠、腹痛、贫血、肌肉关节痛、月经不调等症状。

进入人体的铅，一部分通过汗液、尿液、粪便排出了体外，其余部分会在数小时后进入血液循环，阻碍血液的合成。一部分人会出现贫血，头痛、眩晕、困倦、酸痛、便秘、肢体和乏力等症状；一部分人会有动脉硬化、消化道溃疡、口中金属味和眼底出血等症状。儿童铅中毒则会出现食欲不振、行走不便、便秘、失眠和发育迟缓等症状；小学生铅中毒还会伴有听觉障碍、多动、注意力不集中、智力低下等症状。这些症状都是因为铅进入人体后通过血液侵入大脑神经组织，造成氧气和营养物质供应不足，导致脑组织损伤，严重者还可能终身残疾。

（3）砷的危害

含砷废气环境污染主要产生途径有煤燃烧、金属冶炼和垃圾焚烧等。其中煤燃烧是大气中砷的主要来源。1900—1971 年期间，全球煤消耗量大约为 1.17×10^{11}t，砷的排放量总量高达 2.7×10^{5}t。我国每年煤消耗量约为 5.4×10^{8}t，而排入大气中砷的量约在 5×10^{3}t 以上。由于砷是一种中等挥发性的类金属污染物，因此在锅炉高温燃烧环境时砷的蒸发率较低。大部分的砷主要存在飞灰中，所以比较容易被除尘装置捕集。

世界许多用煤国家都曾发生过砷对人类及其生存环境造成危害的事件。如：伦敦上空大气中砷浓度为0.04～0.14$\mu g/m^3$；前捷克斯洛伐克燃煤电厂排放烟气中Pb、As的含量严重超标，导致居住在附近的儿童骨骼生长延缓；布拉格上空大气中砷浓度为0.56$\mu g/m^3$；印度某燃煤电厂附近大气中砷浓度高达20$\mu g/m^3$；中国居民区要求大气中砷含量不大于0.003mg/m^3，天津电厂周围顺风向30m处大气飘尘中砷浓度为0.062$\mu g/m^3$，沈阳、兰州、抚顺、成都、贵阳、重庆等城市上空，砷造成的大气污染也都是比较严重的。

当饮用水中砷的浓度达到0.15mg/L以上时，人体砷中毒的概率加大；当饮用水中砷浓度在0.05～0.15mg/L之间时，患有心血管疾病、癌症、循环系统疾病等的风险度大大提高；人如果长期饮用砷浓度为50ng/g以上的水，患皮肤癌的风险大大增加，只有将饮用水中砷的浓度降到2ng/g及以下，患皮肤癌的风险度才能降低到安全范围。1958年，世界卫生组织制定的国际饮水标准中规定砷含量为0.2mg/L，到1963年降到0.05mg/L，直到1992年，饮用水准则中为0.01mg/L。2006年1月23日，美国执行新的砷标准，即水中含量小于0.01mg/L；欧盟饮用水指令中规定为0.01mg/L。我国，目前所有涉及饮水的标准中砷含量均为0.05mg/L。

砷的毒性是阻碍与巯基有关的酶的作用。砷可使细胞正常代谢发生障碍，产生砷中毒现象，导致细胞死亡；三价砷可与机体内酶蛋白的巯基反应，形成稳定的螯合物，使酶失去活性。砷中毒的主要表现为运动功能失调、产生末梢神经炎症、四肢疼痛，甚至行动困难、肌肉萎缩、呕吐、皮肤色素高度沉着、神经损伤、腹痛、消化不良、头发变脆易脱落等症状。慢性砷中毒还伴随着砷的致畸、致突变、致癌。

（4）镉的危害

镉是危害植物生长的重金属元素之一，如果土壤中的镉含量超标，不仅会在植物体内残留，还会对植物的生长发育产生危害，可能导致植物的叶片受到严重伤害，植物生长缓慢、根系受到抑制，甚至使植物死亡。

镉不仅对植物有危害，对人体也可能产生毒性效应，镉中毒可引起人的肾功能障碍。此外，镉金属能影响机体内几种重要酶的功能，产生痛骨病，造成肾损伤，吸入镉的烟尘可引起肺水肿和肺炎，还可以引起缺铁性贫血等。镉的氧化物具有致癌性。镉能导致高血压，引起心脑血管疾病；破坏骨钙，引起肾功能失调。镉也可在人体中积累引起急性中毒和慢性中毒，急性中毒可使人呕血、腹痛，最后导致死亡；慢性中毒能使肾功能损伤，破坏骨骼，致使骨痛、骨质软化、瘫痪。

（5）铬的危害

铬的毒性与其存在的价态有关。三价铬是对人体健康有益的，而金属铬对人体几乎不产生有害作用，只有六价铬是对人有害的。人体血液中六价铬含量超过0.02mg/L，可致严重疾病。

六价铬易被人体吸收且在体内蓄积，主要积存在人体组织中，如在肺、肝、肾等器官和内分泌系统中，代谢和被清除的速度缓慢。六价铬有强氧化作用，对人体主要是慢性毒害。六价铬主要通过皮肤、黏膜、呼吸道和消化道进入人体，可刺激和腐蚀人的皮肤、黏膜、消化道等，致使皮肤充血、鼻穿孔、溃疡、糜烂，严重者患皮肤癌。六价铬经呼吸道进入人体时，可能损害上呼吸道，从而引起鼻炎、咽炎、喉炎、支气管炎等。进入血液后，六价铬主要与血浆中的铁白蛋白、球蛋白、r-球蛋白结合，还可以透过红细胞膜与血红蛋白结合。肾脏是铬排出体外的主要途径，只有少量铬经粪便排出。

几乎所有国家的环境标准都对铬含量规定了标准限值。其中我国规定生活饮用水 Cr^{6+} 的含量要不大于0.05g/L，规定地面水有害物质最高允许浓度中 Cr^{3+} 的最大含量为0.5g/L、Cr^{6+} 的最大含量为0.05g/L。

(6) 锌的危害

锌对人体来说是必不可少的元素之一，尤其对小孩的生长发育过程起着十分重要的作用。但过量的锌还是会对人体造成致癌等毒害。空气、水源、食品被锌污染进入人体以及电子设备的辐射均可造成人体内锌过量。过量时会得锌热病，出现口、咽及消化道糜烂，唇及声门肿胀，腹痛，泻、吐以及水和电解质紊乱。重者可见血压升高、气促、瞳孔散大、休克、抽搐等。吸入大量锌蒸汽可引起急性金属烟雾热。锌对多种鱼类、微生物等具有毒性，并且其致死浓度很低。

6.1.3 重金属的测试方法

6.1.3.1 重金属痕量测试方法概述

煤及其燃烧产物中重金属含量属于痕量范畴，如何准确测量煤及其产物中重金属含量是一大难题。为了提高煤及其燃烧产物中重金属检出精度，在采样过程、样品制备过程以及测试标准参考物选择方面都要特别注意。正确的采样方法和合理的分析方法对不同重金属元素检测精准度会存在一定差异。为了保证检测精度，应尽量减少检测过程中存在的误差。测试过程中总误差（V_T）为采样过程误差（V_S），样品制备过程中误差（V_P）以及分析检测误差（V_A）之和，即

$$V_T = V_S + V_P + V_A$$

检出限一般指分析测试系统的检出限。在工程应用中，检出限可根据元素的含量来定义，如检出、微量、未检出、不存在。测定微量组分的方法，主要取决于被分析的对象和测定方法的灵敏度、准确度、精密度和选择性以及经济上的合理性。较常用的有：

① 光学方法，包括原子吸收分光光度法、原子荧光光谱法、分光光度法、原子发射光谱法、化学发光法、分子荧光和磷光法、激光增强电离光谱法等。

② 色谱法，包括离子色谱法、液相色谱法、气相色谱法。

③ 电化学方法，包括电位法、极谱分析法、库伦分析法、计时电位法。

④ 质谱法，包括火花源固体质、二次离子质朴分析谱。

⑤ 放射化学法，包括同位素稀释法、活化分析法、放射性表及分析法。

⑥ X射线法，包括X射线荧光光谱法、电子微探针法等。

灵敏度、精密度、准确度、检测功能、线性范围、多元素同时测定的能力及抗干扰能力等指标可以衡量一种方法的优劣。

（1）检出限

针对痕量测试方法，测试方法的检测功能是最重要的指标。检出限是指信号为空白测量值（至少20次）的标准偏差的3倍所对应的浓度（或质量），即置信度为99.7%时被检出的待测物的最小浓度（或最小量）。

（2）检测下限

在满足分析误差要求的情况下，该分析方法实际可测得的最低浓度（或最小量），表示分析方法定量分析时实际可以测定的极限就叫作检测下限（LQD）。有关机构规定“检测下限为信号空白测量值标准偏差的10倍所对应的浓度（或质量）”。检出限在数值上总低于检测下限。当待测物的浓度（或质量）等于或大于检测下限时，才可能准确测定，才能得到较为可靠的分析结果。针对痕量测试方法而言，检出限和检测下限越小越好。

（3）灵敏度

灵敏度的定义是：待测物浓度（或质量）改变一个单位时所引起的测量信号的变化量。可以把分析曲线的斜率视为灵敏度。

（4）精密度

把使用同一方法，对同一样品进行多次测定所得测定结果的一致程度叫做精密度。精密度还可以表示为多次测量某一量时，测定值的离散程度，通常用变异系数（CV）或相对标准偏差（RSD）来表示。精密度是衡量测定值重复性的指标，是评价分析方法的一个重要指标。

在痕量分析中，提高精密度的方法主要有：

① 降低空白值；

② 增加测量次数；

③ 测量条件优化；

④ 选择正确方法来实现。

（5）准确度

准确度用来表示测量值接近真实值的程度。用相对误差或绝对误差来表示，常用的是相对误差，即

$$测量值-真实值=相对误差$$

精密度包含分析结果的重复程度和正确程度两个方面。当方法不存在系统误差时，精密度和准确度的概念趋于一致。也就是若没有系统误差时，准确度就是精密度。

引起系统误差的来源及检查方法在研究微量元素分析中十分重要。其中，元素及化合物的挥发损失，取样、试样储存不正确，容器表面的吸附与解吸，不正确的标准溶液，器皿及工作环境空气的污染，信号干扰，化学反应中的价态及状态变化，校正曲线及试样与标样的组成差异，这些均是引起误差的主要来源。在实际分析中，真实值可以通过取用国家标准样品或“管理样”作为真实值参考，也可以在没有系统误差时，用多次测定的算术平均值来作为真实值。

6.1.3.2　样品的采集及制备

（1）煤样采集

煤的不均一性决定了煤样采集过程中存在较大的困难，即便是同一煤田相同煤层的煤样，其中元素分布也存在差异，微量重金属元素分析时，采样过程对测量准确度也会有影响。为了保证样品具有一定的代表性，同时尽量保证样品的均一性，正确的采样方法和有效采样工具，对防止样品的污染十分重要。在煤样采集过程中，要注意采样的信息，如煤田位置、煤层及煤层位置、取样方法、煤的状态、污染带或杂质存在等。同时煤在运输和储存过程中也要特别注意避免污染及被氧化。煤样的制备过程主要包括破碎、过筛、掺合和缩分4个步骤。在每个过程中都要避免样品的污染。

（2）燃煤电厂固体、液体和气相样品采集

颗粒物采样参照标准为《烟尘采样器技术条件》（HJ/T 48—1999）和《烟尘采样器检定规程》（JJG 680—2007）。自动烟尘（气）连接示意图如图6-1所示。

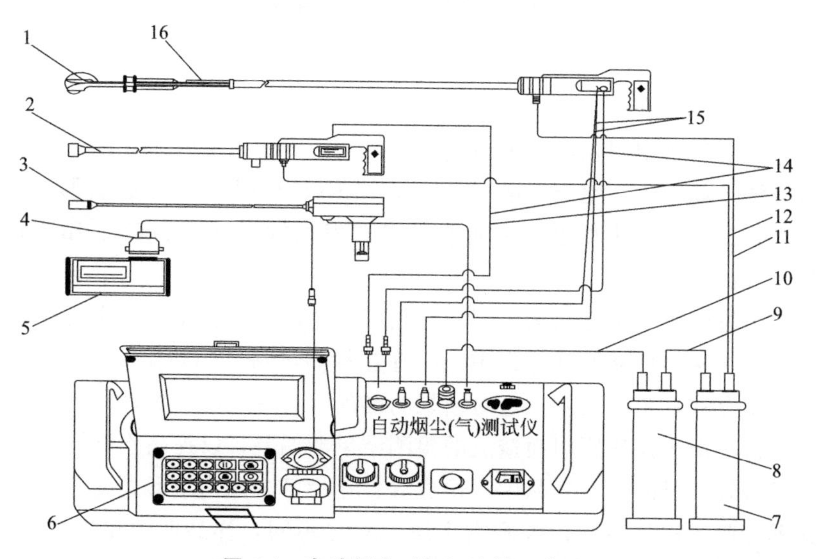

图6-1　自动烟尘（气）连接示意图

1—烟尘多功能取样管；2—烟气含湿量温度检测器；3—烟气取样器；4—打印机连接线；5—微型打印机；6—烟尘（气）测试仪主机；7—干燥筒；8—缓冲器；9—缓冲器与干燥筒连接管；10—主机与缓冲器连接管；11—烟尘连接管；12—含湿量温度检测器连接管；13—烟气取样器连接管；14—信号连接线；15—压力连接管；16—温度探头

烟气流速、等速跟踪流量是微处理器测控系统根据各传感器检测到的温度、含湿量、静压及动压等参数计算得出，该流量通过测控系统与流量传感器检测到的流量进行计算得出控制信号，控制电路调整抽气泵的抽气能力，使实际流量与计算的采样流量相等。同时微处理器用检测到的流量计前温度和压力自动将实际采样体积换算为标准状态采样体积。

进行飞灰颗粒物采样时，需要参照《固定污染源排气中颗粒物测定与气态污染物采样方法》（GB/T 16157—1996）标准进行采样。燃煤电厂气相、液体和固体样品采样位点如

图 6-2 所示。颗粒物的排放浓度及排放总量是根据滤筒捕集的烟尘质量以及抽取的气体体积计算得出的。样品采集后，需要用样品袋封装干燥保存。

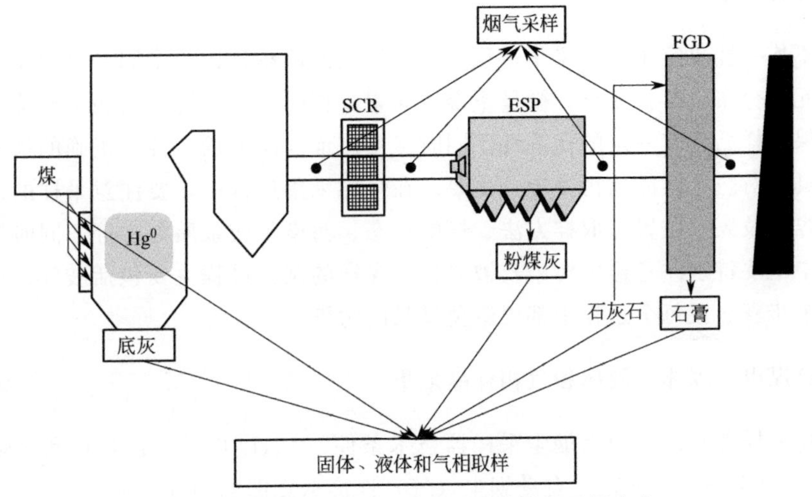

图 6-2 燃煤电厂气相、液体和固体样品采样位点

(3) 固相样品消化

对煤及其燃烧产物中固相样品中微量元素的分析，若采用固体直接进样的方法是较为理想的测试方法，如中子活化分析法（NAA）、XRFS 和挥发性元素的测定方法。在石墨炉原子吸收中，2600℃或更低温度下具有足够挥发性的元素，如 Ga、In、Tl、Sn、Pb、Bi、Se、Te、Ag、Zn、Cd 等可使用固体直接进样方法测定。

其他大多数方法煤及燃烧产物中固相样品都要经过物理、化学方法处理转变成溶液后才能进样测量。在液体样品处理过程中，因存在样品溶解、加热干燥、酸解等化学操作，每一流程中都会存在一定的误差，这对结果的准确度有一定的影响，因此在固体样品酸解过程中应尽量减小由于操作原因而造成的检测结果的偏差，以提高检测结果的准确性。对固体样品进行酸解的目的是将样品中待检成分转化为可溶的化学形式。

煤及其燃烧产物样品不同，被测重金属元素也不同，样品的消化处理方法也不尽相同，消化方法要结合待测组分性质和测定方法的特点加以选择。对重金属元素分析的基本要求：避免待测元素的损失和污染；尽可能减少化学试剂的用量和避免使用不易清除的试剂；操作尽量简化，注意分解方法的适用范围；注意实验的安全性。对不同元素消解方法是不一样的。常用的消化方法包括干灰化法、湿法消化法、微波溶样法等。

1）干灰化法

干灰化法又称燃烧法或高温分解法。根据待测组分的性质，选用 Pt、S_1B_2、Ag、Ni 或瓷坩埚，将样品放入坩埚，置于高温电炉中加热，温度控制为 450～550℃，使其灰化完全，将残渣溶解供分析用。

2）湿法消化法

湿法消化法一般是利用 H_2SO_4、HNO_3、$HClO_4$ 等 2 种或 3 种混合酸，与试样共同加热浓缩至一定体积，使有机物分解成二氧化碳、水和悬浮物。生物体溶解、金属离子氧化为高价态，以排除还原性物质的干扰。

3）微波溶样法

微波溶样法是分析化学中一种新的快速溶样技术，其定义为：将湿法消化体系的消化过程在微波炉中完成。其中微波又可定义为电磁波谱中位于远红外线与无线电波之间的电磁辐射。微波溶样法的工作原理为：微波加热过程中，在微波磁场作用下，酸与具有较强穿透力的微波渗入到样品混合物的内部，通过微波能量的吸收，导致加热物体分子间产生剧烈的振动和碰撞，引起试样和酸之间的热对流，从而使被加热物体内部的温度急剧升高。同时，分子产生极化现象，极化分子重新排列从而引起张力。简而言之，微波溶样法就是溶样时样品表面层和内部在微波的作用下，试样不断搅动发生破裂、溶解，不断产生新的表面与酸反应，促使样品迅速溶解。采用密闭容器微波溶样技术，可使样品和酸里外一起加热，瞬间可达高温，热能损耗少，利用率高，可迅速、安全、有效地消化各类试样，使试样处理变得简单而可靠。微波溶样技术具有样品分解快速、完全，挥发性元素少，实际消耗少，空白低等显著优点。微波消化技术与电感耦合等离子体光谱、原子吸收光谱等联用是煤及其燃烧产物中微量元素分析的重要进展，国内外已有大量报道。微波溶样的优点是可以迅速地分解试样，避免试样分解时易挥发元素（如 As、Hg、B、Sb、Se、Sn 等）的损失。由于试剂用量少，分解需在密封的容器中进行，可以减少空白值。微波溶样法与传统的溶样方法相比，其最显著的一个特点就是更易于实现分析过程自动化。

6.1.3.3 煤和灰中重金属的测试方法

(1) 原子发射光谱（AES）

原子发射光谱法（AES）测定微量元素是被分析物质的原子或离子激发后，通过发出的可见光谱来确定元素组成的一种方法。被分析物质的原子或离子被激发的方式包括开放式直流（DC）弧、可控气氛直流电弧、交流电（AC）以及其他形式的火花和电感耦合等离子体。开放式直流弧激发原子的方法被诸多学者广泛应用。早期主要利用直流弧技术处理碳阴极上的样品，并利用阴极层效应来增加灵敏性。在后续岩石和煤灰的测试中，直接利用被分析样品作为阴极，这一做法缩短了激发时间并保证了样品的平稳燃烧。在后续研究中发现用碳电极代替石墨阳极更容易产生这种效果。然而，在澳大利亚联邦科学与工业研究组织（CSIRO）的实验中，当样品被用在石墨电极上，对碳电极形成弧光，可能会减少由碳电极形成弧光的波动。调整弧光的气氛也是一种稳定弧光的方法，80% Ar 和 20% O_2 混合气氛适合抑制 C、N 化合物分子产生的 CN 带光谱。

大量可作为缓冲剂的化合物被提出来，包括 Li_2CO_3、$Li_2B_4O_7$、SnO_2 和 Sb_2O_5。大部分缓冲剂是待分析元素的化合物，也有污染实验设备（如玛瑙研钵）的可能。

为了避免 CN 带光谱的干扰，一些元素的测定使用 Cu 或 Al 作为电极进行测试。AES 方法成功的一个主要原因在于谱线的选择。每种元素给出了许多光谱线，必须选择最合适的一条或者几条谱线。这个选择是基于谱线的灵敏度和对其他元素谱线干扰的自由度来进行的，当元素浓度在被分析物质中高于 1%时更加明显。大部分煤灰中，富含 Fe、Ti 和 Zr 等元素的谱线，必须考虑可能的干扰，制定谱线表。发射光谱的完成很大程度上依靠对某种类型样品的适合光谱的认识，记录光谱，用比较仪与标准谱线相比较（半定量）。当检测器的灵敏度可接受元素预设波长的射线时，可采用仪器直接读取法。另外一个方法是评估计算机记录的照片上的谱线来完成。

1959 年，CSIRO 运用两种技术借助 AES 方法对煤中微量元素进行半定量测定。这两种技术分别是：①煤灰样品与石墨粉混合后完全燃烧；②煤灰与 Al_2O_3、$CaCO_3$ 和 K_2CO_3 混合物的选择性挥发。在方法①中，电弧作用的主要阶段，电场强度从初始 4.5～7V/mm 增加到燃烧结束后的 11～12V/mm，该过程会导致碱金属和类碱金属元素的挥发。因此，方法①被用于测定不挥发性元素，如 B、Be、Co、Cr、Cu、Ge、Mn Ni、Sc、Ti、V、Y 和 Zr。方法②则被用于测定挥发性元素，如 Ag、B、Bi、Cu、Ga Ge、In、Mo、P、Pb、Sn、Tl、W 和 Zn。

众多学者给出了可用于煤灰中元素测定的光谱线波长。尽管普遍认为 V 的谱线波长为 318.5nm，不能被用于高 Ca 样品测试，有报道指出 Ca 的弱谱峰在 318.5nm 与 V 相同，但 V（318.5nm）波谱仍被用于烟煤样品测试中。有些学者们发现 Fe 对 Mo 谱线在 317nm 处存在干扰，但是在 Fe 含量相对较高的样品测试中，使用直流弧激发的方法仍然不需修正就可被采用。特定谱线的有效性取决于光谱仪的分散性、激发条件和元素的含量。

(2) 电感等离子体原子发射光谱（ICP-AES）

电感等离子体原子发射光谱（ICP-AES）在痕量分析中是应用最普遍的分析技术，其检出限一般在 0.1～100ng/mL 范围内，可测定的元素已有 70 多种，且能同时检测其他多种元素。随着电感等离子体原子发射光谱（ICP-AES）技术的日趋完善，其在环境、材料、地质、生物科学等领域的痕量分析中应用越来越广泛。近年发展的亚稳态能量转移发射光谱（METES）同样具有很高的灵敏度。

随着改进型激发源的发展，煤中微量元素可用电感耦合等离子体原子发射光谱法进行分析。对 AES 的等离子体进行研究后，ICP-AES 运用到矿石及类似物质的分析中，同时也被广泛用于煤中微量元素的分析。离子激发通过氩气中的无电极放电形成的高温等离子体来实现，该等离子体被约束在高频等离子体磁场中。进行分析的溶液以气溶胶的形式从等离子体的底部注入。ICP-AES 具有分析元素种类多、化学干扰小、光谱干扰不显著、可自动处理数据等优点。除了在常见的同步模式下运行外，ICP-AES 还可以在其他条件下运行。ICP-AES 标准操作要求等离子体运行足够长的时间以达到稳定（如 1.5h），同时还要严格控制氩气的流速（样品和冷却剂）及等离子体的功率，溶液中固体含量维持在 1% 左右对检测比较有利。

很多学者利用 ICP-AES 对煤中多种微量元素进行分析。用于 ICP-AES 测试的溶液一般是通过煤灰来制备的。Nadkarni 使用王水和氢氟酸的混合溶液在巴尔（氏）酸消化反应器中处理煤灰，随后加入硼酸除掉过量的氟和整合不溶的氟离子，以便使用玻璃喷雾系统来进样。Satoh 等使用 HF 和 HNO_3；Que Hee 等则是先使用 HNO_3 和 $HClO_4$ 处理，接着再加入 HF；Bott 发现只有使用自动融合装置才能实现 LiB_4O_7 融合物完全溶解；Meyberg 和 Dannecker 认为，测试条件必须与每种待测样品相匹配，这需要进行一定的正交实验和修正；Mahanti 和 Barnes 在进行样品消解之前，先使用聚二乙基二硫氨甲酸螯合树脂来浓缩煤中的 14 种微量元素，然后使用得到的溶液进行 ICP-AES 测试分析。悬浮液喷雾技术是一种比较有前景的方法，该技术将煤粉与一种均匀介质的水悬浮液喷入 ICP-AES 检测仪中。还有一些是把固体粉末，如煤，直接引入射线，包括电热蒸发进样法。

当前，微量元素分析发展最快的技术是ICP与质谱仪相结合（ICP-MS），质谱仪测定的离子源来自ICP。此项技术的优势在于其光谱简便，以及大范围元素的检测限很低。Date and Gray分析了ICP-MS的一些应用。ICP-MS很可能会成为测定稀土元素（REE）的可行性方法。研究者运用ICP-MS分析地质材料中的稀土元素，结果较为满意。随着等离子领域的发展，ICP-MS可能会成为元素分析的主要方法。

(3) 原子吸收光谱（AAS）

原子吸收光谱（AAS）是分析微量元素方法中最常用的工具之一。AAS能检测到火焰中的自由原子。目前，火焰或非火焰式AAS可以测定近七十种元素。用火焰原子吸收光谱进行分析时，通常使用空气-C_2H_2火焰，当需要扩大分析元素的数目时，可用N_2O-C_2H_2火焰。近年来，无火焰原子吸收光谱法开始发展起来，将石墨炉原子仪器应用于微量元素分析中。原子吸收光谱分析由于光散射和分子吸收产生背景信号干扰，化学组分干扰产生系统误差，长波区比短波区小，无火焰法比火焰法严重。为提高微量元素测定的可靠性，背景校正一般采用连续光源碘钨灯和氘灯以及塞曼效应技术等，并与阶梯单色仪相结合以改进波长的调制，效果更好。由于AAS具有较好的灵敏度和精密度，广泛应用于测定高纯材料中的微量元素中。

AAS方法目前在煤及其燃烧产物微量元素分析中得到了广泛的应用。AAS测试过程是原子化及产生自由基态原子以便进行吸收测量的过程。原子吸收分析必须要产生被分析元素的自由基态原子，并将其置于该元素的特征谱线中。AAS在测量过程中广泛应用的四种原子化器，分别为：火焰原子吸收光谱（FAAS）、冷蒸汽原子吸收光谱（CVAAS）、氢化物发生原子吸收光谱（HGAAS）和电热原子吸收光谱（EAAS）。

火焰原子吸收法是一种快速、高选择性的测定方法。其反应机理是其他氧化剂（如空气和氧化亚氮）和燃料（如乙炔）燃烧，在这种火焰下，样品中的被测物分解产生原子，测定的是平衡时通过光路吸收区的平均基态原子数。测试过程中，样品溶液是通过喷雾器进入火焰，某些非金属元素的共振吸收线低于200nm，由于空气中氧及火焰气体的强吸收，使这些非金属元素的测定较为困难。许多金属元素在空气乙炔火焰中能有效地原子化，但有些元素，如Al、V、Ti等在空气乙炔火焰中很难原子化，因此需采用温度更高的乙炔氧化亚氮火焰。通过使用无极放电灯（EDL），使某些易挥发的元素，如As、Cd、Te、Se等的测定灵敏度提高5～10倍，而且稳定性好，灯寿命长。如，Cd的检出限可达1ng/mL。火焰原子吸收光谱对很多元素都很灵敏，是四种AAS方法中最简便的方法。

样品消解在使用原子吸收光谱法对煤中微量元素测定的精准度上十分重要。在CS-RO实验中，煤样首先在500℃灰化，然后用HF、HNO_3和$HClO_4$将煤灰消解在聚四氟乙烯坩埚中，或者用王水和HF酸封闭在聚丙烯罐中，或者沸水浴中处理2h。其他学者也采用了不同的方法对煤灰进行消解，如采用$HClO_4$-HIO_4，或采用XeF_4高压釜氟化，但这两个技术不常被采用。Indahl和Bishop研究了一种较快的消解方法，将煤样在有石英内衬的标准帕尔氧弹中燃烧，这种方法取决于加入样品中的稀硝酸需求量。在某些情况下，在AAS测定之前用吡咯烷二硫代氨基甲酸铵来提取微量元素，但对于大部分煤，无须进行这样的处理。用这两种标准方法对煤中微量元素进行测定时，煤均是在500℃条件下灰化，然后用王水-HF酸在密封塑料罐中加热处理，溶液用背景校正的FAAS分析。

在褐煤的研究中，Bone 和 Schaap 等用 FAAS 方法测定了煤中大多数微量元素。FAAS经过二乙基二硫代氨基甲酸钠的螯合作用之后，会生成氢化物，Hg可用冷蒸汽原子吸收光谱测定。除了对 Hg 进行测试之外，早期消解选取的酸均是 HNO_3 和 H_2O_2。

研究人员也开展了用酸或者融合技术对煤进行消解，采用石墨炉原子吸收法（EAAS）直接对固体煤样进行测定，如对煤中 Cu、Ni、V 和其他一些微量元素进行测定。早期的方法是直接喷射细磨岩土样品（至少小于 44μm）的悬浮液，将磨细的煤粉的含水料浆注入 FAAS 火焰中进行测定。Harnly Mills-Ihli 和 O'Haver 研究了 FAAS 和 EAAS，使用连续源和专用计算机，同时测定元素多达 30 种。原子荧光光谱法（AFS）已经被广泛用于测定煤中 Hg 和其他一些微量元素。

原子荧光光谱法的优点如下：

1）谱线较简单

不需要昂贵精密的分光计。采用日盲光电倍增管和高增益的检测电路，就可制作非色散型原子荧光仪。

2）线性范围宽

在低浓度范围内，标准曲线可在 3～5 个数量级内呈直线关系，而原子吸收光谱法却只有 2 个数量级。

3）灵敏度较高

因为激发光源与原子荧光的辐射强度成比例关系，所以想进一步提高原子荧光的灵敏度，可采用高强度新光源。

(4) 中子活化分析

中子活化分析（NAA）是适用于煤炭及微量元素分析的比较经典的方法。最常用的是对小封装样品的热中子辐射，和对放射性同位素的仪器测定。这种直接的中子活化分析法对有些元素是不适用的，此时可以采用放射化学分离技术（RNAA）。仪器中子活化分析（INAA）的优点是可以同时测量 30～40 种元素，并且具有比较高的灵敏度。测试过程中极少样品量减少了被污染的风险，干扰可以通过 γ 射线探测器和复杂的计算机程序弥补。过去的研究中，在测试方面的进步主要是减少了系统误差，此外，一些缺点也得到了有效改善。高灵敏度的实现需要有一个核反应堆和高中子通量。纯金属或化合物可以被用来作为标准，当前主要运用SRMs来提升其精密度。在用 INAA 测定煤或煤灰中重金属的研究领域，很多学者进行了相关研究，其中有两种观点较好，一是 INAA 在煤中的应用；二是 NAA 技术方面的研究。在现有的分析方法中，煤中的一些重金属元素是不适用于 NAA 测试方法的，如 B、Be、Cd、Cu、F、Hg、Mo、Ni、Pb、Tl等。包括 Mo 和 Ni 在内的一些元素而言，超热中子可以通过形成放射性核素来提高 INAA 的灵敏度。在超热中子辐射中，用铝箔包覆样品，并将其放置于一个含镉的盒子中来接受辐射。

在某些情况下，比如受到其他放射性核素的干扰或者元素含量很低时，在辐射后就需要采取分离措施，即 RNAA 方法。Frost 等对煤中的 10 种重金属元素（As、Br、Cd、Cs、Ga、Hg、Rb、Sb、U、Zn）进行测试过程中，采取的分离方法有蒸馏法、沉淀法、吸附法、溶剂萃取法、离子交换法和色谱分析法。在 Smales 和 Salmon 的研究中首次将 RNAA 运用到煤中 Cs 和 Rb 的分析，将氢氧化铁作为最初的分离介质，然后进行化学沉淀。Orivini、Gills 和 LaFleur 提出了一种将 As、Cd、Hg、Se 和 Zn 沉淀为硫化物的方法。Kostadinov 和 Djingova 研究煤中的 Hg 时，形成了 HgS 沉淀。Se 的分离方面，以 Hg 作为载体，通过形成 HgSe 来减少 Se 元素。Perricos 和 Belkas 运用色谱柱法来分离 U 元素；Casella 等则采用阴离子交换色谱法来分离 Pb、Th 和 U 元素。

此外，还有许多特殊方法。比如：运用 γ 射线光谱法来研究 B 和 Cd 元素；中子俘获 γ 射线活化分析煤中的 17 种元素以及光子活化分析煤中的 28 种元素。同时，质子诱导 γ 射线发射（PIGE）也被用于 F 元素的分析。

(5) X 射线荧光光谱（XRFS）

关于 X 射线的分析应用主要有两种方法，通常称为 X 射线荧光光谱法（XRFS），也即波长色散和能量色散，波长色散更灵敏，也更加昂贵。波长色散设备对晶体进行衍射，根据激发态二次 X 射线的波长来将其分离；能量色散则根据 X 射线的光子能量，通过固体探测器来实现分离。

XRFS 是测量煤灰中主量和痕量元素的一种方法，并且该测量方法可以针对全煤样进行测定。测量过程中，虽然将样品研磨至 45μm（1～2g 样品）有利于提高测试精度，但通常还是将样品研磨至 75μm。Ruch 等用 10% 的黏合剂与煤样混合后研磨，然后在 275MPa（40000psi）下对粉末样品进行压片处理，分析测试前将压片在真空炉中干燥。在关于 XRFS 的 3 种激发模式：质子束、Mo X 射线管和放射源（^{57}Co 和 ^{109}Cd）的研究中，Valkovic 等提出了实用性比较好的技术方法。对于比 Fe 重的元素，通过 X 射线管激发可以获得最好的灵敏度。

利用 X 射线荧光对元素进行测试过程中，试样内部产生的 X 荧光射线，在到达试样表面前，周围的共存元素会产生吸收（吸收效应）。同时还会产生 X 荧光射线，并对共存元素二次激发（二次激发效应）。因此即使含量一样，但共存元素不同，X 荧光射线强度也会有所差别，这就是基体效应。在定量分析时，尤其要注意基体效应的影响。基体效应可以通过设定特定范围内的适用标准、数字校正程序以及修饰样品来修正。X 射线散射和谱线重叠引起的光谱干扰也是影响 XRFS 测量的一个不利因素。在有些情况下 SRMs 可能是适用的，但需要结合纯的化合物以及压块石墨光谱来制定合成标准，该标准的确定需要考虑很多因素。通过修饰样品以减小基体效应的方法包括用惰性物质稀释、添加吸附剂或者制备薄膜样品，这就可使得收集到的 X 射线逃逸。稀释、添加吸附剂的缺点是增加了检测极限。

数学程序对基体效应的减少依赖于质量吸收系数的选取或者康普顿散射（用于估计质量吸收系数）。Garbauskas 和 Wong 在研究煤中的 Ti 元素时，用掺杂石墨标准来克服基体效应。Willis 对此进行了简要概述：数据的选取依赖于质量吸收系数的精度和相关公式的计算。对于轻元素，发现在吸收中出现了非相干散射辐射，可以作为内在标准。Heinrich

和 Foscolos 提出了一种通过元素的光谱线来减小干扰的方法。该法不需要事先知道分析样品的元素组成。

目前，长色散运用于煤或煤灰中重金属的研究主要包括：伊利诺伊州煤、维多利亚褐煤、美国煤、澳大利亚煤、南非煤、意大利煤、英国煤以及苏联煤。Mill 和 Turner 以及 WI 等提出的观点是基于他们利用 XRFS 在澳大利亚煤和南非煤中的应用的调查研究，发现了 XRFS 的价值以及其局限性。

尽管在灵敏度方面有其局限性，但能量色散 XRFS 被大量研究学者用于分析美国煤。同时 X 射线荧光光谱法被应用于特定微量元素的分析，如捷克斯洛伐克褐煤中 As 的研究、美国煤中 Ge 的研究、翁布里亚褐煤中 Ge 的研究、意大利和苏联煤中 Se 的研究。为了达到微量元素低含量的要求，必须事先对样品进行预选。如在 X 射线共沉淀法中，用特定试剂实现了 60 种元素富集，并用三价铁离子进行共沉淀，该法可以用于煤的研究。另外一种方法就是在能量色散 XRFS 中用阳离子交换树脂过滤器进行煤的预选。为了确保 XRFS 的正确使用，要保持其处于合适的工况下，并结合波长色散仪器来保证其精密度。

(6) 火花源质谱法 (SMSS)

火花源质谱法（SMSS）是在真空条件下利用点燃火花导致样品在两个电极之间发生电离，被激发的离子在磁场中加速，发生离子束的分离，由于质荷比的不同，离子得以分离，最后通过感光片或电子可以记录质谱。该方法起初被 Taylor 和 Gorton 运用于对地质样品的分析，近期的是 Adams 的分析研究。在 Beske 等的研究中，重点讨论了 SSMS 和 INAA、AES 之间在应用范围、探测极限以及精密度等方面的差异。

Guidoboni 和 Carter 等则对煤灰中微量元素的测定给出了详细的综述。在早期运用 SMSS 对煤灰的研究中，发现了包括 REEs 在内的 36 种微量元素；随后通过对美国 5 个地区的原煤样品进行分析，Kessler、Sharkey 和 Friedel 测定了其中的 56 种微量元素。

然而这几种原煤是有特殊性的，相比之下，将煤灰和石墨混合以形成电极更具有普遍意义。在对加拿大煤灰的分析中，运用 SSMS 测定了 52 种微量元素；在对日本煤的研究中，也发现了一些微量元素。SSMS 具有较高的灵敏度，探测极限可以达到 0.02μg/g，甚至更高。在适宜的工作条件和正确的操作方法下，运用 SSMS 可以得出比较好的结果，其不足之处在于缺乏相应的参考标准。分别运用 SSMS、INAA、AAS 和 XRFS 对火山灰进行对比研究发现，许多微量元素的波动是比较大的，即使同样运用 SSMS，两所实验室的研究结果也存在差异。虽然能够测定的微量元素种类不多，但通过半定量的 AES 还是可以获得比较好的结果的。此外，同位素稀释火花源质谱法（IDSSMS）可以获得比较高的精确度和准确度。在 IDSSMS 中，将石墨或银粉末中的浓缩同位素（尖峰电压）和煤灰相混合，测定同位素平衡，以此来获得煤灰样品和尖峰电压之间的整体的同位素平衡机理。SSMS 或热发射质谱（TEMS）都可运用于同位素稀释，TEMS 具有更高的精度，但测试范围仅限于容易被加热丝电离的元素。有研究者详细讨论了 IDSSMS 和 TEMS 在煤中的应用。为了避免样品溶解，Carter、Donohue 和 Franklin 在溶液中采用干燥的基底，该基底包含了石墨或者组合了所需同位素的纯

Ag。Koppenaal 等在高压反应釜中将煤的低温灰和酸混合，在分解之前加同位素尖峰电压。IDMS 的另一个应用是煤、生物或环境材料中 Pb 的精确检测，通过离子交换将 Pb 分离、电镀，然后运用 TEMS 进行测定。

煤中矿物质和煤素质、元素之间的关联可以运用二次离子质谱（SIMS）来测定，采用离子束对电离的样品进行轰击即可。然而，SIMS 仅用于表面分析，对整体分析是不适用的。SSMS 独特的优点在于可以分析多种元素，这是与其他方法不同之处，不足之处在于很难对微量元素进行定量分析。

(7) 其他方法

除了以上 6 种比较常用的方法外，还有其他检测方法可以测定煤中的微量元素，如极谱分析技术、阳极溶出伏安法、荧光测定法和色谱分析法。极谱分析技术比较灵敏，Weclewska 采用该方法测出了波兰煤灰中的 Cu、Ge、Pb、Zn 元素；Somer、Cakr 和 Solak 采用比浊法对土耳其煤样消解，检测出了其中的 As、Cd、Cu、Mo、Pb、Sb、Ti 和 Zn 元素。极谱分析还被用于分析 Ge、Mn、Ni 和 U。测定希腊褐煤中 U 元素的方法是在极谱法之前采取离子交换器和提取工艺。Kaiser 和 Tolg 采用阳极溶出伏安法测定了 Bi、Cd、Cu、Pb、Se、Tl 和 Zn 元素，检测限达 ng/g 级。荧光测定法可以用来检测 U 元素以及 Se，此过程需要加入 2,3-二氨基萘。Talmi 和 Andren 提出了一种将气相色谱分析法与微波发射光谱检测系统相结合，测定煤中 Se 的方法，该方法灵敏度高（达 15μg/g 左右）；Szonntagh、Farady 和 Janosi 采用色谱分析法测定了匈牙利煤中的 U 元素。

6.1.3.4　燃煤烟气中重金属的测试方法

对于重金属浓度的监测技术已经十分成熟，然而对于烟气中重金属含量的测定，难点在于如何采集具有代表性的燃煤烟气样品。固定污染源烟气排放连续监测系统（CEMS）能实时有效地对燃煤电站烟气中污染物排放进行监测。以燃煤电站烟气中元素 Hg 为例，汞在燃煤烟气中有三种形态：氧化态汞（Hg^{2+}）、颗粒态汞（Hg^{P}）和单质汞（Hg^{0}）。汞在不同的形态下具有不同的化学特性、物理特性、生物特性和环境迁徙能力。环境大气中汞的主要形式是单质汞，也是最难控制的形态。因为单质汞具有较低的水溶性和较高的挥发性，所以在大气中通过长距离的大气运输过程，极易形成全球性的汞污染，并且单质汞在大气中的停留时间长达 0.5～2 年。氧化态汞易于被飞灰颗粒或吸附剂吸附捕获；又因为氧化态易溶于水，可通过湿法脱硫装置脱除。燃煤烟气中的汞在单质汞和氧化态汞之间的分布与烟气中 Cl、HCl、SO_2 和其他组分的浓度，尾部受热面的温度和形式，煤中 Cl 和 S 的含量，燃烧温度和方式，常规污染物脱除装置的特性、类型等多种因素有关。烟气中的大部分汞仍停留在气相中，烟气中的其余汞蒸汽凝结在飞灰颗粒表面或被飞灰中的残炭吸附而形成颗粒态汞。控制汞污染的关键之一是能够选取合适的方法来准确测定烟气中的汞含量。国内外的测量方法，对其进行归纳总结，可分为两类：一类为取样分析法；另一类为在线分析法。

汞在室温时蒸汽压很高，而且很容易从化合物状态还原成金属状态，可直接进行荧光或吸收分析。冷蒸汽原子吸收法（CVAAS）或冷蒸汽原子荧光法（CVAFS）测汞就是基于汞的这一特性发展起来的，是测定汞最灵敏的方法，已经成功地应用多年。利用常规氢化物发生技术将 Hg^{2+} 还原为金属汞，并在室温下测定汞原子蒸汽。

原子荧光光谱法（AFS）是一种高灵敏度的分析方法，这种方法主要是基于具有特征波长的共振线光束对气态基态原子进行照射后，原子的外层电子吸收辐射能，使其从基态或低能态跃迁到高能态，并且大约在 10^{-8}s 内又从高能态跃回基态或低能态，发射出与照射光不同或相同波长的光。这是一种光致发光（或称二次发光），当照射光停止照射后，荧光也不再发射。原子荧光的主要优点有：谱线简单、宽灵敏度高等。

冷蒸汽原子荧光光谱法（CVAFS）测定可用于痕量汞的定量测定。其在测定微量元素 Hg 时，样品中的氯化汞与过量的氯化亚锡充分反应生成汞蒸汽，在载气的带动下，汞蒸汽进入原子化器中，低压汞灯发出波长为 253.7nm 的激发光对汞蒸汽进行照射，从而激发基态汞原子到高能态，再返回到基态时辐射出共振荧光，为实现光电转换，该荧光经聚光镜聚焦于光电倍增管中，光电流经放大（可用记录仪记录峰值）和 A/D 转换，最后经由计算机进行结果计算处理，生成测定结果。当汞浓度很低时，汞浓度与荧光强度呈良好线性关系，需要说明的是：受激发的汞原子除了自发的返基态而辐射荧光外，背景粒子也会与受激发的汞原子碰撞而把能量转变为粒子的热运动，因而产生了无荧光辐射的跃迁，导致荧光强度降低，这就是原子荧光猝灭现象。因为受激汞原子与空气中的氮气、氧气、二氧化碳等碰撞的概率比氩气大得多，引起的荧光猝灭大得多，所以采用氩气比用氮气作气源时仪器灵敏度要高得多。由此可知，为了减少荧光猝灭现象的发生并提高设备的稳定性，仪器在测量过程中，就要避免空气侵入激发区。

在美国对于燃煤电厂烟气中重金属的监测标准方法主要包括安大略法（ontario hydro method，OHM）、ESP Method 30A（仪器法）、ESP Method 30B（吸附管法）、ESP Method 29 和 ESP Method 101A。其中 ESP Method 29 也可以用于其他重金属元素如 Sb、As、Ba、Be、Cd、Cr、Co、Cu、Pb、Mn、Hg、Ni、P、Se、Ag、Tl、Zn 的测定。

(1) 安大略法（OHM）

近年来，采集和分析燃煤烟气中不同形态汞的有效方法是安大略法（ontario hydro method，OHM）。OHM 是在 EPA Method 29 的基础上发展起来的，为了收集到二价汞 Hg^{2+}(g)，改用 1mol/L KCl 作为第二和第三个吸收瓶中的溶液。OHM 标准汞浓度取样流程是：取样管温度需要维持在 120℃时，采样系统从烟气流中等速取样。取样系统主要包括：过滤器（石英纤维滤纸）、石英取样管及加热装置、流量计、真空泵、放在冰浴中的吸收瓶组等。取样枪前端的石英纤维滤筒捕获颗粒态汞；盛有 1mol/L KCl 溶液的吸收瓶吸收氧化态汞；1 个装有 10%（体积分数）H_2O_2-5%（体积分数）HNO_3 和 3 个装有 10%（体积分数）H_2SO_4-4%（质量分数）$KMnO_4$ 溶液的吸收瓶；最后烟气中的水分由盛有干燥剂的吸收瓶吸收。取样后，对各吸收液样品、灰样和煤样进行样品消解，样品消解后使用冷蒸汽原子吸收光谱法（CVAAS）分析测定出样品中的汞浓度。OHM 最大的优点就是精度高，该方法还可用来校核连续在线监测汞仪。

OHM 的关键是：首先，样品要有代表性，汞蒸汽在取样过程中不发生吸附和冷凝现象；其次，各种化学溶液需要符合美国EPA标准，所用试剂都必须符合美国材料与试验协会（ASTM）的标准；再次，对样品进行恢复和消解；最后，汞浓度的分析需要使用CVAAS进行。汞是有毒气体，为保证安全，操作应在专门的通风橱内进行，并且操作时必须做好通风措施。为了确保所得结果的精度，所有操作过程，必须严格按照EPA Method 5或Method 17的操作进行。

OHM方法对燃煤固定源烟气排放中Hg^P、Hg^{2+}、Hg^T（总汞）的测试，对评估Hg的分配模型、分布特性、健康及环境危害有重要作用。对燃煤电厂烟气净化装置系统前后不同形态Hg的测试，对优化Hg脱除效率和减少燃煤电站Hg排放是十分必要的。

（2）EPA Method 29

美国EPA Method 29采用等速取样方式，使烟气通过加热的石英纤维滤膜和一组冰浴中的吸收瓶。采用该方法适合分析的元素包括Sb、As、Ba、Be、Cd、Cr、Co、Cu、Pb、Mn、Hg、Ni、P、Se、Ag、Tl、Zn。该方法适用于测定固定源的金属释放，另外，如果采取规定的程序和规范，该方法也可以用来测定颗粒物的释放。

该方法从烟道等速采样，通过探测和热过滤收集的气相样品，经由酸性过氧化氢溶液（用于所有元素的分析，包括汞），酸性高锰酸钾溶液（只用于汞元素的分析）进行收集。在测量Hg时，烟气中颗粒态汞被吸附于滤膜上；气相汞通过滤膜进入各吸收瓶的吸收溶液中，其中Hg^{2+}被10% H_2O_2-5% HNO_3溶液吸收，Hg^0被10% H_2SO_4-4% $KMnO_4$溶液吸收。采用CVAFS或CVAAS分析测定吸收液样品中的汞含量。将所得样品进行消解后取适量采用CVAAS方法用于Hg的测量，采用电感耦合亚等离子体发射光谱（ICAP）方法或AAS方法对Sb、As、Ba、Be、Cd、Cr、Co、Cu、Pb、Mn、Ni、P、Se、Ag、Tl和Zn进行测量。对Sb、As、Cd、Co、Pb、Se和Tl元素的测量可以采用石墨炉原子吸收光谱（GFAAS）方法，如果需要更高的精度可以采用ICAP方法。如果通过由烟道内采样的方法的测量精度能够满足既定的标准，则可以采用AAS对所列所有元素进行测量。同样，ICP-MS可以用于Sb、As、Ba、Be、Cd、Cr、Co、Cu、Pb、Mn、Ni、Ag、Tl和Zn的测量。采用ICAP方法对As、Cr和Cd测量时，Fe会对光谱产生影响。Al同样会对As和Pb在采用ICAP方法测量的过程中对光谱产生影响。通过稀释样品可以减少这些影响，但是稀释会增大烟道内采样的检出限。采用空白和重复修正的方法可以调整其对光谱的影响，对所有的GFAAS检测，可以采用基体修饰的方法减小影响，并且矩阵匹配所有的标准。

EPA Method 29取样枪中的探针管口采用硼硅酸盐或者石英玻璃作为内衬。若不采用玻璃材质的探针管口，可不用对探针管口的影响进行校正，可应用塑料材质如聚四氟乙烯、聚丙烯等代替金属材料，防止污染。冷凝系统用于冷凝和收集气相金属并测定烟气中的水分。冷凝系统由无泄漏的磨口玻璃件或其他无泄漏、无污染的4～7个洗气瓶组成。第1个洗气瓶用于捕获水分，第2个洗气瓶和第3个洗气瓶有HNO_3/H_2O_2，第4个洗气瓶是空的，第5个和第6个均装有酸性$KMnO_4$。在最后的过滤器出口处放置一个分辨率在1℃内的温度传感器。如果不分析Hg元素，第4～6个洗气瓶可省略。采样过程中，使用气压计和气体密度仪对气体进行测定，接口处用聚四氟乙烯胶带密封。样品回收过程中，需要使用的辅助材料包括针内衬和探针管口刷或棉签、洗瓶、样品储存容器、培养皿、玻璃量筒、塑料储存容器、漏斗和橡胶淀帚、漏斗，在定量回收前半段采样系统采集的金属可使用非金属的探针内衬和探针管口刷和棉签。样品使用 1000mL 和 500mL 的玻璃瓶存放。其他所需要的仪器包括量筒、漏斗、标签纸、聚丙烯镊子和/或塑料手套、容量瓶、量筒、消解罐、烧杯、洗气瓶、过滤漏斗、移液管、分析天平、微波炉等。

在对 Hg 进行测量过程中，需要准备 Hg 标准和质量控制样品。依照 Method 101A 每周将 5mL 的 1000μg/mL 标液加入 500mL 烧瓶中，先加入 20mL 的 15% HNO_3 并加水至 500mL 充分混合配制 10μg/mL 的中级 Hg 标液。每天配置 200μg/mL 的 Hg 标液，可将 5mL 的 10μg/mL 中级 Hg 标液加入 250mL 烧瓶中，再依次加入 5mL 的 4% $KMnO_4$ 和 5mL 的 15% HNO_3，最后加水稀释并充分混合。取至少 5 个单独等分的 Hg 标准溶液和一个空白样用于制作标准曲线。这些等分试样和空白样分别含有 0.0mL、1.0mL、2.0mL、3.0mL、4.0mL 和 5.0mL 的汞标液对应含有 0ng、200ng、400ng、600ng、800ng 和 1000ng 的汞。准备质量控制样品需要另外单独准备 10μg/mL 的标液并稀释直到在校准范围。

(3) EPA Method 101A

EPA Method 101A 用来测定来自污水/污泥焚化炉的颗粒物和其他燃烧源气相汞排放浓度的。其对 Hg 的分析敏感性取决于分光光度计和记录器，同时也可通过提高气体污染物采样方法精度获得高质量的数据。EPA Method 101A 取样方法与 EPA Method 29 类似，也采用等速取样装置。采样过程中，等速地从燃烧源抽取细颗粒物和 Hg，并在酸性高锰酸钾（$KMnO_4$）溶液中实现 Hg 收集，然后把收集的 Hg^{2+} 还原成元素 Hg，然后将 Hg^0 蒸汽从溶液中引入到光谱测试仪中，并通过原子吸收分光光度法对其含量进行测量。EPA Method 101A 与 EPA Method 29 区别在于，EPA Method 101A 中烟气 Hg 吸收仅仅使用 $KMnO_4/H_2SO_4$ 吸收瓶，不使用 HNO_3/H_2O_2 吸收瓶。EPA Method 101A 仅适用于测量烟气中的总汞。

(4) EPA Method 30A（在线测试方法 CEMS）

固定污染源烟气汞排放连续监测系统（mercury-continuous emission monitoring system，Hg-CEMS）是对固定污染源排放烟气中重金属汞的排放浓度和排放量进行连续自动监测的仪器设备。该方法采用在线连续监测系统 Hg-CEMS，对大气汞排放进行监测。测量范围因厂家不同而存在差异，典型的可对汞浓度为 0.002～200μg/m^3（标准状态）的 Hg 进行监测，无须人员进行现场采样监测，就可以获得在线的连续汞排放数据，检出限低，用于测定固定烟道位置的汞排放浓度。EPA Method 30A 是一种利用分析仪器监测固定汞排放源产生的汞蒸汽的技术方法，从烟道中抽取的烟气直接进行 Hg 含量的分析。该方法实现了烟气中汞的在线连续监测，测得的是烟气中排放总气态汞（Hg^0+Hg^{2+}）的浓度，并且测量结果比较准确。

该方法中，烟气是使用装有烟尘过滤装置的采样探头从烟道或烟囱中抽取出来的，再经过加热管线，一路直接送至冷原子吸收（CVAA）或其他类型的检测器检测，测得 Hg^0；另一路，为了将 Hg^{2+} 还原为 Hg^0，用管线将其通过 Hg 转换器，再直接送至检测器中进行检测，检测数据结果被传输到记录及储存系统。两路检测结果之差就是 Hg^{2+} 的含量。这样 Hg^0 与 Hg^{2+} 既可以被分别测定出结果，也可以以 Hg^0 的形态测定出总量。测试过程中采样点的选择一定要有代表性。该方法操作简单，能满足电厂气态汞浓度监测的需要，尤其适用于燃烧设备上安装的汞连续监测及吸附捕获检测系统的排放及相对准确度的测试。缺点是仪器贵重，较难维护，系统稳定性和可靠性有待提高。

EPA Method 30A 主要有以下几个方面的技术特点：

① 带加热的过滤器、加热的探针与稀释/转化装置可承受“低”或“高”的含固量，现场报告“湿”基结果——实际烟气含汞量。无须转换，节省费用。

②“干法”转化和多光程池的使用不受来自燃烧气体基质的干扰，能够提供更高的灵敏度。

③ 采用基于热催化转化技术和带有塞曼背景校正的原子吸收检测方法，可做到实时连续监测汞的含量。这种方法不需要金丝富集，不需要预浓缩。

④ 短暂停留时间、高转化温度（700～750℃）、高达 1∶100 的稀释防止“活性”成分与分解出来的汞原子重新结合。

Hg-CEMS 测试原理是：采用冷原子荧光光谱法或冷原子吸收光谱法对样品中的汞含量进行测定。烟气在采样泵的作用下，经过气路切换单元（除尘、脱硫和除湿），通过隔膜泵将汞蒸汽输送到检测池中，汞蒸汽在 254nm 下有强烈吸收，吸收强度与汞蒸汽的浓度成正比，这就是朗伯-比尔定律，公式即为：

$$I=I_0 e^{-KCL}$$

式中 I_0——物质浓度为零时的光强度，即不存在吸收物质时的光强度；

K——吸收常数；

C——物质的浓度；

L——采样槽（比色皿）的长度；

I——吸收后的光强度。

对于特定的被测物以及特定的测量波长，其吸收常数 K 值基本不变；对于一个特定的比色皿（采样槽），其长度 L 值不变，因此要想得知出烟气中汞的浓度，只需通过测量出吸收前后的可见光的强度就可以了。

当需要测量烟气中的总汞时，由于该方法只能测定元素汞，所以还需要通过高温裂解，通过转换装置，将烟气中的气态氧化汞转化为气态元素汞。在此过程中，为了确保汞不会在伴热管线上凝结，需要伴热管线的温度维持在 180℃左右。EPA Method 30A 优势在于一次性投入后只需定期维护，操作简便易行，能实现长时间连续在线监测，使用过程中需要定期使用 OHM 或 Method 30B 做相对准确度测试比对。

（5）EPA Method 30B（吸附管离线采样法）

吸附管离线采样法是利用吸附管采样和热分析技术相结合的方法，用于检测燃煤电厂烟气中气相总 Hg（即元素 Hg^0 与 Hg^{2+} 的和）的质量浓度的分析技术，可作为 Hg CEMS 和 Hg STMS 的相对准确度的比对试验的标准参比方法，同时也可直接用于电厂燃煤烟气中汞排放测试，方法测定元素 Hg^0 或氧化态汞的典型范围是 0.1～50$\mu g/m^3$（标准状态）以上，我国也在制定相关燃煤电厂汞排放监测方法。该方法采用填充有专用吸附材质（如活性炭）的吸附管收集烟气中的气态汞，之后通过解吸方法再对固体样品中吸收的汞进行浓度分析。该方法操作简单，精度和准确度较高，也可实现分形态采样。该方法主要运用到含尘浓度较低的烟气中的 Hg 测量，不适用于颗粒物浓度较高场合的汞排放监测、不支持汞形态监测。为了避免烟气中 Hg 含量过高，必须采用等速采样装置，同时采样点位应位于颗粒物含量相对较低的位点，采集的烟气需要经过净化后再进行分析，应当在烟气净化装置后面设置采样点，如烟囱上或 FGD 后。通过温控、防尘等措施，利用吸附管采样法测量烟气中的总汞，测量结果的准确性可以得到保证；而且，利用汞形态吸附管，也可以准确测出燃煤电厂排放烟气中汞的形态。测定结果可用于判断排放源排放 Hg 是否符合排放标准或限值，或用于 Hg CEMS 和 Hg STMS 的 RA 检测。

在适当流速条件下，利用装有吸附剂的吸附管采集已知体积的烟气。在烟囱内采样过程中，按设定采样流量，通过采样探头，汞在吸附材质上富集，记录采样时间及采样流量。采样时，将两根吸附管固定在探头上，插入烟气流中，吸附管的第一段用于吸附烟气中的气态 Hg，作为分析段；第二段用于吸附穿透的气态汞，作为备用段。每次检测时，必须使用两根吸附管进行平行双样的采集，并完成现场回收测试，可以保证检测数据有效性和测量精度。采样后将吸附管取出进行样品分析，分析方法应满足相关性能标准。富集在吸附材质上的汞通过汞分析仪分析测定其容量，再根据记录下的采样时间及采样流量计算出烟道气中汞的浓度。在测量过程中要求做好系统性能测试试验，选取适宜的采样点，完成加标、检漏、校准等各项工作。采样过程中，烟气中 Hg 被直接吸附到吸附剂介质上，与通过探头/采样管输送样品气体的方法比较，这样可减少在取样流程传输过程中汞的损失。每次测试过程中，要求匹配取样系统，以便确定排放数据的测量精度和检验数据的可靠性。采样结束，现场回收检测评估加入元素 Hg^0 的回收率以便确定测量数据的偏差，也用于检验数据的可接受性。吸附管从取样系统中被回收，按需要制样后进行后续分析。

样品回收的方法包括酸淋滤、消解、热脱附/直接燃烧。样品分析技术包括紫外原子荧光（UVAF）、紫外原子吸收光谱（UVAA）附带或不附带金捕集册，以及 X 射线荧光分析。

6.1.4 重金属的控制技术与方法

6.1.4.1 重金属排放控制标准

煤中常量有害元素是 S，但除此之外，在煤中已经发现中的痕量元素有 80 余种，其中 22 种为有害或潜在有害的痕量元素。通过煤燃烧，这 22 种有害或潜在有害的痕量元素会以不同的形式、形态排放到大气之中，导致环境污染。尽管有害或潜在有害的痕量元素污染物与常量有害污染物 S 相比，在大气中浓度不高，但其中一些痕量元素在低浓度下，依然会对生态环境造成相当严重的破坏。

(1) 国际在重金属方面的控制标准

1990 年，美国将煤中 16 种痕量元素列入 189 种“有害大气污染物”之中，并且与加拿大、墨西哥达成共识，制订北美行动计划。美国环保局 EPA 规定：要尽量利用各种先进的技术控制燃烧过程中微量元素的排放，特别是 1986 年修订的资源保护与回收法案（Resource Conservation and Recovery Act，RCRA）和 1990 年修订的清洁空气法案（Clean Air Act Amendments，CAAA）中已经明确规定：限制包括汞元素在内的 14 种微量元素排放。表 6-2 为部分国家的重金属汞的排放标准。

表 6-2　部分国家的重金属汞的排放标准

重金属	德国	芬兰	美国
汞/(mg/m^3)	0.03	0.05	0.06

1998 年，针对大气中的微量元素，联合国欧洲经济委员会已经达成协议并颁布了草案。草案认为：微量元素主要是通过气态或者颗粒态的形式排放，因此推荐采用控制颗粒物排放的方法来控制微量元素的排放。草案要求各成员国减少含有汞、铅和镉等固定源的排放。

(2) 中国在重金属方面的控制标准

1982 年，我国颁布的《大气环境质量标准》（GB 3095—1982）标准中，规定了 6 种有害污染物及其限值，依次为：二氧化硫（SO_2）、氮氧化物（NO_x）、总悬浮微粒（TSP）、飘尘（PMio）、一氧化碳（CO）和光化学氧化剂（O_3）。1996 年，我国重新颁布了《环境空气质量标准》（GB 3095—1996），在《大气环境质量标准》（GB 3095—1982）规定的 6 种有害污染物基础上，又把氟化物（F^-）、二氧化氮（NO_2）、铅（Pb）和苯并芘这 4 种物质规定为大气环境质量监测有害污染物，并于 1996 年颁布了《大气污染物综合排放标准》(GB 16297—1996)。

针对燃煤火电厂，我国在颁布的《火电厂大气污染物排放标准》（GB 13223—2011）中，明确列出了以汞为代表的重金属及其化合物控制标准。表 6-3 给出了该标准关于燃煤锅炉的相关控制要求。

表 6-3　燃煤锅炉大气污染物及其排放浓度限值

燃料和热能转化设施类型	污染物项目	限值/(mg/m^3)	适用条件
燃煤锅炉	烟尘	30	全部
	二氧化硫	100 200①	新建锅炉
		200 400①	现有锅炉
	氮氧化物(以 NO_2 计)	100 200②	全部
	汞及其化合物	0.03	全部

①位于广西壮族自治区、重庆市、四川省和贵州省的火力发电锅炉执行该限值。

②采用 W 形火焰炉膛的火力发电锅炉，现有循环流化床火力发电锅炉，以及 2003 年 12 月 31 日前建成投产或通过建设项目环境影响报告书审批的火力发电锅炉执行该限值。

6.1.4.2　常规大气污染物控制技术协同控制

由于我国的燃煤电厂烟气污染物控制设备、技术种类多且性能千差万别，再加上煤种和锅炉种类的差异，造成汞等污染物的减排效果不尽相同。目前对燃煤电厂污染物控制主要集中于：

① 粉尘控制。主要由静电除尘（ESP）、布袋除尘（FF）等技术控制。

② SO_2 污染物控制。主要由湿法脱硫（WFCD）、干法、半干法石灰石喷射等技术控制。

③ NO 污染物控制。主要由选择性催化还原（SCR）、选择性非催化还原（SNCR）及低 NO_x 燃烧器等技术控制。

在一定程度上，以上这些控制技术能够影响重金属的排放，但控制能力区别很大，主要跟重金属的形态分布有关。重金属的形态分布受到燃烧器类型、锅炉运行条件（如锅炉空气系数、锅炉负荷、燃烧温度、烟气气氛、烟气成分）、煤种及其成分等诸多因素的影响。为深入了解不同污染物控制装置对重金属的排放及形态分布的影响，人们对现有电厂进行了长期监测及分析。

(1) 粉尘控制装置

烟气中的气态重金属随着温度的降低，会有部分附着在飞灰中，颗粒物控制装置通过捕获飞灰而控制重金属的排放。目前，除尘技术对电厂烟气中飞灰的清除率高达99.9%以上。当颗粒物的颗粒度在 0.1～10μm 范围内时，布袋过滤器的除尘效率也可达 99%，而布袋过滤器又常用于含重金属成分的飞灰分离，所以除尘过程能有效地减少重金属元素的排放。我国燃煤电厂除尘装置主要包括电除尘器（ESP）、布袋除尘器（FF）、旋风分离器、湿式洗涤器。

由于我国电厂煤燃烧过程中产生的烟气中飞灰浓度较高，所以为吸附汞提供了大量可吸附比表面积。同时，部分电厂配煤掺烧，导致烟气中飞灰的含碳量也较高，这又为汞吸附提供了更多的残炭吸附剂，烟气中 Hg^P 浓度也随之增加。因此，除尘控制装置对烟气中的重金属的排放具有重要影响。

(2) 脱硫装置

1）干法 FGD 对汞排放的影响

美国 EPA 的统计结果表明干法 FGD 对汞的排放具有一定的控制能力。通过对 13 个装有不同烟气净化装置的燃煤电厂进行汞排放研究，其中包括冷态 ESP＋干法 FGD、SDA/ESP＋干法 FGD、SDA/FF＋干法 FGD 和 SDA/FF＋干法 FGD＋SCR 多种不同的配置方式。对于 Port Washington 电厂，在空气预热器下游喷射吸附剂，分别在空气预热器上游和冷态 ESP 下游采用 OH 法测试汞的进口和出口浓度。测试结果表明，干法吸附剂喷射对 Hg 的平均脱除效率为 45%。

通过研究不同电厂、不同煤种、不同烟气净化装置发现，干法 FGD 对不同电厂排放的烟气中 Hg^P、Hg^{2+}、Hg^0、Hg^T 浓度差别很大，这主要与燃烧的煤种有关。燃烧次烟煤的电厂，当装有 SDA/ESP 除尘系统时，Hg^T 的平均脱除效率为 25%～41%；燃烧烟煤的电厂，当装有 SDA/FF 除尘系统时，Hg^T 的平均脱除效率为 98%；但是对于燃烧次烟煤的电厂，当装有 SDA/FF 系统时，Hg^T 的平均脱除效率分别为 36%、32%和 5%；对于燃烧褐煤的电厂，Hg^T平均脱除效率仅为－1%～1%。其原因是 FGD 对汞的控制能力与汞的形态分布有关，不同煤种氯含量差异很大，而氯含量对烟气中汞的形态分布具有很大影响，从而影响 FGD 系统对汞的脱除能力。SCR 脱硝装置能将部分 Hg^0 氧化成 Hg^{2+}，促进了 FGD 对汞的脱除。装有 SCR 系统的电厂，Hg^T 的平均脱除效率为 99%。

2）湿法脱硫系统对汞排放的影响

湿法烟气脱硫系统（WFGD）在能有效地控制电厂烟气中 SO_2 的排放的同时，由于烟气中的 Hg^{2+} 化合物（如 $HgCl_2$）是可溶于水的，无论是石灰或石灰石作为吸附剂，均可将烟气中约 90%的 Hg^{2+} 脱除，所以湿法烟气脱硫系统对控制可溶于水的重金属元素排放有一定控制作用，但对于不溶于水的 Hg^0 控制能力不高。WFGD 脱硫效率高、适应性广。

(3) 脱硝装置

1）SCR 装置对汞排放的影响

SCR 脱硝技术主要用来脱除燃煤电厂锅炉烟气中的氮氧化物，其催化过程是在 350℃ 反应温度和催化剂的作用下，加氨（NH_3）把烟气中 NO_x 转化为 N_2 和 H_2O，使烟气中的氮氧化物去除，SCR 系统对烟气中汞形态和排放也有重要影响。

在国内 20 个典型燃煤电厂，许月阳等对选择性催化还原脱硝系统前、后烟气汞的浓度和形态进行测试，研究电厂中常规污染物控制设施对烟气中汞的协同控制及形态转化作用，机组的装机容量从 150MW 到 1000MW，燃烧方式包括煤粉炉燃烧与循环流化床燃烧，燃煤分为了无烟煤、烟煤和褐煤等煤种，电厂常规污染物控制设施主要是除尘、WF-GD 和 SCR 脱硝之间多种方式的组合。

许月阳等得出这样的结论：SCR 前、后烟气中 Hg^T 的浓度基本一致，当烟气经过 SCR 系统时，SCR 系统对烟气中 Hg^T 的减排效果不明显。SCR 前、后 Hg^P 的浓度变化不大，而经过 SCR 系统后，Hg^0 的浓度明显降低，Hg^{2+} 的浓度明显增加，SCR 对 Hg^0 具有明显的催化氧化作用，Hg^0 转化成易溶于水的 Hg^{2+}，有利于下游湿法脱硫系统洗涤除汞。

2）SNCR 装置对汞排放的影响

美国 EPA 对燃烧烟煤的脱硝装置（SNCR 和 SCR）煤粉锅炉进行汞排放研究。发现配置冷态 ESP 除尘装置时，装有 SNCR 的煤粉锅炉其汞的平均捕获效率远高于未安装 NO_x 控制系统的锅炉（CS-ESP 为 36%，CS-ESP+SNCR 为 91%），其原因可能是配置 SNCR 的锅炉燃烧产生的飞灰中未燃炭含量较高，对汞具有一定的捕获作用，但 SNCR 系统对脱汞效率的影响有待于进一步研究。配置 SDA+FF 除尘装置时，无论是否配置 NO 控制装置，汞的平均捕获效率均较高，达 98%，其原因是布袋除尘器中，Hg^0 与飞灰的接触面积和时间增加，促进了 Hg^0 在飞灰表面的吸附以及飞灰对 Hg^0 的氧化。

3）烟气净化装置

ESP 和 WFGD 对 Hg、As、Se 的脱除效率中，高挥发性的 Hg 脱除效率相对较低，ESP 和 WFGD 对 As 和 Se 的脱除效率分别达 97.3%和 93.4%，对 Hg 的脱除效率仅为 71.4%。

6.1.4.3 重金属元素专项控制

专门控制重金属元素排放的技术被称作重金属元素专项控制。近年来，针对添加固体吸附剂抑制重金属的排放问题，学者们进行了大量的研究。在燃烧过程中，发现添加固体吸附剂对抑制重金属元素的排放效果显著，这一吸附过程既包括化学吸附过程也包括物理吸附过程。重金属被吸附剂吸附的机理主要有两种可能：一是重金属蒸汽先在吸附剂表面凝结再与其发生反应而消除重金属；二是重金属蒸汽在未形成结核前，便与吸附剂发生反应，从而达到捕集重金属的目的。

由于吸附剂本身的物理化学性质差异，对不同重金属的捕获能力也不同。目前，固体吸附剂研究方向较多，其中一些学者只针对某一种重金属元素的吸附进行研究，还有一些学者研究吸附剂对烟气中多种重金属元素的吸附效果。主要有以下几种。

(1) 飞灰吸附剂

目前，活性炭喷射被认为是最为有效的燃煤烟气重金属释放控制技术，而要达到较高的脱重金属效果，需要喷入大量的活性炭，其高昂的成本限制了其在国内的应用。飞灰及飞灰中未燃碳对重金属都有较强的氧化和捕获能力，其中以飞灰中未燃碳能力最强。煤燃烧后的副产物飞灰中未燃尽碳粒具有比表面积较大，且不规则的外形和疏松多孔结构，其孔结构多以大孔为主等特点。由于飞灰的这些结构特点，使得重金属元素容易在烟气中灰粒表面上凝聚富集。另外，重金属元素还会与飞灰中的一些矿物质组分发生化学反应，生成重金属化合物也富集在了灰粒表面上。

飞灰对重金属的捕获能力主要取决于飞灰颗粒特征和颗粒物捕集装置，不同电厂的飞灰脱除重金属能力有较大差异。决定其脱重金属能力的主要因素是飞灰中未燃碳颗粒的含量，但是，除了未燃碳颗粒含量外，影响脱汞性能的重要因素还包括飞灰中未燃碳颗粒物理特性、岩相组分、微观结构形貌、无机化学组分等。烟气组分、飞灰的物理化学特征以及烟气与飞灰组分之间的协同作用都对重金属的非均相催化氧化具有重要影响。

多项小型试验、中试试验以及现场试验均证明飞灰不但可以吸附汞而且可以氧化 Hg^0，Hg^0 与飞灰颗粒的相互作用对其形态分布和排放控制有重要影响。研究普遍认为飞灰捕获汞，其影响因素主要取决于飞灰的未燃碳含量及类型、无机化学组成反应温度等。飞灰的化学组成，尤其是飞灰中未燃碳和活性无机化学组分被认为是影响汞吸附与氧化的重要因素。飞灰的物理特性包括粒度、比表面积等同样对汞的捕集有重要影响。

(2) 活性炭吸附剂

由于碳基吸附剂具有巨大的比表面积和发达的孔隙结构等特点，造就了碳基吸附剂对多种物质都有很强的吸附能力，在低温下燃煤烟气脱重金属过程中，碳基吸附剂是最有应用前景的吸附材料之一。目前，用于燃煤烟气吸附脱除汞研究的活性炭质吸附剂包括：活性炭、活性焦、活性炭纤维以及燃煤产物中的未燃碳等。其中活性炭主要有：沥青基活性炭、褐煤基活性炭等，而活性炭纤维主要包括：酚醛基、黏胶基、沥青基活性炭纤维和聚丙烯腈基等。不同的活性炭由于前驱体不同以及加工处理方法的不同而表现出不同的吸附性能。

活性炭吸附剂技术得以应用的基础和核心是脱汞活性炭的制备与改性，且已成为活性炭制备研究的热点。活性炭对汞的吸附包括物理吸附和化学吸附。其物理化学特性与吸附脱汞性能密切相关，化学特征包括：水分含量、表面活性官能团等；物理特性包括：比表面积、孔径分布、颗粒粒径分布等。一般情况下，随着活性炭的孔体积和表面积的增大，活性炭对汞的捕获能力也会提高。因此，孔的尺寸也是决定汞吸附能力的关键因素之一。为了 Hg^0 和 Hg^{2+} 能够自由进入炭吸附剂内部，孔的尺寸必须足够大。随着颗粒的尺寸越大，其表面积也越大，从而进入到内表面的分子也就越多，其吸附汞的能力也就会增大。

针对活化处理的活性炭汞吸附性能，张鹏宇等进行了深入研究，得出结论为：用硫化钠、氯化锌对活性炭活化处理后，能有效提高活性炭的汞吸附量。

利用活性炭吸附剂，通常有两种方法脱除烟气中重金属：一是在烟气中喷入活性炭吸附剂；二是使烟气通过活性炭吸附剂床。第一种方法使用较为广泛。

(3) 钙基吸附剂

近年来，钙基类物质由于被用作重金属元素吸附剂而成为研究热点。钙基类物质是有效的烟气脱硫剂，价格低廉且容易获取。由于某些重金属元素和这类物质可以发生反应，生成稳定的重金属化合物，减少烟气中重金属元素的排放，从而减少了重金属造成的环境污染。因此，如何加强钙基类物质对重金属的脱除能力，如何在多种污染物联合脱除方面取得突破，成为迫切需要解决的问题。

燃煤钙基固砷剂有：$CaCO_3$、$Ca(OH)_2$ 和电石渣等，陈锦凤等利用正交试验得到：钙基固砷剂中 $CaCO_3$ 和电石渣的固砷效果最好，且当煤粒径为160～200目、Ca/S为2.0时，钙基固砷剂具有较好的固砷效果。张军营等通过试验发现：固硫剂 CaO 不仅可以固硫而且对 Se 的挥发性也有明显的抑制作用，且 CaO 对煤中 Se 挥发性的抑制效率与燃烧方式、燃烧温度密切相关。Shengrui Xu 研究发现：吸附剂为 CaO-ZnO 时对煤中 Se 的吸附效果比纯 CaO 好，并且在试验条件最佳时，这种复合材料对 Se 的吸附率达95.46%。CaO-ZnO 作为高硒煤燃烧时 Se 的吸附剂极具潜力。

美国 EPA 研究了对烟气中汞的脱除过程中钙基类物质［CaO、$Ca(OH)_2$、$CaCO_3$、$CaSO_4 \cdot 2H_2O$］的作用，结果表明：无论是否添加吸附剂，炉膛出口处的汞总量基本不变，但吸附剂的加入会增加灰粒汞含量，减少了氧化态汞量。在 ESP 出口，电除尘器除去了含汞的颗粒，使汞的总排放量下降了53%。说明 CaO 能较好地吸附 Hg^{2+}，而对单质汞的吸附没有明显作用。因此，如何加强钙基类物质对单质汞的脱除能力，可以从两方面进行研究探讨，一是，往钙基类物质中加入氧化性物质；二是，增加钙基类物质捕捉单质汞的活性区域。所以，钙基吸附剂选择的关键是全面优化氧化反应吸附体系。

(4) 矿物吸附剂

由于天然矿物材料本身具有很好的吸附特性，所以常常作为吸附剂应用在污水处理方面。近年来，矿物材料也尝试应用于燃煤烟气中重金属的控制研究中。天然矿物材料与其他吸附性吸收剂材料相比，除了具有来源广泛、价格低廉且不污染环境等特点外，还不会影响到电厂副产物（飞灰等）的商业价值。所以，在重金属吸附剂材料发展中，矿物吸附剂将是一种很有潜力的材料之一。

近年来，云母、铝土矿、高岭土、钒土矿、硅石及一系列硅铝钙吸附剂等作为矿物吸附剂常用在脱除烟气重金属。针对燃煤重金属排放控制问题，张智慧等采用硫酸钙、铝土矿、石灰石进行了试验，发现这三种吸附剂对一些有毒重金属有一定的吸附作用。比如添加 $CaSO_4$ 对 Cu、Cd、Pb、Co 的排放均有作用；铝土矿对重金属中的 Cu、Cd、Pb、Co、Ni 都产生了良好的吸附现象；添加 CaO 对重金属中的 Pb、Ni 均产生了吸附作用。Chen JC 等在研究 Pb、Cr、Cd 和 Cu 在不同条件下的排放情况中发现，依据对重金属的捕获能力，对矿物吸附剂的能力进行排序为：铝氧化物＜高岭土＜水＜石灰石，重金属被吸附量依次为：Cd＜Cr＜Cu＜Pb。另外，为了提高吸附剂对重金属的吸收能力，可以加入 Na_2SO_4 和 NaCl，且在燃烧炉中加入效果会更好。曾汉才通过试验证明了，高岭土通过化学反应及物理吸附的双重作用，可以实现对烟气中重金属的吸收。

张亮等使用固定床反应器对 6 种非碳基载体（高岭土、皂土、沸石、硅酸钙、中性氧化铝、柱层层析硅胶）担载多种活性物质后，在 N_2 气氛下 140℃时的汞吸附性能进行了研究。发现非碳基载体本身具有较差的汞物理吸附性能，但经改性后部分吸附剂的汞脱除率高于美国商用活性炭的汞脱除率。非碳基载体本身对汞没有脱除作用，但改性后，在活性物质和吸附剂载体共同作用下，非碳基汞吸附剂具有了汞脱除的性能。改性后的皂土的吸附性能较为均衡适中，硅胶和高岭土的平均汞吸附性能较差。担载 $CuBr_2$、$CuCl_2$、NaI、$FeCl_3$ 等物质后的中性氧化铝、硅酸钙和沸石用于脱除汞时，效率明显得以提高，这说明，在汞的捕获过程中，起到主要作用的就是担载的这几种活性物质。

（5）金属/金属氧化物催化剂

铁及其氧化物可以促进汞的氧化。URS 公司进行了冷态铁基催化剂试验，试验结果表明：在次烟煤烟气中汞的氧化效率约为 30%，烟煤烟气中汞的氧化效率约为 90%。这说明，烟气组分对铁基催化剂进行汞的氧化有重要影响。

极具潜力的汞氧化催化剂还有贵金属中的金、铜、钯及其氧化物等。由于金的催化剂具有对烟气中 O_2、SO_2、NO 及 H_2O 的吸附能力很弱的特点，所以在汞氧化过程中，金的催化剂可以抵抗这些烟气组分的干扰。Whorish 等进行了模拟飞灰试验，他们制备了一种含有 CuO 的模拟飞灰，CuO 模拟飞灰在 250℃含有 HCl 的条件下，汞的氧化效率可高达 90%。在上述同样条件下，若去掉模拟飞灰中的 CuO，汞的氧化效率仅为 10%。说明模拟飞灰中的 CuO 对汞的氧化起到了至关重要的作用。促进汞氧化的还有钯基催化剂。在烟煤烟气、次烟煤烟气以及褐煤烟气中，进行短时间（3～9 天）的冷态试验，试验结果表明，汞的氧化效率均可达到 90%左右。再进行长期（10 个月）的现场测试试验，结果证明，钯基催化剂的性能可保持长期稳定。甚至，可以在 CO_2 或 N_2 的环境下，实现钯基催化剂再生，并且与新鲜催化剂性能相比，再生后的催化剂的性能没有明显差异。因此，钯基催化剂的应用前景十分广阔。

在低温条件下，贵金属催化剂也同样可以促进汞的氧化。较强的低温催化活性是锰基催化剂的最大特点，可被应用于 SCR 脱硝。但是由于贵金属成本普遍偏高，所以广泛应用受到限制。

6.2 燃煤电厂 VOCs 的产生、危害、监测及治理

6.2.1 VOCs 的产生

挥发性有机化合物（volatile organic compounds，VOCs）是一类具有挥发性的有机化合物的统称。VOCs 是大气中挥发性有机物的重要来源之一，具有巨毒性、刺激性、致癌性、致畸性和致突变性等因素，会对人类身体健康、动植物的生长以及生态环境造成极大的危害。

目前，国际上的一些国家、国际组织和机构对 VOCs 的定义不尽相同，如表 6-4 所示。

表 6-4　国外典型 VOCs 定义及其特点

国家(地区)或国际组织	定义	出处	定义类型		
			物理特性	化学反应	监测方法
国际组织或跨国公司	熔点低于室温而沸点在 50～260℃之间的挥发性有机化合物的总称	世界卫生组织(WHO)	√		
	在常温常压下，任何能自然挥发的有机液体或固体，一般都视为可挥发性有机物	国际标准化组织(ISO 4618/1—1998)	√		
	在 101325Pa 压力下，任何初沸点低于或等于 250℃的有机化合物	巴斯夫(BASF)	√		
美国	除 CO、CO_2、H_2CO_3、金属碳化物或碳酸盐、碳酸铵外，任何参与大气光化学反应的碳化合物	州实施计划(SIPs) 40 CFR 51.100(s)[a]		√	
	任何参与大气光化学反应的有机化合物，或者依据法定方法、等效方法、替代方法测得的有机化合物，或者依据条款规定的特定程序确定的有机化合物	新固定源标准(NSPS) 40 CFR 60.2[b]		√	√
欧盟	人类活动排放的、能在日照作用下与 NO_x 反应生成光化学氧化剂的全部有机化合物，甲烷除外	环境空气质量指令 2008/50/EC；国家排放总量指令 2001/81/EC[c]		√	
	在 293.15K 条件下蒸气压大于或等于 0.01kPa，或者特定适用条件下具有相应挥发性的全部有机化合物	工业排放指令 2010/75/EU[d]	√		
	在标准压力 101.3kPa 下初沸点小于或等于 250℃的全部有机化合物	涂料指令 2004/42/EC[e]	√		

续表

国家(地区)或国际组织	定义	出处	定义类型		
			物理特性	化学反应	监测方法
日本	排放或扩散到大气中的任何气态有机化合物(政令规定的不会导致悬浮颗粒物和氧化剂生成的物质除外)	大气污染防治法[f]		√	

a. 美国：40 CFR Part 51. National primary and secondary ambient air quality standards。

b. 40 CFR Part 60. Standards of performance for new stationary sources (NSPS)。

c. 欧盟：Directive 2001/81/EC. National emission ceilings for certain atmospheric pollutants。

d. Directive 2010/75/EU. Industrial emissions directive。

e. Directive 2004/42/EC. Limitation of emissions of volatile organic compounds due to the use of organic solvents in certain paints and varnishes and vehicle refinishing products and amending directive。

f. 日本环境省 . 2015. VOC 的排出限制制度（相关法令等）. http：/www. env. go. jp/air/osen/voc/seido. html。

挥发性有机物根据物理特性、化学反应性和监测方法，可归纳为三类定义。物理特性的定义主要是从反映有机物挥发性的“蒸气压”和“沸点”两个参数来确定，从蒸气压定义：在 293.15K 条件下蒸气压大于或等于 10Pa，或者特定适用条件下具有相应挥发性的全部有机化合物（不包括甲烷）。从沸点定义：在 101.325kPa 标准压力下，任何初沸点低于或等于 250℃的有机化合物。基于化学反应性的定义主要从根据参与不同光化学反应而带来的臭氧，有机物的反应性和雾霾污染来确定。如，美国定义其为：除金属碳酸盐或碳化物、碳酸铵、CO、CO_2、H_2CO_3 外，任何参与大气光化学反应的碳化合物；欧盟定义其为：人类活动排放的，能在日照作用下与 NO_x 反应生成光化学氧化剂的除甲烷外的全部有机化合物。而基于监测方法的定义主要考虑到实际监测方法多能识别的目标污染物范围来确定。如我国《室内空气质量标准》将挥发性有机物定义为“利用 Tenax GC 或 Tenax TA 采样，非极性色谱柱（极性指数小于 10）进行分析，保留时间在正己烷和正十六烷之间的挥发性有机化合物”。

各国或国际组织对挥发性有机物定义的出发点有所区别。国际组织对 VOCs 定义偏重其物理特性。美国、欧盟和日本则从国家（地区）层面更偏重 VOCs 参与大气光化学活性等的化学反应性。我国挥发性有机物的定义目前处于较为混乱和矛盾的局面，尚未从国家层面进行定义。在实际监测中，考虑到监测方法的限制，挥发性有机物的定义考虑更多的是适合监测方法的 VOCs 定义。通常情况下，VOCs 定义因所考虑的因素（物理特性、化学反应性以及监测方法）不同而有所区别。

基于“物理特性”“化学反应性”及“监测方法”这三类典型的 VOCs 定义分析我国 VOCs 定义特点，总体呈现不够统一的局面，国家层面定义缺乏，地方和行业定义不统一。通常，我国采用的是世界卫生组织对 VOCs 的定义，即“VOCs 是熔点低于室温而沸点在 50～260℃之间的挥发性有机化合物的总称”。

按照挥发性有机物结构的不同，可将 VOCs 分为以下几类：烷类、烯类、芳烃类、卤烃类、酯类、醛类、酮类和其他化合物。表 6-5 列出了一些常见的 VOCs 种类。

表 6-5 一些常见的挥发性有机物（VOCs）

分类	挥发性有机物(VOCs)
烷烃	戊烷(pentane)、正己烷(n-hexane)、环己烷(cyclohexane)
烯烃	丙烯(propylene)、丁烯(butene)、环己烯(cyclohexene)
芳烃类	苯(benzene)、甲苯(toluene)、乙苯(ethylbenzene)、二甲苯(xylene)
卤烃类	二氯甲烷(dichloromethane)、四氯化碳(carbon tetrachloride)、二氯乙烯(dichloroethylene)
酯类	乙酸乙酯(ethyl acetate)、乙酸丁酯(butyl acetate)
醛类	甲醛(formaldehyde)、乙醛(acetaldehyde)
酮类	丙酮(acetone)、甲基乙基甲酮(methyl ethyl ketone)、丁酮(butanone)、环己酮(cyclohexanone)
其他化合物	乙醚(diethyl ether)、四氢呋喃(tetrahydrofuran)

除了按照结构分类外，世界卫生组织也按照沸点的不同，将 VOCs 分为半挥发性有机物（semi volatile organic compounds，SVOCs）、挥发性有机物和易挥发性有机物（very volatile organic compounds，VVOCs），一般还是统称为 VOCs。

6.2.2 VOCs 的危害

挥发性有机物（VOCs）中包括许多种不同的有机物质，其组分十分复杂，是大气中气态的有机物。大气中 VOCs 相当于大气氧化过程的燃料，大气氧化性增强的关键因素就是大气中 VOCs 的增加。

人类历史上首次光化学烟雾事件在 1940 年美国洛杉矶发生，该事件引发了学者们的大量研究，确定了生成臭氧的重要前体物就是 NO_x 和该地区汽车尾气排放的 VOCs。很多大气挥发性有机物研究的主要出发点就是在臭氧生成中 VOCs 的作用。在全球许多地区和城市，都是由于 VOCs 的化学过程生成大气臭氧的。在我国，由 VOCs 引起的光化学烟雾事件主要发生在北京、广州等城市群地区。20 世纪 80 年代，美国南加州、德国、英国等地就已经开始针对 VOCs 的控制进行研究工作。

更为重要的是，认识大气 $PM_{2.5}$ 化学组成、浓度和变化规律中的核心问题就是 VOCs 转化及其对二次气溶胶生成的贡献。在细颗粒有机物质量浓度中，VOCs 转化生成的二次有机气溶胶（secondary organic aerosol，SOA）占其中的 20%～50%。目前，对于二次有机气溶胶的前体物还没有明确的结论，但普遍认为，引发气溶胶生成的主要因素之一就是高碳的 VOCs，而二次气溶胶主要是由芳香烃类化合物生成而得的。空气中 $PM_{2.5}$ 有机组分大幅度增加，往往是由于大气中重污染的发生。除此以外，值得关注的是，一些含卤素的 VOCs，在紫外线的照射下，进入大气平流层后，会引发一系列链式化学反应，消耗大气层中的臭氧，造成臭氧层空洞。

VOCs 不但对环境具有重大的危害，同时对人体健康也具有严重的危害。大多数 VOCs 分子具有毒性和致癌性。在 VOCs 低暴露量、短时间的接触下，会刺激皮肤和呼吸道，使人出现乏力、昏昏欲睡和头痛的症状，如果接触高浓度的有机废气，即使时间短也可能会危及生命。如果长期接触 VOCs 会导致人体罹患癌症及突变性等疾病。国际癌症研究机构（International Agency for Research on Cancer，IARC）明确了致癌或可能致癌的污染物，其中，可能致癌物有甲苯、二甲苯和乙苯等，而苯为一类致癌物，即确定对人体致癌。Lan 等的研究表明：当人体暴露在苯环境下时，B 细胞、淋巴细胞、白细胞和血小板数量均会下降，即使当空气中苯的浓度仅为 1×10^{-6} 时，这种下降也比较明显。Rachna 等研究人的皮肤对以苯、乙醇丙酮和 1,2-二氯乙烷作为代表性的 VOCs 的吸收性能，研究结果表明：即使是很少量的接触，VOCs 组分也会明显地改变人皮肤的渗透性。这些研究初步揭露了 VOCs 对人体的危害作用，同时也应注意到人们对 VOCs 的危害机理等还有较多不明确的地方，相关的研究还需要进一步深入。

VOCs 具有有机物、易燃、易爆等属性，导致其在工业生产过程中也有较大的安全隐患，所以在工业应用中需要加倍注意，尤其是在高温高压的环境中。

6.2.3 VOCs 的监测方法

6.2.3.1 国外典型 VOCs 监测方法

VOCs 监测方法主要分为两大类，包括环境空气和污染源监测。美国、欧洲、日本等国家从 20 世纪 70 年代就相继开展起了 VOCs 的监测工作，也相继制定出台。其中，针对环境空气和污染源排放，美国 EPA 推出了一系列 VOCs 的监测方法，如表 6-6 所示。

表 6-6 美国 EPA 推出的 VOCs 监测方法体系

监测方法体系类别	方法体系	目标化合物种类与分析方法
环境空气有毒有机物测定方法 EPA TO-1～TO-17 系列（1984—1997 年）	TO-1～TO-3	卤代烃、芳烃、乙腈等非极性有机物（沸点 −10～200℃），小流量采样吸附采样管冷阱捕集 GC-MS/GC-FID/GC-ECD
	TO-12	非甲烷有机物（NMOC，以 10^{-6}C 表示），玻璃微珠采样管冷阱捕集，GC-FID
	TO-14、TO-14A、TO-15	高挥发性有机物（沸点 −158～200℃），数码采样罐多吸附剂富集管，GC-MS、GC-FID/ECD/PID/NPD/FTD
	TO-16	挥发性有机物（沸点 80～200℃），在线傅立叶变换红外光谱仪（FTIR）
	TO-17	高挥发性有机物（沸点 −158～200℃），在线或多种固相吸附剂采样管、热脱附，GC-MS
固定源废气采样和分析方法 EPA Method 1～Method 30 系列	Method 18、Method 25/25A、Method 25B	总气态有机物（TGOC）或总气态非甲烷有机物（TGNMOC），排气管道采样系统-气相色谱分析法

针对 VOCs 监测，欧洲环境署（EEA）出台了一系列的技术指导文件，其中，对环境大气中 VOCs 浓度、工业排放 VOCs 的测量技术进行了详尽的说明。目前，针对 VOCs 监测方法，欧洲标准有：一是 BS EN 13649，使用活性炭吸附监测 VOCs 组分；二是 BSAEN 12619/13526，使用氢火焰离子化检测器（FID）监测总有机碳（TOC）。

污染源 VOCs 的监测对 VOCs 排放标准或政策的制定以及日常管理和控制极其重要。污染源 VOCs 排放标准中监管指标的确定应与现有监测方法有效匹配。对有机废气排放控制，美国用有机有害大气污染物（organic HAP）指标表征或 VOCs；欧盟和日本用 VOCs。限值指标用总碳（total carbon，TC）或总有机碳（total organic carbon，TOC）的体积浓度 10^{-6}C（美国、日本）或质量浓度 mg C/Nm^3 表示，以此描述有机物污染状况，并最大限度控制有机污染物排放。为适应实际情况，美国、德国、日本等国家开始关注监测方法的多样化。这些国家分别推出污染源废气VOCs监测方法标准系列。有电子俘获检测器（ECD）、光电离检测器（PID）、FID或其他检测器的采集样品——实验室分析的常规气相色谱分析法（GC）；有测定的结果均以总碳计的在线直接分析法和连续分析法。当前，美国、欧洲、日本监测污染源废气VOCs的主流标准分析方法是GC-FID测定总气态非甲烷挥发性有机物（NMVOC）。在用气相色谱法分析时，遇到不能确定的色谱峰，可用气相色谱-红外光谱分析法（GC-IR）或质谱分析法（MS）加以识别，VOCs组成成分分析可用GC-MS法。

6.2.3.2　我国VOCs监测方法及其建议

近年来，随着我国对VOCs污染与控制的不断重视，一系列法规政策及标准规范相继出台，而VOCs的监测能力，是落实和实现国家大气环境控制目标的基础。准确地监测大气中VOCs是了解其浓度水平变化、量化来源及评估VOCs对大气污染生成贡献的必要前提。然而，环境和污染源排放的VOCs物种成千上万，浓度范围跨度大，反应活性各异。因此，在采样过程中，样品有效保存、定性与定量分析难度大。另外，我国对于大气VOCs的研究尚处于刚刚起步的阶段，在开展的VOCs监测工作中，采用的方法多样化，监测数据比较零散，目标化合物也不一致。

近年国内相继颁布了一系列监测方法标准规范，表6-7为国内目前现有的VOCs监测方法，主要包括固定污染源和环境空气VOCs的监测两方面。其中，《固定污染源排气中非甲烷总烃的测定 气相色谱法》（HJ/T 38—1999）是最早颁布的监测方法，其以非甲烷总烃（NMHC）作为综合指标，适用于固定污染源有组织排放和无组织排放的测定。由于目前实际监管过程中VOCs定义或综合指标界限难以划分，而非甲烷总烃作为一项综合性的监测指标，加之有完善的监测方法标准，故标准方法和指标一直延续至今。从VOCs个体组分来看，除了非甲烷总烃以外，一些特征污染物（如卤代烃）或光化学活性高的物质（如酯类、醛酮类等）含氧VOCs也占据了很大比例，且不在此监测对象范围内。

表6-7　国内现有VOCs监测方法

方法体系类别	方法标准编号	名称	分析方法与目标污染物
环境空气	HJ 583—2010	《环境空气　苯系物的测定　固体吸附/热脱附-气相色谱法》	GC-FID，环境空气和室内空气中苯、甲苯、乙苯、邻二甲苯、间二甲苯、对二甲苯、异丙苯和苯乙烯等8种
	HJ 584—2010	《环境空气　苯系物的测定　活性炭吸附/二硫化碳解吸-气相色谱法》	GC-FID，环境空气和室内空气中苯、甲苯、乙苯、邻二甲苯、间二甲苯、对二甲苯、异丙苯和苯乙烯等8种
	HJ 644—2013	《环境空气　挥发性有机物的测定　吸附管采样-热脱附/气相色谱-质谱法》	GCMS，26种卤代烃化合物和9种芳香烃化合物
	HJ 645—2013	《环境空气　挥发性卤代烃的测定　活性炭吸附-二硫化碳解吸/气相色谱法》	GC-ECD，20种卤代烃化合物
	HJ 759—2015	《环境空气　挥发性有机物的测定　罐采样/气相色谱-质谱法》	GC-MS，67种挥发性有机物

续表

方法体系类别	方法标准编号	名称	分析方法与目标污染物
固定污染源	HJ 38—2017	《固定污染源废气　总烃、甲烷和非甲烷总烃的测定　气相色谱法》	GC-FID，适用范围涵盖了有组织排放废气中的总烃、甲烷和非甲烷总烃的测定
	HJ 732—2014	《固定污染源废气 挥发性有机物的采样　气袋法》	非甲烷总烃和61种VOCs的采样
	HJ 734—2014	《固定污染源废气　挥发性有机物的测定　固相吸附-热脱附/气相色谱-质谱法》	组合固体吸附管-二级热脱附-GCMS，包括丙酮、异丙醇等24种挥发性有机物

国家在2014年先后颁布了《固定污染源废气　挥发性有机物的采样　气袋法》（HJ 732—2014）和《固定污染源废气　挥发性有机物的测定　固相吸附-热脱附/气相色谱-质谱法》（HJ 734—2014）。2014年新颁布的固定污染源VOCs监测方法在VOCs组分测定上有一定的提高，但在VOCs作为综合指标上仍然没有突破，这也是目前新颁布的国家或地方排放标准仍以NMHC作为综合监控指标的原因之一。利用NMHC作为综合指标，尽管在监测方法上各地或各行业均可统一，但在实际监管中却存在很大不足。首先忽略了含氧挥发性有机物（OVOCs）的排放，部分有毒有害或反应活性强的OVOCs物质，如醛类、乙酸酯类、酮类等，在污染源中的排放中也被忽略；另外，由于监控的VOCs组分未明确，以至于实际监管中行业特征污染物没有真正得到关注和后续有效控制。

除了固定污染源监测外，环境空气中挥发性有机物的监测方法主要有《环境空气　挥发性有机物的测定　吸附管采样-热脱附/气相色谱-质谱法》（HJ 644—2013）和《环境空气挥发性有机物的测定　罐采样/气相色谱-质谱法》（HJ 759—2015）。前者采用吸附管采样-热脱附/气相色谱-质谱法，适用于环境空气中35种VOCs的测定；后者则采用罐采样/气相色谱-质谱法，适用于67种VOCs的测定。此外，由于苯系物及卤代烃较强的毒性及致癌性，其在环境中大量存在会给人体健康带来威胁，因此环境空气中VOCs的监测还出台了针对苯系物和卤代烃的监测方法，分别为《环境空气　苯系物的测定　固体吸附/热脱附-气相色谱法》（HJ 583—2010）《环境空气　苯系物的测定　活性炭吸附/二硫化碳解吸-气相色谱法》（HJ 584—2010）和《环境空气　挥发性卤代烃的测定　活性炭吸附-二硫化碳解吸/气相色谱法》（HJ 645—2013）。环境空气中VOCs的监测除了存在固定污染源对应的综合指标不足外，还存在如现有苯系物监测方法中，并没有针对含三甲苯或四甲苯溶剂大量使用时挥发的监测方法等不足之处。

台湾地区针对VOCs监测也出台了一系列监测技术标准方法。环境空气VOCs监测方法：1997年，颁布了《挥发性有机物空气污染管制及排放标准》；2010年，制定了能测定大气中87种VOCs的《不锈钢罐采样-质谱法》标准方法。污染源VOCs监测方法体系中：在NIEA433.71C中，对排放管道中总有机气体检测方法-火焰离子化检测法（THC-FID）进行了分析；在NIEA718.10C中，对非甲烷有机气体排放测定方法（以碳为基准）进行了总结；在NIEA A721.70B中，对如何使用排放管道中挥发性有机物检测方法-采样组装/气相色谱-质谱仪法进行了讲解；在NIEA A722.73B中，对采用排放管道中气态有机化合物检测方法-采样袋采样/气相层析火焰离子化检测法或其他检测器进行了分析。

6.2.4 VOCs 的治理技术与方法

在我国，燃煤电厂仍是发电行业的主力军，而主要大气污染物中的 VOCs 的主要来源之一就是燃煤电厂中煤的燃烧。为此，我国在制定相关环保法规和排放标准时，要求越来越规范、严格。目前，每种 VOCs 治理技术都有着各自的技术特点，同时，各种 VOCs 治理技术的去除性能、适用范围、投资运行费用等多种因素影响，也使单元处理技术的应用受到了较大的制约。目前，开发出能够协同脱除多种污染物的设备技术，会拥有较好的发展前景。

6.2.4.1 活性炭纤维吸附技术

因吸附材料不同，吸附技术主要分为活性炭纤维（ACF）吸附技术、活性炭吸附技术、活性焦吸附技术等。吸附剂具有效果明显、易操作、低成本等性能特点，是目前处理有机废气技术中，使用最广泛的手段之一。前驱体材料经过预处理、活化及炭化制成的 ACF 具有微孔较多且分布均匀，与颗粒活性炭相比，其比表面积大，吸附效率高，可再生等特点。因此，活性炭纤维吸附技术在燃煤电厂的烟气 VOCs 治理中，有较大发展空间，并且 ACF 常作为吸附分离材料被用在新型化工中。活性炭纤维与活性炭颗粒的性能比较见表 6-8。

表 6-8 活性炭纤维与活性炭颗粒的性能比较

种类	孔径分布	孔径长度	比表面积/(m^2/g)	乙醛吸附率/%
活性炭纤维	微孔	短	1500～2500	52
颗粒活性炭	微孔为主	长	800～1000	13

研究显示，ACF 材料的滤镜小于 0.2m/s，厚度为 20mm。ACF 材料对 VOCs 净化效率在 VOCs 浓度值<1000mg/m^3 时，可以达到 90%左右。对 VOCs 吸附进行的深入研究发现，要改善 ACF 材料表面官能团较少的现状，可以通过利用表面化学改性对 ACF 材料进行处理，改性后的 ACF 材料对甲苯、甲醛、三苯及混合物等有机化合物的吸附能力明显提高，实际应用价值也凸显出来。ACF 材料是利用 H_2O_2 浸渍的方式来进行化学改性的，学者们对 ACF 改性前、后的脱除甲苯的效果进行了试验比对，结果表明：ACF 在经过改性后一定程度上降低了比表面积与孔容，但增加了含氧官能团含量与吸附甲苯能力。在模拟烟气中，当吸附温度在 40℃，O_2 浓度为 5%，并且烟气中不含有水蒸气的环境下，ACF 脱除甲苯的效果达到最佳。

虽然在 VOCs 吸附回收方面 ACF 具有较为明显的优势，但其也存在寿命周期短、选择性有待提高、造价昂贵等方面的不足。因此，结合当前存在的问题及工业实际应用，生产成本如何降低，如何不断完善工艺提高材料的寿命周期，增强 ACF 对 VOCs 的选择性和吸附性，探索 ACF 的功能化改性研究，同时不断尝试与其他功能材料合成新型多功能复合材料等问题将成为 ACF 的研究方向。

6.2.4.2 等离子体-光催化复合净化技术

物质常规有三种状态（液态、气态、固态），而等离子体是与其性质不同的第四种形态。它是导电性流体，由大量的自由基、电子、离子和中性粒子组成，由于其中正负电荷相等，所以整体保持电中性，能有效降解 VOCs。

由于等离子体-光催化复合净化技术集成了光催化净化技术与等离子体净化技术的优势，所以其对 O_3、CO、氨气、甲苯、气相苯等有机化合物有较好的净化效果。该技术主要有 2 种方式：一是以等离子体产生的电磁波作为光催化剂的激发光源，但其光的强度较弱是这种方式最大的问题，不足以引发大量的光催化降解反应；二是在等离子体发生装置上直接附着光催化剂，如：把光催化剂膜涂覆在等离子体发生管的管壁上，但等离子体器件制备较难和光催化剂表面积较低是这种方式的两大缺点。鉴于此，为了提升复合净化技术的使用价值与效率，我国相关学者积极探索新的复合方式。许太明等对等离子体单元在前、光催化单元在后和气流先流经光催化网再经过等离子体单元两种组合方式进行了比对试验，试验结果表明：前者净化效果明显高于后者，有较显著的协同促进效应，并发现通过改变等离子体发生单元与光催化单元的距离，在两者间放置可消除负电荷影响的网状物等还可进一步提高反应性能。

由于等离子体净化技术具有选择性差，能耗较高，且在处理废气过程中会生成二次污染物（如臭氧、一氧化碳、气溶胶颗粒）等缺点，制约了该技术的工业化应用及发展。

6.2.4.3 催化燃烧技术

催化剂可使 VOCs 在低温条件下燃烧，分解成 H_2O、CO_2、热量的一种净化技术被称作为催化燃烧技术，是一种新型环保的 VOCs 处理技术。与一般热力燃烧相比，该技术具有起燃温度低、无须较多辅助热量、耗能少等特点。而且在 VOCs 浓度较低时，也能进行处理。

在催化燃烧技术中，催化剂的性能越高，净化也就会越彻底，反之则净化不够完全，催化剂的性能对 VOCs 净化程度起着至关重要的作用。催化剂的种类主要有贵金属催化剂、金属氧化催化剂等。其中，由于贵金属催化剂具有易中毒、成本高和资源匮乏等缺点，使其在催化燃烧技术中应用较少。而金属氧化物催化剂具有低温高活性、高温稳定和抗中毒能力强等特点，被广泛地应用在工业生产当中。所以在催化燃烧技术中，主要以金属氧化物催化剂为主。目前，我国科学家通过长期试验得到多种催化剂，如：$NiO/\gamma\text{-}Al_2O_3$、$CdO/\gamma\text{-}Al_2O_3$、$CuO/\gamma\text{-}Al_2O_3$ 等，并且验证了其具有催化活性高和起燃温度低的特点。之后，科学家们又将氯苯置于不同的催化剂下，进行燃烧试验，试验发现：在同等负载时，载体的不同对催化剂活性的影响巨大。Yang 等在用 MCM-41 与 SBA-15 分子筛分别作为 CuO 载体催化苯燃烧的性能实验中发现：载体 SBA-15 上 CuO 的分散度大于载体 MCM-41。因此，在催化苯燃烧中，载体 SBA-15 的活性更高。采用浸渍法，Liu 等相关人员制备出了 MnO_x/Al_2O_3、MnO_x/TiO_2 以及 MnO_x/SiO_2 催化剂，在 Liu 等相关人员对氯苯进行催化燃烧试验中发现，经过 XRD 与 TPR 测试分析，活性组分 MnO_x 在 MnO_x/TiO_2 催化剂上具有最高的分散度，MnO_x/TiO_2 是催化剂活性最高的。

在 VOCs 的催化燃烧技术方面，我国研究效果显著。近几年，在催化 VOCs 燃烧的研究与应用中，过渡金属催化材料的研发已取得重大进展。在处理电厂烟气中影响催化剂活性的因素有：VOCs 种类、水蒸气、含氯、含硫等。因此，今后催化体系的研究重点就是结合反应机理以及工业应用中的实际工艺条件，有针对性地提高过渡金属催化材料高温稳定性、催化活性以及制备相应的载体。

6.2.4.4 生物法 VOCs 净化技术

通过附着生长在填料上的微生物的新陈代谢过程，污染物被分解为 H_2O、CO_2、SO_4^{2-} 等无机物，并生成新的微生物细胞质的过程被称为生物法 VOCs 净化技术，是大气污染控制领域的研究热点之一。生物法技术相比于传统物化法（如中和法、吸附法、催化燃烧法、冷凝法和氧化法等），具有明显的优势，如操作稳定、效果好、无二次污染、运行费用低等，对于低浓度、大流量的 VOCs 特别适合用该方法处理。而将高效化工反应装置中的生物膜技术和填料塔有机结合就形成了生物滴滤法，VOCs 的分解脱除就是充分利用生物膜技术所具备的净化反应速度快、微生物密度高等性能以及填料塔所具备的高效对流传质和气液接触面积大等特性来实现的。生物滴滤法是典型生物法净化技术中的一种，受到了国内外广泛关注。

由于 VOCs 在实际排放中，苯系物占有较大比例且浓度高，是主要的污染源之一。针对多种典型的苯系物在微生物中的降级性能，张鹤清等进行了详细考察，研究结果表明：以甲苯驯化的污泥为菌种，可以有效降解邻二甲苯、间二甲苯、对二甲苯、苯和氯苯。同时，李国文等建立了滴滤塔降解 VOCs 理论模型，选择甲苯为 VOCs 代表来考察过滤塔生物降解能力，进行了实验研究，实验研究结果表明：在实验工况和挂膜条件下，生物滴滤塔对甲苯有较强的降解能力，当浓度低于 $2000mg/m^3$ 时，降解效率均达 95%，这充分反映了生物过滤法处理低浓度甲苯废气是可行的。影响微生物降解 VOCs 效果的因素有填料、氧气、温度和底物 VOCs 特性等，其中生物法处理 VOCs 的关键因素是微生物本身物性。於建明等自主研制了的新型复合生物滤塔，并且应用于某制药厂，净化处理含 VOCs 和 H_2S 的混合废气，研究结果表明：复合生物滤塔同时兼备了生物滴滤塔（BTF）和生物过滤塔（BF）的优点，在处理含 H_2S 和 VOCs 混合废气时具有高效、节能、低耗等明显优势，最佳工况下 VOCs 平均去除率可高达 83.6%。孙丽欣等以污水处理厂活性污泥为菌种，在生物滴滤塔内接种挂膜，用油烟气进行驯化，实验结果为：应用该方法形成的生物膜，对油烟废气有很好的去除效果，整个实验系统对油烟气的总去除效率可达 91%以上。

20 世纪 90 年代，发展生物技术开始引起我国的重视，并逐步在地下水污染、石油烃污染的治理，水体富营养化等领域得以应用，且取得了一定成效。虽然生物修复技术的研究在我国时间还尚短，很多技术还不够成熟，如污染物的转化产物的研究、烟气中 VOCs 的治理程度、有毒物质的去除等方面都还不够完善，但是与其他的治理技术相比，生物技术具有无二次污染、费用低和效果显著等优点，未来的发展空间巨大。

第7章 燃煤电厂有色烟羽控制

随着燃煤电厂超低排放改造的逐步完成，常规烟气污染物得到了有效控制。近几年，公众逐渐关注有色烟羽等现象，国内部分省市也出台了治理石膏雨和有色烟羽的政策和标准，有色烟羽的治理成为燃煤电厂环保的热点问题。本章对有色烟羽的概念和成分进行了简要介绍，分析了有色烟羽的特征和危害，梳理了国内关于有色烟羽治理的相关政策和标准，论述了有色烟羽的治理技术；最后列举了国内几家有色烟羽治理的实例。

7.1 有色烟羽的概述

图7-1 有色烟羽

7.1.1 有色烟羽的定义及成分

当烟气从烟囱或其他装置排入大气后，由于它具有一定的动量和浮力，在向下风向传输过程中，其中心线会上升，同时烟体向四周扩散，烟气在扩散过程中其外形有时像羽毛状，因此，称其为烟羽。在阳光充足的条件下，烟羽会显示出不同的颜色，带有颜色的烟羽被称为有色烟羽，如图 7-1 所示。烟羽的颜色主要与烟气成分有关，不同的烟气成分会呈现不同的颜色，颜色的深浅反映出浓度的大小。根据烟气成分的不同，可将有色烟羽分为黑色烟羽（或灰色烟羽）、黄色烟羽、白色烟羽和蓝色烟羽等。20世纪90年代以前，由于烟尘浓度过高，燃煤电厂排放的烟气普遍呈黑色。燃煤电厂实现超低排放后，电厂排放的烟气通常呈白色，也有部分呈现蓝色。

7.1.1.1 黑色烟羽

黑色烟羽（或灰色烟羽）主要是由于排放的烟气中烟尘等固体颗粒物浓度过高，烟气在烟囱附近呈现黑色或灰色。灰黑色烟气会在大气中扩散很远的距离，产生拖尾现象，即灰黑色烟羽。当固体颗粒物浓度不大于50mg/m^3时，干烟气排放为无色烟羽，湿烟气排放为白色烟羽，而且白色烟羽消散后不会出现拖尾现象。燃煤电厂超低排放要求烟尘排放浓度不大于10mg/m^3，随着超低排放改造的逐步完成，国内燃煤电厂基本不会出现黑色烟羽或灰色烟羽。

7.1.1.2 黄色烟羽

黄色烟羽是指烟气中的NO_2浓度较高时，烟囱排放的烟气呈现黄色的现象。超低排放要求NO_x排放浓度不大于50mg/m^3，而且其中主要是NO，NO_2的含量只占5%左右。因此，燃煤电厂也基本不会出现黄色烟羽。只有在锅炉启动阶段，由于烟温较低，无法达到脱硝投运温度，排放的烟气中NO_x浓度较高，可能会出现黄色烟羽。

7.1.1.3 白色烟羽

燃煤电厂取消烟气再热器（gas gas heater，GGH）后，经湿法脱硫处理后的烟气温度通常在45～55℃，含有大量的水蒸气，该饱和湿烟气通过烟囱排入大气后，与温度较低的环境空气接触，由于温度的降低，烟气中的饱和水蒸气凝结成1μm左右的小液滴，在光线的折射、散射作用下呈现白色，但在光线较暗的条件下，如阴雨天或傍晚时分，烟羽也会呈现灰色，称其为白色烟羽或湿烟羽，俗称“大白烟”或“白雾”。白色烟羽在扩散后会很快消失，与其他烟羽不同，不会产生拖尾现象。经超低排放改造后的燃煤电厂普遍存在白色烟羽。

7.1.1.4 蓝色烟羽

我国燃煤电厂普遍采用选择性催化还原（SCR）脱硝工艺和石灰石-石膏湿法脱硫工艺，SCR工艺使用的钒钛类催化剂对SO_2有强烈的催化氧化作用，部分SO_2会被氧化为SO_3，在湿法脱硫系统中，SO_3因浆液喷淋急剧降温冷凝为SO_3/H_2SO_4气溶胶，而且脱硝会有部分氨逃逸，排入大气后，SO_3/H_2SO_4、NH_3等气溶胶为亚微米尺度的小颗粒，在光照条件下，由于散射作用呈现蓝色，这种现象称为蓝色烟羽。2000年，美国Gavin电厂在加装SCR脱硝装置后，首次出现了蓝色烟羽现象。当烟气中的SO_3/H_2SO_4、NH_3气溶胶浓度超过10～20mg/L时，会出现较明显的蓝色烟羽，而且浓度越高，烟羽的颜色越浓，长度也越长，严重时甚至可以落地。

7.1.1.5 烟囱雨

湿烟气中的液滴在被带出烟囱后，一部分来不及扩散和蒸发的大液滴会降落到地面，这种现象称为烟囱雨。烟囱雨的成因主要有：①当环境温度较低时，烟气来不及扩散，饱和湿烟气遇冷凝结沉降。②除雾器效果差，大量液滴被烟气携带排入大气，被携带的液滴直径通常在 100～1000μm，少数大于 2000μm，直接导致烟气中的液滴沉降。③烟气夹带的大液滴在惯性力的作用下撞击到烟道和烟囱壁上，与壁面上的冷凝液结合，被重新带入烟气，这些液滴的直径通常在 1000～5000μm，液滴夹带量与壁面粗糙度和烟气流速正相关。

7.1.1.6 石膏雨

石膏雨特指采用石灰石-石膏湿法脱硫工艺时，除雾器对逃逸的石膏液滴脱除效率不高，导致大量的石膏液滴随烟气排入到大气，在烟囱附近落在地面形成白色石膏斑点的现象。石膏雨是由于脱硫系统中烟气流速过大、流场不均以及除雾器效果差等原因形成的，随着设备的改进及经验的积累，目前满足超低排放的燃煤电厂已基本不会出现石膏雨现象。

不同的有色烟羽所含成分有很大差异，达到超低排放要求的燃煤电厂已基本不会出现黑色烟羽和黄色烟羽，仅会出现由于湿烟气中的水蒸气冷凝形成的白色烟羽和由于烟气中 SO_3/H_2SO_4、NH_3 气溶胶含量高形成的蓝色烟羽。因此，本章仅重点介绍白色烟羽和蓝色烟羽，对黑色烟羽和黄色烟羽不做展开。

7.1.2 有色烟羽的特征

烟气由烟囱排出后，由于烟气温度高于环境温度，烟羽会抬升一定高度并向下风向扩散，烟羽的抬升和扩散与烟气温度、环境温度、环境湿度、环境风速等有关。

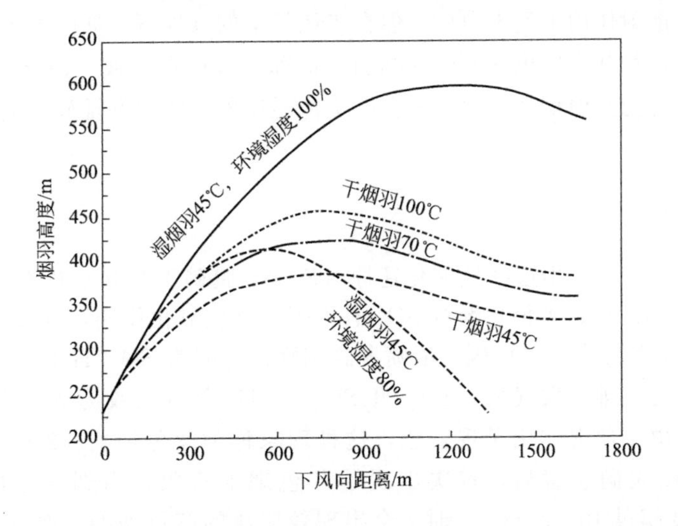

图 7-2 不同环境湿度下湿烟羽与不同温度的干烟羽的抬升轨迹

7.1.2.1 烟羽的抬升

图 7-2 给出了不同环境湿度下 45℃湿烟羽与不同温度的干烟羽的抬升轨迹对比，可

以发现，当环境湿度由 80%增加到饱和湿度（100%）时，湿烟羽的抬升高度显著增大，而且达到最大高度的距离也增大。烟气的排放温度越高，烟羽的抬升高度也越高。对比湿烟羽和干烟羽的抬升轨迹可以发现，当环境湿度为 80%（不饱和状态）时，与同温度下干烟羽相比，湿烟羽开始的抬升高度更高，这主要是由于湿烟气中的水汽凝结释放出潜热，使烟羽获得了额外浮力。但是，达到最大抬升高度之后，湿烟羽的抬升高度下降也更快，其原因是湿烟羽中凝结的液态水再次蒸发吸收潜热。当环境湿度达到饱和状态时，湿烟羽的抬升高度远高于同温度下干烟羽的抬升高度，甚至比 100℃的干烟羽还要高出许多。这主要是由于环境处于饱和状态时，凝结的液态水不会再次蒸发。烟羽的抬升特性如下：

① 风速增大时，湿烟羽达到最大高度的距离增加，但其最大抬升高度下降；

② 环境温度升高，湿烟羽达到最大高度的距离缩短，其最大抬升高度也下降；

③ 环境湿度对湿烟羽的抬升高度影响较大，环境湿度增大时，烟羽最大抬升高度增大，达到最大抬升高度的距离也增大；

④ 烟羽排放温度升高时，烟羽最大抬升高度增大，达到最大抬升高度的距离也增大；

⑤ 环境温度递减率增大时，烟羽最大抬升高度与达到最大抬升高度的距离均增大；

7.1.2.2 烟羽的扩散长度

① 湿烟羽的长度随风速的增大而增大；

② 随着环境温度的降低，湿烟羽扩散长度呈指数关系增加，表明环境温度越低，湿烟羽的治理难度越大；

③ 随着环境湿度的增大，湿烟羽长度呈指数关系增大，这是因为环境湿度较大时，湿烟羽中的水分难以及时扩散，增大了烟羽的影响范围；

④ 烟气温度对湿烟羽的长度影响很大，烟羽长度随排烟温度的升高而增大，而且增长幅度很大。如排烟温度从 45℃升高到 55℃时，烟羽长度从 262m 增长到 950m，增加了 2.6 倍；

⑤ 湿烟羽的长度对环境温度递减率的变化不敏感；

⑥ 燃煤机组负荷也是影响湿烟羽排放的重要因素，烟气流速越大（即负荷越高），湿烟羽的长度越大。

7.1.2.3 烟羽的凝结

湿烟羽中液态水含量随烟羽扩散距离的变化曲线如图 7-3 所示，可以看到，烟气离开烟囱后，凝结水量很快达到最大值，然后急剧减小，最后保持稳定。也就是说，凝结水主要集中在烟囱附近，影响范围较小，当空气相对湿度很大时，影响范围稍有扩大，而且相对湿度越大，凝结水量也越大。湿烟羽凝结的特点如下：

① 环境风速对最大凝结水量没有影响，但达到最大值的距离随着风速的增大而增大；

② 环境温度升高时，最大凝结水量减少；

③ 环境相对湿度增大时，最大凝结水量增大，但幅度不大；

④ 环境温度递减率增大，最大凝结水量增大，但变化幅度不大；

⑤ 当环境相对湿度较小时，凝结水量在较短距离内减小到零，但当环境相对湿度处

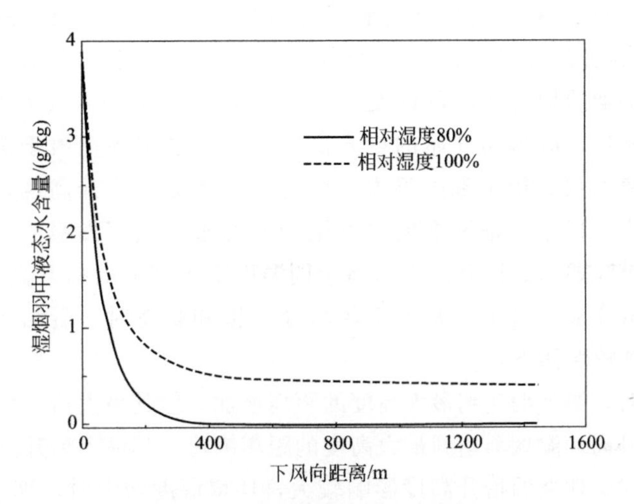

图 7-3 湿烟羽中水汽凝结曲线

于饱和状态时，凝结水量减小到一个低值，然后在一定范围内维持在该值附近不再变化；

⑥ 排烟温度对最大凝结水量影响较大，排烟温度升高时，最大凝结水量明显增大。

7.1.3 有色烟羽的危害

7.1.3.1 白色烟羽的危害

从烟气成分上讲，白色烟羽就是湿烟气中的水蒸气凝结产生的水雾，与干烟气排放相比，湿烟气排放的污染物总量不变，不会增加对环境的污染，但其存在如下问题：

① 湿烟气的温度较低，会降低烟气的抬升高度，减弱扩散范围，造成烟囱附近的污染物落地浓度的增加。

② 当环境温度较低时，会出现烟囱雨现象。如果在冬天，还可能在地面结冰。

③ 湿烟气抬升到空中会形成云，如果抬升到较高的高度，和积云合并，可能会促进降水，改变局地气候。

④ 在北方冬季等特定环境下，湿烟羽的长度可达 2km 以上，会遮挡阳光，使周边居民长时间无法照射到阳光。

⑤ 白色烟羽对周围居民造成视觉污染，削弱了公众对环保工作的“安全感”。

7.1.3.2 蓝色烟羽的危害

蓝色烟羽中含有浓度较高的 SO_3/H_2SO_4、NH_3 等气溶胶，其对环境有较大影响：

① 停留时间长。SO_3/H_2SO_4、NH_3 等气溶胶属于亚微米颗粒，难于沉降，也不易被雨水冲刷去除，在大气中停留时间长，扩散距离远。

② 环境毒性大。SO_3/H_2SO_4、NH_3 等气溶胶的比表面积大、活性强，容易吸附重金属和病毒等有毒有害物质，是形成酸雨的主要成分。

③ 对雾霾贡献大。SO_3/H_2SO_4 气溶胶具有强酸性，极易与 NH_3 等发生反应生成硫酸盐，这是大气中 $PM_{2.5}$ 的主要成分，其吸湿增长能力强。

7.2 国内对有色烟羽治理的相关政策和治理要求

20世纪80年代，德国规定烟气排放温度不得低于72℃，因此当时建造的脱硫系统几乎全部安装了GGH（gas-gas heater），在德国加入欧盟后，欧盟并无限制排烟温度的法规，所以在2002年，德国取消了排烟温度的限值。美国也没有严格的法规限制烟气的排放温度，只有少数电厂安装了GGH装置。一些美国电厂为了降低长期低排烟温度对环境的影响，在烟囱底部安装清洁能源燃烧器，只有在外界气象条件不利于扩散的时候，才开启燃烧器对烟气进行临时加热。该方法灵活实用，既减少了投资成本，又降低了运行成本，同时提高了烟气的排放质量。在日本，为了提高烟气的扩散能力，减少对烟气本土环境的影响，一直有法规限制排烟温度，所以日本的电厂几乎所有脱硫系统均安装烟气升温装置。

我国20世纪90年代，部分电厂脱硫系统安装了GGH，但多年的运行经验发现，大多数GGH经常出现泄漏、堵塞、运维成本高等问题，甚至引起机组跳机。因此，我国新建机组陆续取消GGH，多采用烟气直排的方式。

目前世界尚未有国家层面对有色烟羽的控制提出具体要求，美国已有22个州对燃煤电厂烟气中的SO_3给出了排放限值，其中有14个州的排放限值低于6mg/m^3；德国、新加坡的SO_3排放限值为10mg/m^3；日本则将SO_3/H_2SO_4纳入颗粒物限值进行控制。2016年以来，我国有多个省份出台地方政策与标准，对石膏雨和有色烟羽等提出控制要求。

7.2.1 相关政策

2016年1月29日，上海市环保局和上海市质量技术监督局联合发布了《燃煤电厂大气污染物排放标准》（DB 31/963—2016），是国内首个对有色烟羽治理提出要求的地方标准。标准指出，燃煤发电锅炉应采取烟温控制及其他有效措施消除石膏雨、有色烟羽等现象，该标准于2016年1月29日实施。2017年，上海市环保局又出台了《上海市燃煤电厂石膏雨和有色烟羽测试技术要求（试行）》，对燃煤电厂石膏雨、有色烟羽的测试程序和方法做了规定，并在2017版《上海市燃煤发电机组环保排序办法》计算公式中，增加了“石膏雨飘落及有色烟羽”赋值。

2017年10月，天津市环保局发布《关于进一步加强我市火电、钢铁等重点行业大气污染深度治理有关工作的通知》，通知要求本市行政辖区内的发电燃煤锅炉（已安装湿式电除尘设备的可除外）、供暖燃煤锅炉、工业燃煤锅炉、钢铁烧结机、垃圾焚烧炉等应采取烟温控制及其他有效措施消除石膏雨、有色烟羽等现象。2018年6月13日，天津市环保局与天津市市场和质量监督管理委员会联合发布了地方标准《火电厂大气污染物排放标准》（DB 12/810—2018），该标准对燃煤锅炉的最大排烟温度作出了限定，这是国内首个地方在火电厂大气标准中对烟气排放温度作出限定。该标准于2018年7月1日实施。

2018年5月30日，山西省环保厅与山西省质量技术监督局联合批准发布《燃煤电厂大气污染物排放标准》(DB14/T 1703—2018)，标准指出，新建燃煤发电锅炉和位于城市规划区的现有燃煤发电锅炉应采取有效措施消除石膏雨、有色烟羽等现象。该标准于2018年7月30日实施。2019年，山西省人民政府办公厅印发了《山西省打赢蓝天保卫战2019年行动计划》，该计划指出各市根据辖区环境空气质量改善需求开展有色烟羽治理，2019年力争完成36台发电机组（1.153×10^7kW装机）、9家钢铁企业（2.76×10^7t产能）、14家煤化工企业有色烟羽治理，减少烟气中各类污染物。

2018年6月14日，山西省临汾市大气污染防治行动指挥部印发了《关于督促加快钢铁、焦化、燃煤电厂白色烟羽治理的通知》（临气指办发［2018］37号），指出燃煤电厂应采取相应技术降低烟气排放温度和含湿量，通过收集烟气中过饱和水蒸气中水分的方式，减少烟气中可溶性盐、硫酸雾、有机物等可凝结颗粒物的排放。2019年9月4日，山西省吕梁市人民政府印发了《吕梁市打赢蓝天保卫战2019年行动计划》，提出要开展有色烟羽治理。2019年完成晋能大土河热电有限公司2台3.5×10^5kW机组、钢铁行业山西中阳钢铁有限公司和文水海威钢铁有限公司2家8.65×10^6t产能钢铁企业有色烟羽治理，减少烟气中各类污染物。山西省阳泉市市场监督管理局印发的《阳泉市打赢蓝天保卫战2019年行动计划》也指出，2019年12月底前，力争完成山西阳光发电有限责任公司1台3.2×10^5kW机组、山西河坡发电有限责任公司1台3.5×10^5kW机组有色烟羽治理。运城市人民政府印发的《运城市打赢蓝天保卫战2019年工作计划》要求2019年12月底前完成中铝热电分厂、河津华泽电力、河津漳泽电厂、闻喜建龙钢铁有色烟羽治理。

2018年5月，广东省环保厅印发了《广东省打赢蓝天保卫战2018年工作方案》，要求组织开展高架源烟囱（烟囱高度45m以上）消除白烟治理行动。

2018年5月，江西省人民政府办公厅印发了《江西省打赢蓝天保卫战三年行动计划(2018—2020年)》，指出在确保全省电力安全稳定供应的基础上，统筹推进全省现役燃煤发电机组超低排放改造，实施电厂有色烟羽深度治理。

2018年6月，河北省大气污染防治工作领导小组办公室印发了《河北省钢铁、焦化、燃煤电厂深度减排攻坚方案》，要求2019年，全省推进钢铁烧结机、焦化、燃煤电厂锅炉等烟气石膏雨和有色烟羽治理工程，完成具备改造条件的60%以上治理任务。至2020年，全省具备改造条件的钢铁烧结机、焦化、燃煤电厂锅炉等烟气全部完成。同年，唐山市、邯郸市和衡水市均分别对石膏雨和有色烟羽的治理提出要求。其中，衡水市要求排放烟气中的SO_3不高于5mg/m^3。此外，石家庄市人民政府也发布了《石家庄市2018年大气污染综合治理工作方案》，要求积极推进消除燃煤电厂有色烟羽（“冒白烟”）工作。配合省环保厅开展试点工作，推动燃煤锅炉烟气“脱白”工作。

2018年9月30日，浙江省人民政府发布了浙江省地方标准《燃煤电厂大气污染物排放标准》(DB 33/2147—2018)。标准中指出，位于环境空气敏感区的燃煤发电厂应采取烟温控制或其他有效措施消除石膏雨、有色烟羽等现象，且在标准中给出了石膏雨和有色烟羽的测试技术要求。该标准于2018年11月1日实施。2018年11月10日，杭州市质量技术监督局发布了《锅炉大气污染物排放标准》(DB 3301/T 0250—2018)，标准中规定了燃煤锅炉SO_3和NH_3的排放限值，并指出锅炉应采取有效措施消除石膏雨、有色烟羽等现象。该标准于2018年12月10日实施。

2018年，江苏省徐州市人民政府下发了《关于加快推进全市燃煤发电企业烟气综合治理的通知》，要求燃煤发电公司尽快进行烟气排放系统改造，基本消除石膏雨和有色烟羽。连云港市环保局印发了《连云港市“打赢蓝天保卫战”2018年工作计划的通知》，要求火电、钢铁、平板玻璃企业以及65t/h及以上的燃煤锅炉实施“烟气脱白”工作。

2018年12月29日，陕西省生态环境厅和陕西省市场监督管理局联合发布了地方标准《锅炉大气污染物排放标准》（DB 61/1226—2018），指出新建燃煤机组自标准实施之日起，应采取有效措施消除石膏雨、有色烟羽等现象。在用3×10^5kW及以上燃煤机组自2020年1月1日起，3×10^5kW以下燃煤机组关中地区自2020年1月1日起，陕北、陕南地区自2021年1月1日起，应采取有效措施消除石膏雨、有色烟羽等现象。该标准2019年1月29日实施。

2019年10月11日，生态环境部印发了《京津冀及周边地区2019—2020年秋冬季大气污染综合治理攻坚行动方案》，方案中指出，对稳定达到超低排放要求的电厂，不得强制要求治理白色烟羽。对此，生态环境部在答记者问中进行了说明：“超低排放采用的低低温电除尘、复合塔湿法脱硫、湿式电除尘等技术，在有效控制常规污染物的同时，对SO_3等非常规污染物也有很好协同去除效果。测试结果显示，超低排放改造后，平均排放浓度低于10mg/m^3。烟气排放到大气后，由于环境空气温度低，烟气冷凝及凝结后，形成大量凝结水滴对光线产生折射、散射，视觉上形成白色烟羽。对于治理设施质量合格的超低排放机组来说，排放的白色烟羽成分以水雾为主，污染物浓度很低。目前，各地烟羽治理主要采用冷凝、加热等技术，通过改变烟气温度、湿度，从视觉上消除烟气颜色，属于“美容”，实际上对控制污染物排放作用不大，反而增加能耗，间接增加污染物排放。”

7.2.2　治理要求

上海市《上海市燃煤电厂石膏雨和有色烟羽测试技术要求（试行）》中指出，采取烟气加热或烟气冷凝再热技术的燃煤电厂可免于石膏雨和有色烟羽的测试，但不得无故停运相关设施。其中，采取烟气加热技术的，正常工况下排放烟温应持续稳定达到75℃以上，冬季（每年11月至来年2月）和重污染预警启动时排放烟温应持续稳定达到78℃以上；采取烟气冷凝再热技术且能达到消除石膏雨和白色烟羽同等效果的，正常工况下排放烟温必须持续稳定达到54℃以上，冬季和重污染预警启动时排放烟温应持续稳定达到56℃以上。同时，企业可以安装摄像头监控烟囱烟羽，在确保不见有色烟羽时适当降低排放烟温，并固定每小时的第15min、30min、45min及整点拍照留档1年备查，视频资料保存1年备查。采用其他技术的，经专家评估达到消除石膏雨和白色烟羽同等效果的，也可免于测试但不得无故停运相关设施。

天津市《关于进一步加强我市火电、钢铁等重点行业大气污染深度治理有关工作的通知》要求，通过采取相应技术降低烟气排放温度和含湿量，收集烟气中过饱和水蒸气中水分，减少烟气中可溶性盐、硫酸雾、有机物等可凝结颗粒物的排放。《火电厂大气污染物排放标准》(DB 12/810—2018) 规定 4 月至 10 月燃煤锅炉的烟气排放温度小于 48℃，11 月至 3 月小于 45℃，新建燃煤发电锅炉和 65t/h 以上燃煤非发电锅炉自该标准实施之日起执行该限值，现有燃煤发电锅炉和 65t/h 以上燃煤非发电锅炉自 2019 年 11 月 1 日起执行。

山西省临汾市《关于督促加快钢铁、焦化、燃煤电厂白色烟羽治理的通知》(临气指办发 [2018] 37 号) 指出，燃煤电厂锅炉烟气采取烟温控制及其他有效措施，基本消除石膏雨和有色烟羽现象。烟温控制采取降温冷凝方法的，夏季 (4～10 月) 冷凝后烟温达到 48℃以下，烟气含湿量 9.5%以下；冬季 (11 月至次年 3 月) 冷凝后烟温达到 45℃以下，烟气含湿量 8.5%以下。鼓励煤电企业利用回收余热或其他方式对烟气进行再加热，以提高排烟温度，抬升排烟高度。

河北省《河北省钢铁、焦化、燃煤电厂深度减排攻坚方案》中对燃煤电厂石膏雨和有色烟羽治理要求为：①燃煤电厂应采取相应技术降低烟气排放温度和含湿量，通过收集烟气中过饱和水蒸气中水分，减少烟气中可溶性盐、硫酸雾、有机物等可凝结颗粒物的排放。②燃煤电厂锅炉烟气采取烟温控制及其他有效措施，基本消除石膏雨和有色烟羽现象。烟温控制采取降温冷凝方法的，正常工况下，夏季 (4～10 月) 冷凝后烟温达到 48℃以下，烟气含湿量为 11.0%以下；冬季 (11 月至次年 3 月) 冷凝后烟温达 45℃以下，烟气含湿量 9.5%以下。采取其他方法的，由各市环境保护主管部门确定验收标准。③鼓励燃煤发电企业利用回收余热或其他方式对烟气再加热，以提高排烟温度，抬升排烟高度，尽量减少石膏雨和有色烟羽。

浙江省《燃煤电厂大气污染物排放标准》(DB 33/2147—2018) 烟气排放温度的要求与《上海市燃煤电厂石膏雨和有色烟羽测试技术要求 (试行)》相同。此外，标准还规定了有色烟羽的观测条件，观测时，现场地面环境温度应高于 17℃、现场地面环境相对湿度低于 60%。观测需在白天进行，与烟囱的距离应足以保证对烟气排放情况清晰地观察。采用摄像设备记录烟羽排放视频 15s，并记录环境温度及相对湿度等现场数据，视频材料作为明显有色烟羽判定依据。

浙江省杭州市《锅炉大气污染物排放标准》(DB 3301/T 0250—2018) 将燃煤锅炉 SO_3 排放限值定为 $5mg/m^3$，NH_3 排放限值定为 $2.5mg/m^3$ (采用含 SCR 法脱硝) 和 $8mg/m^3$ (采用含 SNCR 法脱硝)，新建燃煤锅炉自该标准实施之日起执行该排放限值，现有燃煤锅炉自 2022 年 6 月 30 日起执行。此外，标准中还指出，锅炉应采取烟温控制及其他有效措施消除石膏雨、有色烟羽等现象。

陕西省《锅炉大气污染物排放标准》(DB/61 1226—2018) 的补充说明中给出了有色烟羽控制的达标标准：所有燃煤机组和燃煤锅炉，应采取相应的措施降低烟气排放温度，有效回收烟气水分。其对烟气排放温度和湿度的要求与山西省临汾市和河北省的相同。对于在本补充说明实施之日前已经采取加热措施的燃煤机组和燃煤锅炉，如果烟气排放温度在 11 月至次年 3 月和重污染天气预警期间持续稳定在 78℃以上，其他时间持续稳定在 75℃以上，则视同消除有色烟羽现象。

国内对有色烟羽治理的政策与标准对比见表 7-1 所示，可以看出，上述政策和标准大多是为了控制石膏雨和白色烟羽的问题。如上海市、天津市、山西省、河北省、浙江省、徐州市、陕西省等指出应采取烟温控制等有效措施消除石膏雨和有色烟羽等现象，要求采用的措施是烟气加热、降温冷凝、冷凝再热等技术，烟气加热可消除白色烟羽，但对蓝色烟羽的控制并无作用。冷凝再热技术可减少 SO_3 和 NH_3 等可凝结颗粒物，但政策中未提及可凝结颗粒物的测试方法、排放标准和监控要求等。广东省、石家庄市和连云港市等明确提出要消除“冒白烟”的现象。目前只有浙江省杭州市规定了 SO_3 和 NH_3 的排放限值，河北省衡水市规定了 SO_3 的排放限值。

表 7-1 国内对有色烟羽治理的政策/标准对比

地区	治理要求
上海市	采取烟气加热技术的，正常工况下排放烟温应持续稳定达到75℃以上，冬季（每年11月至来年2月）和重污染预警启动时排放烟温应持续稳定达到78℃以上；采取烟气冷凝再热技术且能达到消除石膏雨和白色烟羽同等效果的，正常工况下排放烟温必须持续稳定达到54℃以上，冬季和重污染预警启动时排放烟温应持续稳定达到56℃以上
天津市	4月至10月燃煤锅炉的烟气排放温度小于48℃，11月至3月小于45℃
临汾市	燃煤电厂应采取相应技术降低烟气排放温度和含湿量，通过收集烟气中过饱和水蒸气中水分的方式，减少烟气中可溶性盐、硫酸雾、有机物等可凝结颗粒物的排放。烟温控制采取降温冷凝方法的，夏季（4～10月）冷凝后烟温达到48℃以下，烟气含湿量9.5%以下；冬季（11月至次年3月）冷凝后烟温达到45℃以下，烟气含湿量8.5%以下
河北省	同临汾市
衡水市	要求排放烟气中的 SO_3 不高于 $5mg/m^3$
浙江省	同上海市
杭州市	将燃煤锅炉 SO_3 排放限值定为 $5mg/m^3$，NH_3 排放限值定为 $2.5mg/m^3$（采用含SCR法脱硝）和 $8mg/m^3$（采用含SNCR法脱硝）
陕西省	同临汾市

7.3 有色烟羽的治理技术

7.3.1 白色烟羽的治理技术

白色烟羽本质上就是由于烟气中的水蒸气在大气中凝结为液态水引起的，因此，消除白色烟羽就是降低排烟在大气中的凝结。目前白色烟羽的治理技术主要是烟气加热、烟气冷凝和烟气冷凝再热技术三类。烟气加热技术是对脱硫出口的湿饱和烟气进行加热，降低烟气相对湿度，使其远离饱和湿度曲线，避免白色烟羽的产生；烟气冷凝技术是对脱硫出口的湿饱和烟气进行冷却，使烟气沿着饱和湿度曲线降温，在降温过程中含湿量大幅下降，从而减少湿烟羽产生。烟气冷凝过程中，还可捕捉微细颗粒物、SO_3 等多种污染物，可实现多污染物的协同脱除；烟气冷凝再热技术是烟气加热和烟气冷凝的组合，兼具前两种技术的优点，对于湿烟羽治理有更宽的环境温度和湿度适用范围。

7.3.1.1 烟气加热技术

目前燃煤电厂脱硫出口的烟气温度通常在45～55℃，在烟气排入烟囱前对烟气进行加热，将温度升高到80℃左右，在环境温度不太低的情况下，基本可以消除白色烟羽现象。加热技术按换热方式可分为直接加热技术和间接加热技术两类。直接加热的主要技术有：热二次风混合加热、燃气直接加热和热空气混合加热等。间接加热的主要技术有：回转式GGH、管式GGH、热管式GGH（heat pipe gas-gas heater，HGGH）、热媒管式GGH（medium gas-gas heater，MGGH）和蒸汽加热器等。

（1）回转式GGH

GGH是指利用脱硫原烟气对净烟气进行加热，以提高烟气的抬升能力和污染物的扩散效率，消除烟羽的视觉影响。此外，净烟气温度可达到酸露点以上，减小烟气对烟道和烟囱的腐蚀。

常见的回转式GGH属于蓄热型换热器，类似于锅炉旋转式的空气预热器，如图7-4所示。转子带动换热元件转动，原烟气流过原烟气侧的换热元件，换热元件吸收热量温度升高，随着转子的旋转，高温的换热元件旋转到净烟气侧，这时净烟气从这里经过，吸收高温转子的热量，净烟气的温度升高。经净烟气降温的换热元件再随转子旋转到原烟气侧进行吸热，依次循环。原烟气经换热元件降温后，回到脱硫吸收塔进口，净烟气经换热元件升温后，从烟囱排入大气。原烟气和净烟气侧均配有吹扫装置，定期对换热元件进行冲洗吹扫，以保证换热器的换热效率。

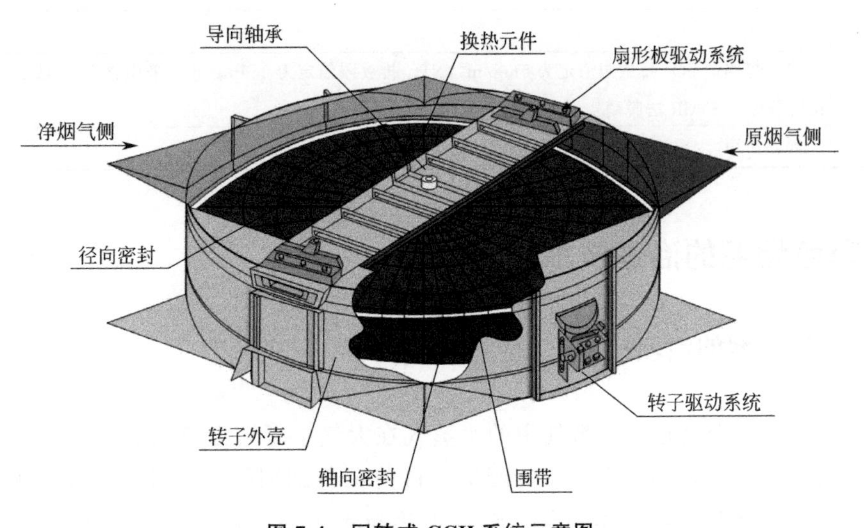

图7-4 回转式GGH系统示意图

虽然回转式GGH可消除白色烟羽，但其在运行过程中有很高的故障率，主要问题是GGH的堵塞、腐蚀和结垢等，甚至会引起跳机。造成GGH堵塞的直接原因是烟气中的飞灰、吸收塔除雾器出口携带的雾沫和冷凝物以及石膏浆液液滴等相互反应，在GGH换热板表面形成难以清除的硬垢，且越积越厚，减少了烟气的流通面积。GGH的腐蚀是因为硫酸蒸汽在低温端受热面上冷凝，对金属壁面造成低温腐蚀，烟气中的SO_3浓度越高，腐蚀越严重。GGH的结垢的原因如下：一是石膏垢，石膏浆液中的硫酸钙在接触表面析出结晶形成；二是灰垢，由烟气中的灰分与喷淋的石膏浆液黏附形成；三是CSS（calcium sulfate and sulfite），即硫酸钙和亚硫酸钙的混合结晶在接触表面析出，逐渐长大形成的片状垢层。此外，GGH 具有一定的泄漏率，初装时泄漏率通常为0.8%～1.0%，运行一年后大多数 GGH 的泄漏率会达到1.5%以上，严重的会达到3%以上，导致 SO_2 的排放无法达标。因此，国内已逐渐淘汰回转式 GGH，采用烟囱直排或其他技术取代其控制排烟温度。

（2）管式 GGH

与回转式 GGH 类似，管式 GGH 也是采用脱硫原烟气对净烟气加热，区别在于管式 GGH 采用的是管壳式换热器，没有了转动部件，提高了设备的可靠性，同时避免了泄漏的问题。高温原烟气自引风机后流经换热器管侧，加热管外净烟气后进入脱硫塔，脱硫后的低温净烟气流经换热器壳侧，被原烟气加热到80℃以上，通过烟囱排入大气。为了强化换热，可在管壁增加肋片，包括外肋片管式、肋片管式和内外肋片管式三种，三维肋片管式 GGH 具有如下优点：

① 强化换热。三维肋片管采用新型加工技术，一体化成形，没有接触热阻；在管内、外侧采用三维肋化技术，扩大换热面积，并且提高了流体湍流强度，换热能力更强，换热器布置也更加紧凑。

② 磨损少、积灰小。换热器布置于除尘器后，烟气中的颗粒物浓度很低，且为细颗粒物，对管材的磨损较轻微。而且可控制烟气流速，进一步减轻设备磨损。在三维内外肋片管式 GGH 的流场中，肋片对气固两相流场及管内颗粒流动都产生重要影响，烟气在流经肋片时，会出现垂直翻越肋片和水平绕过肋片两种情况。烟气在翻越肋片的时候，部分粉尘颗粒受到肋片及周围烟气的影响，会产生变向，远离肋片区域，降低内壁的粉尘颗粒浓度，减少积灰；因肋片布置方式是间断性的，烟气在流经肋片时会绕过肋片，由两个肋片间流过，避免了肋片间流动死区的形成，减少了肋片间的积灰。

③ 抗低温腐蚀。根据低温腐蚀原理，分区段选取换热管材质，在有效控制投资的同时，降低管材腐蚀速率，保证使用寿命。

④ 零泄漏。原烟气走管内，净烟气走管外，相比回转式 GGH 设计上的固有泄漏率，可靠性大大提高。

⑤ 系统阻力小。

⑥ 系统简单，无须运行人员操控，自适应锅炉负荷变化，日程维护工作少。

⑦ 维修换管方便，成本低廉。

虽然相比回转式 GGH，管式 GGH 技术有很大优势，但其应用案例较少。

（3）MGGH（热媒管式 GGH）

MGGH 技术是由日本三菱公司的电除尘＋湿法烟气脱硫工艺的单一除尘、脱硫工艺路线演变而来。MGGH 是一种以热媒工质为载体的烟气换热器，使用的工质通常为水。MGGH 由冷却器、加热器和循环泵等部件组成闭式循环，有效避免了泄漏问题。原烟气通过烟气冷却器将热量传递给循环水，循环水温度升高后进入烟气加热器，并对净烟气进行加热。循环水泵为水侧循环提供动力，系统稳压和补水采用高位水箱方式。此外，还设有辅助蒸汽加热器，用于低负荷及起炉阶段加热循环水，以保证烟囱烟温达到要求。早期的 MGGH 的冷却器布置在除尘器后，当燃用高硫煤时，SO_3 引起的酸腐蚀问题较为严重。为适应不断调高的环保排放标准，并解决酸腐蚀问题，日本三菱公司于 1979 年开始研究将 MGGH 的冷却器移至空预器后、除尘器前的布置方案，并很快在一些大型燃煤电厂得到推广使用。国内应用最为广泛的 MGGH 布置方式就是将烟气冷却器置于除尘器前，如图 7-5 所示。

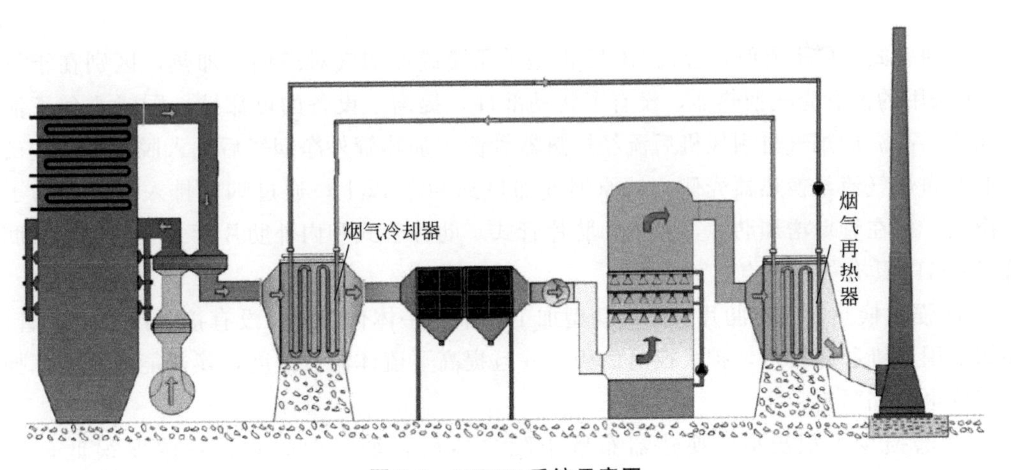

图 7-5　MGGH 系统示意图

目前燃煤电厂脱硫前烟气温度大约为 110～120℃，如此高的烟气温度对于大部分采用石灰石-石膏湿法脱硫系统的电厂而言，需要在喷淋吸收塔内用大量的浆液降温，使烟气温度降低到 45～55℃后排放，这部分热量对于脱硫系统来说没有任何作用，属于白白浪费。在除尘器进口设置 MGGH 冷却器可将烟温冷却到 90℃左右，降低脱硫塔入口烟气温度对脱硫效率有积极的影响，而且可节省大量的喷淋水。在一定范围内，吸收塔入口烟气温度越低，脱硫效率越高，这是因为一方面脱硫反应是放热反应，降低烟温可加快化学反应速率；另一方面，降低烟温有利于 SO_2 气体溶于浆液形成 H_2SO_3。因此，石灰石湿法烟气脱硫系统中，可采用 MGGH 装置，降低吸收塔进口烟气温度，以提高脱硫效率。MGGH 对烟气降温后，进入脱硫塔的烟气量约减少 8%，即烟气流速降低，对于改造项目，在不改变吸收塔原有尺寸的情况下，烟气流速的降低使得烟气与吸收塔浆液反应时间增加，更有利于提高脱硫效率。另外，烟气流速降低可以减小吸收塔除雾器烟气携带液滴的含量，减轻石膏雨现象，且会减少吸收塔内压力损失。

此外，通过在电除尘前布置换热装置，将除尘器入口烟气温度由 130～150℃降到 90～100℃，即低于酸露点温度，SO_3 与水分通过均质成核和以细颗粒为冷凝核的异相成核作用，形成亚微米到微米级的硫酸雾滴，吸附并凝结在飞灰表面上的凹坑和空腔中，并附着于粉尘颗粒表面，可降低粉尘的比电阻。有文献指出，在 150℃时粉尘的比电阻接近最大值，对于低硫煤，如果除尘器入口烟温降低到 100℃或者更低，则比电阻急剧下降。如此可提高除尘效率，该技术为低低温电除尘技术。因此，低低温电除尘器对 SO_3 有协同脱除作用，而且对 SO_3 的脱除效率较高，效率可达 80%以上。也采用 MGGH，不仅可以达到烟气消白的目的，还可以减轻蓝色烟羽现象。但当除尘器入口烟温降到酸露点以下时，会增加除尘器本体及下游设备被硫酸雾滴腐蚀的风险，这与灰硫比等因素有关。

与回转式GGH相比，MGGH还具有如下优点：

① MGGH基本无泄漏问题。MGGH的烟气加热器和冷却器分开布置，热媒工质为闭式循环，除非管道长期腐蚀破损，否则不会出现烟气和飞灰的泄漏问题。

② MGGH布置比较灵活。由于MGGH的升温侧和降温侧是分开布置的，能适应各种烟气条件，布置起来比较灵活，减少了GGH部分烟道的费用。

③ MGGH温度调节范围较广。通过调节热媒工质的循环量，可以在一定范围内调节净烟气温度，使其高于酸露点，减小对烟道的腐蚀。

④ MGGH的可靠性高。回转式GGH因烟气和水分的波动比较大，更容易造成粉尘在换热元件处的沉积和结垢。而MGGH的温度波动范围相对较小，则此问题要减轻很多，且MGGH吹灰相比于GGH换热元件要更加容易。

⑤ 抗腐蚀能力强。一些MGGH系统采用了化学性质较为稳定的材料，如氟塑料等，其抗腐蚀性得到了很大程度的提高。

鉴于以上优点，MGGH是目前国内应用最多的技术，日本在20世纪80年代开始就采用MGGH技术治理白色烟羽现象。

(4) HGGH (热管式GGH)

HGGH的核心是热管技术，热管是一种具有高效传热性能的传热元件，其通过密闭空间真空管壳内工作介质的相变潜热传递热量。因此，具有传热能力大、传热速度快、效率高等优点。热管的工作原理示意图见图7-6，外部是一个密封的壳体，沿管壁的内侧铺设一定厚度的毛细材料，即吸液芯。当热管蒸发段（加热段）与热源联结时，热量通过管壁传递给吸液芯中的工作液体，液体温度升高并蒸发，蒸汽流向另一端。同时，热管的冷凝段（放热段）与冷源联结，处于自然排热状态，所以当气体到达此处时便开始冷凝为液体。冷凝后的液体因毛细作用自冷凝段又流回蒸发段，如此循环，热量便由热管一端传至另一端。

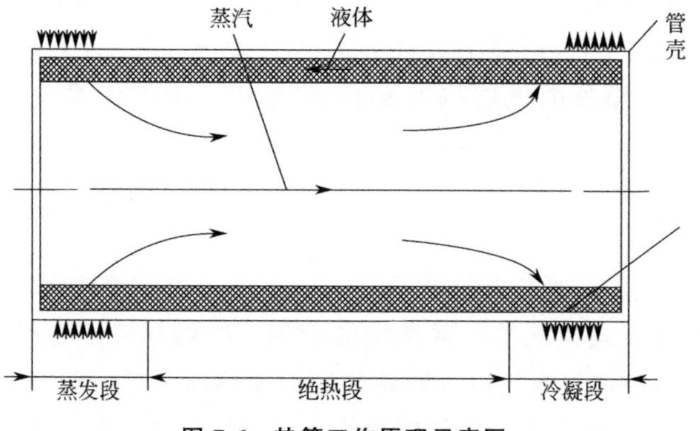

图7-6 热管工作原理示意图

热管技术在燃煤电厂已有应用，如热管式省煤器和热管式空气预热器。热管式省煤器优点为传热效率高、使用寿命长、不受烟气所携灰尘磨损影响且磨损只发生在热管的加热段。若某根热管损坏也不会影响其他管的传热功能，且软水不会泄漏到烟气侧，省煤器仍可正常工作，检修方便。我国许多电厂都将传统省煤器改装成热管式省煤器，并在长期运行过程中收到良好效果。热管式空气预热器具有积灰少、磨损小、抗腐蚀性能强的特点，有效解决了低温受热面的腐蚀、堵灰等问题，并能长期保证锅炉平稳运行，节能效果明显，既有效防止了漏风，又降低了引风机的耗电量，且能减少锅炉排烟热损失，提高锅炉效率，有较高的经济效益。

在使用 HGGH 提高排烟温度以消除有色烟羽的应用中，主要有两种结构形式，一种是用于中小型锅炉的整体式 HGGH；另一种是用于大型发电机组的分体式高效 HGGH。分体式 HGGH 系统与 MGGH 系统类似，最大的区别在于分体式 HGGH 系统无须循环水泵、辅助加热器和补水装置。分体式 HGGH 由蒸发管束、冷凝管束、上升及下降管组成，通过原烟气的冷却达到净烟气被加热的目的，进而消除有色烟羽。冷、热段相对应的各片管束通过蒸汽导管和回液导管连接，构成各自独立的封闭管路系统。由于结构特点，使其具有如下优点：

① 根据现场情况，系统的蒸发段和冷凝段可分开布置，可实现远距离传热，给工艺设计带来较大的灵活性，也为装置的大型化、热能的综合利用以及热能利用系统的优化创造了良好的条件。

② HGGH 依靠的是工作介质的相变传热，传热性能得到了很大的提高。

③ 工作介质的循环是依靠回流液的位差和密度差作用，不需外加动力，无机械运行部件，增加了设备可靠性，也极大地减少了运行费用。

④ 冷凝段与蒸发段彼此独立，易于实现流体分隔密封，故也能适用于易燃易爆等危险性流体的换热，并且也可实现一种流体与多种流体的同时传热。

⑤ 冷、热段管束可根据冷、热流体的性能及工艺要求选择不同的结构参数和换热管材质，有效地解决设备的强度和露点腐蚀等问题。

⑥ 根据工艺要求，可以进行顺、逆流混合布置，适应较宽的温度范围。

⑦ 系统换热元件由多片热管管束组成。各片之间相互独立，一片甚至几片损坏或失效不影响整个系统的安全运行，只是整体换热效率会略有降低而已。

马金祥和陈军针对某 2×300MW 机组白色烟羽治理技术中的 MGGH 和 HGGH 进行了对比，经对比，同样性能下，HGGH 系统要比 MGGH 系统简单得多，整个投资费用相对较少，在额外的电能以及辅助蒸汽上，HGGH 系统的节能效果要明显得多。

（5）蒸汽加热器

蒸汽加热器是在蒸汽-烟气换热器（steam-gas heater，SGH）中利用蒸汽与净烟气进行热交换，采用管壳式换热器，蒸汽流经管侧，净烟气流经壳侧，蒸汽取自机组某段加热器的抽气，与净烟气换热后再回到相应的加热器，净烟气被加热后由烟囱排出。SGH 为多管式结构，换热管多采用带翅片管，以加强换热。翅片管换热器具有“高效、紧凑、在相同横截面积下水力直径小于圆管”的优点。管外增加的翅片可以增大热交换的有效传热面积，而且会影响烟气侧的流场和温度场。蒸汽加热器有汽-气换热（利用显热）和水-气换热（利用潜热）两种换热方式。潜热远大于显热，所以加热烟气的热量大多来源蒸汽的潜热。过热蒸汽首先冷却到饱和温度，潜热随之释放。相比蒸发潜热，从过热蒸汽冷却到饱和蒸汽所释放出的热量很小，但却需要很大的换热面积。所以可采用先将过热蒸汽降温得到饱和蒸汽再进行换热的方式。

与前几种烟气加热技术相比，蒸汽加热器将本该加热锅炉给水的热量一部分用于了加热净烟气，造成了锅炉热损失，降低了锅炉热效率，增加了煤耗。而且若管道泄漏，会污染蒸汽放热后的凝结水，使其无法回用，因此，其在国内应用较少。如重庆九龙发电公司200MW 机组采用蒸汽加热器，SGH 热源来自汽轮机 5 段抽汽，加热用蒸汽量约为 13t/h，蒸汽耗量很大，后该厂将 SGH 改造为管式 GGH，改造后，年收益约 3.32×10^6 元（凝结水不能回收时）或 2.6×10^6 元（凝结水回收时）。

(6) 热二次风混合加热

热二次风混合加热是一种直接加热技术，系统示意图见图 7-7。热二次风混合加热是指从锅炉空预器出口的热二次风烟道引出一根热风管，在烟气混合器内与脱硫后的净烟气直接混合，将净烟气温度升高到合理范围后，通过烟囱排放。烟风混合段设计为文丘里型烟道，它不仅能保证热二次风与净烟气迅速均匀混合，而且对所抽取的热二次风具有较强的引流作用。热二次风混合加热技术的实施要点如下：

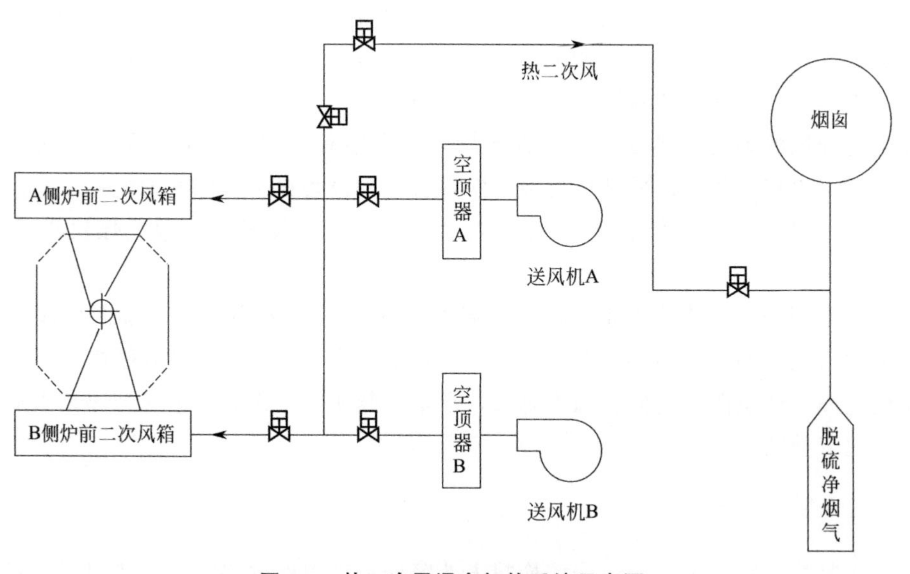

图 7-7　热二次风混合加热系统示意图

① 风道阻力。热二次风混合加热系统没有辅助风机，完全依靠锅炉系统热风道和脱硫系统净烟道正常运行的压差，输送足够的热风与净烟气混合，因此要求输送热风的阻力必须小于上述两系统的压差。

② 风机出力裕量。热二次风混合加热系统的应用，首先要求锅炉系统二次风系统出力具有一定的裕量，据此确定在保证锅炉燃烧所需风量的前提下，能够提供给热二次风混合加热系统的最大热风量，然后再依据实际热风温度计算出混合后净烟气温度，以确定其加热净烟气能力。

③ 热风与净烟气的混合。应尽量提高热风与净烟气的混合效果，以减少热风对防腐材料的损伤。

④ 热控保护逻辑。为了保证锅炉系统和脱硫系统安全运行，应为热二次风混合加热系统建立与锅炉系统和脱硫系统分别联系的热控保护逻辑，以保证在紧急事故状态时机组能够安全运行。

热二次风混合加热系统具有布置简单、占地面积小、改造实施方便和运行安全可靠等优点，但其会造成能耗增加等问题，而且热二次风含有一定的颗粒物，在净烟气中混合热二次风后，可能无法满足超低排放要求的烟尘排放浓度。该技术可用于二次风余量足的改造机组或新建机组。

有研究者对比了热二次风混合加热和蒸汽加热器的经济性，以净烟气温度提高 30℃进行计算，结果表明：采用蒸汽加热器时，机组供电煤耗最多增加 4.0g/(kW·h)，且有可能减半；而采用二次热风混合加热时，机组供电煤耗增加 4.3g/(kW·h) 左右。此外，采用二次热风加热净烟气时，即使脱硫塔出口净烟气温度场分布均匀，二次热风和净烟气也很难实现均匀混合，如排入烟囱的混合气体温度场不均匀，低温部分的混合气体仍然有可能造成烟囱的腐蚀。为解决该问题，只能提高混合气体的平均温度。因此，在实际应用中，采用热二次热风混合加热技术时，净烟气的温度需提升 30℃以上，由此其造成的经济损失将比计算值更大。相反，在脱硫塔出口净烟气温度场均匀的条件下，采用蒸汽加热器比较容易实现其出口烟气温度场的均匀分布，也就是说，在实际应用中采用蒸汽加热器时，净烟气的温度只需提升 30℃即可，其经济损失不会因温度场的不均匀而增加。因此，采用热二次热风混合加热脱硫塔出口的净烟气技术时，其经济损失比蒸汽加热器更大。

除上述介绍的烟气加热技术外，直接加热技术还有燃气直接加热和热空气混合加热等。对于燃气直接加热，需要新增燃烧系统，会增加设备投资和巨大的能耗，运行成本更高。日本燃油机组常用燃气直接加热和热空气混合加热技术，大型燃煤机组尚无使用案例。

目前，采用烟气加热技术通常将排烟温度加热到 80℃左右，在环境温度较高时，基本可以消除白色烟羽，但当环境温度较低时（低于 15℃），湿烟羽仍然存在，而且饱和湿烟气温度越高、环境温度越低、湿度越大，湿烟羽越明显，因此，烟气加热技术不适用于我国寒冷北方地区。

7.3.1.2 烟气冷凝技术

烟气冷凝技术是通过直接或间接换热方法降低排烟温度（略高于环境温度）使其冷凝的，烟气中的含湿量大幅降低，以此减轻白色烟羽现象，而且可以回收大量的烟气凝结水，消除部分微细颗粒物和可凝结颗粒物等。但该技术只有在高温低湿度的条件下才能削弱湿烟羽，而且无法完全消除。烟气冷凝技术可分为两大类：间接冷凝技术和直接冷凝技术。间接冷凝技术即表面式换热器；直接冷凝技术包括浆液冷却技术和直接喷淋冷却技术。

(1) 表面式换热器

表面式换热器即在脱硫塔出口处加装烟气冷凝器，用于冷凝湿烟气，烟气冷凝器是一种气-水管式换热器，如图 7-8 所示。烟气冷却系统是由烟气冷凝器、冷却水循环泵和循环管道组成的开式循环系统。冷却水水源可以是江、河、湖、海等自然冷源，也可以用冷

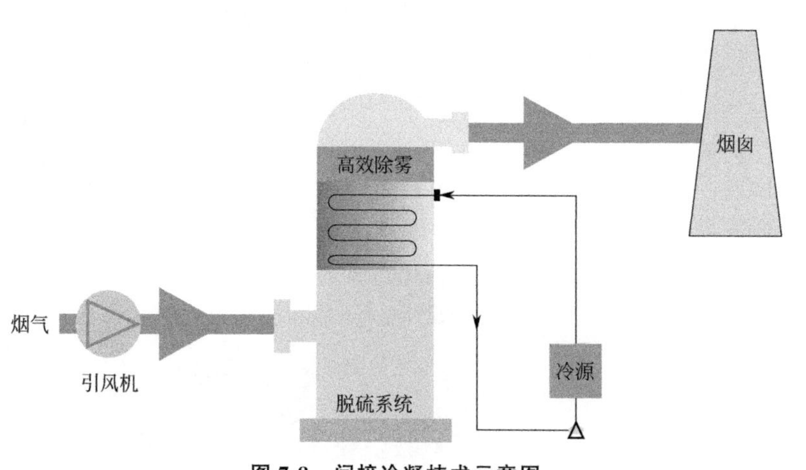

图 7-8 间接冷凝技术示意图

却塔循环水。饱和湿烟气流经烟气冷凝器后降温并发生冷凝，析出的水分由烟道底部流回冷凝水箱。冷凝水箱设有排污孔，可定期排除底部的污染物沉淀，冷凝水经过简单处理后即可供脱硫塔使用。加装烟气冷却器的优点如下：

① 烟气凝结的水大部分可被利用，可降低脱硫系统的耗水量，具有显著的节水效果，对于严重缺水地区尤其如此。

② 冷凝过程可协同脱除烟气中的溶解性盐、超细粉尘颗粒和 SO_3 等可凝结颗粒物。

③ 对于沿海、沿河地区，可以使用海水或河水作为冷却水，从而节约设备投资。

但该技术的降温幅度很小，约为 3～5℃，无法完全消除白色烟羽。

（2）浆液冷却技术

浆液冷却技术是指利用冷却水对脱硫浆液进行冷却，在浆液喷淋过程中达到冷却烟气的目的，如图 7-9 所示。可采用对单层或多层浆液回路冷却的方式，采用上层浆液冷却的方式效果会更好，因为上层喷嘴喷出的液滴在脱硫塔内停留的时间更长，可以更充分地与烟气进行换热。烟气进入脱硫塔与冷却后的浆液接触，发生冷凝降温，可以协同脱除烟气中的部分污染物及细微颗粒物，然后通过烟囱排出。

浆液冷却属于直接冷凝技术，换热效率要高于间接冷凝技术，但由于喷淋冷却水与烟气中粉尘、酸和盐等直接接触导致产生更多废水，对于缺水地区不推荐使用，对于水资源充足的地区同样会增加了废水处理成本，因此限制了该技术的应用范围。

（3）直接喷淋冷却技术

类似于浆液冷却技术，直接喷淋冷却技术也是在塔内对烟气进行喷淋降温冷凝。该技术需要在脱硫吸收塔后除雾器前增设一个喷淋塔，喷淋塔结构与吸收塔很相似，由喷淋层和冷却水回收池等组成。脱硫后的饱和烟气进入喷淋塔，喷淋层通常设置两到三层，烟气与喷淋层雾化液滴接触降温并发生冷凝。烟气冷凝析出的水和喷淋液滴均流入下部冷却水回收池，回收池内的水经循环泵增压，再经冷却系统冷却后从喷淋层喷出，如此循环。喷淋水冷却系统可以为空冷，也可以利用循环冷却水通过板式换热器对喷淋水进行冷却，还可以加装设备将这部分热量回收再利用，如：吸收式热泵、有机朗肯循环等。

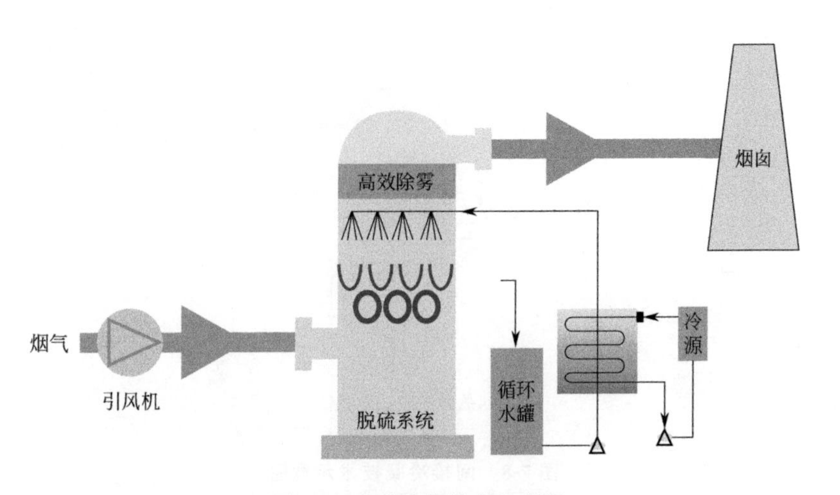

图 7-9 浆液冷却技术示意图

直接喷淋冷却技术最大的优点是对烟气的降温幅度比较大，因为喷淋水是和烟气直接接触，雾化液滴和烟气主要以对流换热的方式进行热交换，该技术有更好的降温效果，可以较容易地将 50℃饱和烟气降温 10～15℃。由于降温幅度很大，烟气会析出更多的水分，而且喷淋液滴对烟气也有一定的洗涤作用，可以协同脱除更多的污染物。所以直接喷淋冷却技术在污染物控制方面相比于其他方式有更大的优势。但其缺点是初期投资大，施工周期长，对占地面积也有一定的需求。

受技术特点的影响，烟气冷凝技术适用范围很有限。在北方地区，冷源温度低，可以达到更好的换热效果，但是烟温需要的降幅也大，如此会增加整体投资费用。在南方地区，虽然环境温度高，烟温需要的降幅较小，但是冷源温度高，需要增大换热器。因此，若只从有色烟羽的治理角度来说，采用烟气冷凝技术并不经济。

7.3.1.3 烟气冷凝再热技术

烟气冷凝再热技术就是先对烟气降温冷凝，降低含湿量后，再将烟气升温后排出大气。该技术结合了烟气加热技术和冷凝技术的优点，在烟气冷凝后，由于烟气的含湿量大幅降低，再热的升温幅度明显减小，可节省烟气再热的能源消耗，达到很好的烟气脱白效果，同时实现节水、污染物协同脱除的目的。图 7-10 给出了烟气冷凝再热技术的示意图，根据现场实际条件，可采用不同的烟气加热技术与冷凝技术的组合，综合评估后选用最适宜的组合方式。在技术选择时应主要考虑以下因素：首先要满足烟温提升幅度的需要；其次要防止烟气泄露等问题，确保污染物超低达标排放；此外，尽量采用低品质热源、降低能耗。

烟气冷凝再热技术具有如下特点：

① 节水：饱和湿烟气经冷凝换热方式实现降温，烟气中的水汽凝结，大大减少烟气的水汽携带，通过换热管和后置除雾器捕集凝结水，从而实现节水功能。

② 多污染物脱除：烟气冷凝技术通过烟气相变凝聚、热泳、雨室洗涤、湿式惯性碰撞捕集、湿式除尘等多种作用，进一步降低烟气中的 SO_3、烟尘、Hg 等污染物，实现多污染物的协同脱除。若与湿式电除尘装置联合应用，污染物脱除效果会更加明显。

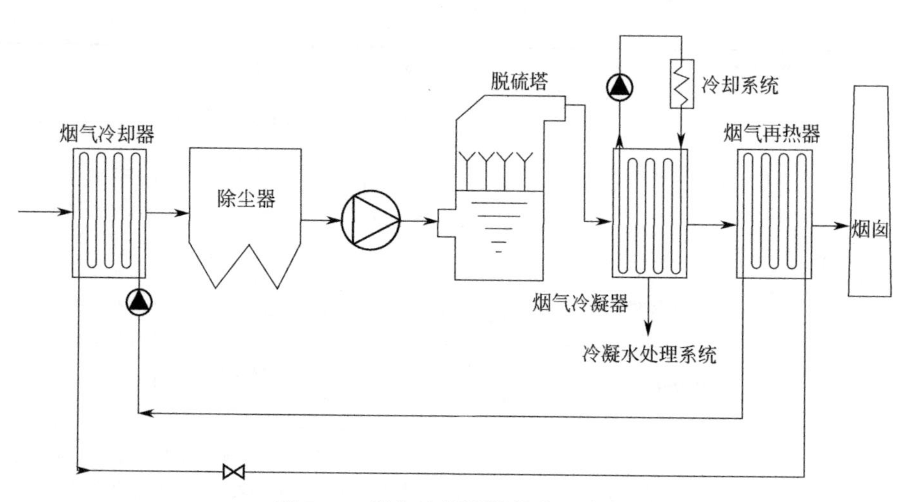

图 7-10　烟气冷凝再热技术示意图

③ 降低烟气再热热源消耗：由于烟气冷凝降温后，烟气湿度大幅降低，因此消除湿烟羽所需的烟温升幅大大降低。这可以减少烟气再热的能耗，而且可以采用品质更低的热源加热，或者回用烟气降温时的热量，进而降低机组能耗。烟温降低越多，烟气需要加热的幅度也越小，环境温度越低时这种趋势就越明显。

与烟气加热技术相比，烟气冷凝再热技术在投资和能耗上优势较明显。一些学者经过方案对比分析发现，环境温度为5℃（相对湿度约76%）左右时，烟气冷凝再热技术与常规烟气加热技术投资费用相当，但是能耗和运行费用大大降低。当环境温度更低时，投资和能耗的优势会更加明显。因此，该技术适合在北方地区推广，优势明显，在中部地区也可优先推荐，在南方地区经济上没有明显优势。

表7-2总结了各种白色烟羽治理技术的特点。

表 7-2　白色烟羽治理技术对比

治理技术		特点	
烟气加热技术	回转式 GGH	容易造成换热器的堵塞、腐蚀和结垢等，严重时会引起跳机，目前国内已逐步淘汰	在环境温度较高时，基本可以消除白色烟羽，但当环境温度较低时（低于15℃），湿烟羽仍然存在，因此，烟气加热技术不适用于我国寒冷北方地区
	管式 GGH	有效解决了回转式 GGH 腐蚀、泄漏等问题，但应用案例较少	
	MGGH	可靠性高，湿烟羽治理效果明显，还可提高电除尘的除尘效率，对 SO_3 有协同脱除作用，减轻蓝色烟羽现象，是目前应用最为广泛的烟气加热技术	
	HGGH	传热性能优良，与 HGGH 相比，系统简单，初投资和运行费用更低，但应用案例也很少	
	蒸汽加热器	会造成锅炉热损失，降低锅炉热效率，煤耗增加	
	热二次风混合加热	布置简单、占地面积小、改造实施方便，但能耗比蒸汽加热器更高，而且二次风中含有的颗粒物混合到净烟气中可能导致无法满足超低排放要求的烟尘排放浓度	

续表

治理技术		特点	
烟气冷凝技术	表面式换热器	可将烟气凝结的水用于脱硫系统，有显著的节水效果，而且可协同脱除烟气中的细粉尘和可凝结颗粒物，但该技术降温幅度小，无法完全消除白色烟羽	可降低烟气的含湿量及对污染物有协同脱除作用，但该技术无法完全消除白色烟羽，需结合再热技术才能达到较好的效果
	浆液冷凝	换热效率高于表面式换热器，但会产生更多的脱硫废水，增加了废水处理成本	
	直接喷淋冷却	对烟气冷却效果最好，可协同脱除更多的污染物，但该技术的初投资较大	
烟气冷凝再热技术	不同的组合方式	兼具烟气加热和烟气冷凝的优点，烟气降温冷凝可实现节水功能，并协同脱除多种污染物，而且可显著降低烟气再热的热源消耗，该技术的适用范围最广	

7.3.2 蓝色烟羽的治理技术

由7.1.1.4节可知，蓝色烟羽主要是由于烟气中SO_3/H_2SO_4、NH_3气溶胶含量高而引起的，所以控制蓝色烟羽，最根本的是减少SO_3和NH_3等的排放。SO_3的控制，主要有两种途径，即控制SO_3的生成以及脱除烟气中的SO_3。对于前者，可以通过调整炉内燃烧和优化脱硝催化剂的方式控制SO_3的生成；对于后者，可利用现有的污染物脱除设备对SO_3进行协同脱除，也可在系统不同部位喷射碱性吸收剂，以及利用团聚脱除SO_3的相变凝聚技术和云除技术等。此外，7.3.1.3节中介绍的烟气冷凝再热技术对SO_3等可凝结颗粒物有很好的脱除效果，此处不再赘述。燃煤电厂烟气中的NH_3主要来自脱硝装置的氨逃逸，可通过燃烧调整、喷氨优化以及增加在线监测采样点等方式进行控制。在本书第3章和第4章已对SO_3和NH_3的控制方法进行了详尽的阐述，本节仅做简单介绍。

7.3.2.1 炉内控制技术

在燃烧过程中，煤中大部分硫均被氧化为气态SO_2，少部分的SO_2(大约0.5%～2%）会被进一步氧化为SO_3。炉内SO_3的生成与煤中硫分、燃烧温度、氧量等因素有关，因此，为控制炉内SO_3的生成，需从这几个方面着手。燃用低硫煤或者在煤中掺烧低硫煤可以显著降低燃烧过程中SO_3的生成量，但受到地域、成本等限制，该方法具有局限性。美国电力科学研究院利用数值模拟和实验对SO_3的生成进行研究时发现，氧量从3.5%降到2.1%时，SO_3浓度降低了3mg/L；炉膛吹扫后可降低SO_3的生成量；降低对流通道进口区管壁平均积灰厚度，可降低飞灰层自由表面的温度，从而降低由飞灰催化形成的SO_3的含量。

7.3.2.2 优化脱硝催化剂

SCR脱硝工艺使用的催化剂主要活性成分是V_2O_5，在V_2O_5的催化作用下，部分

SO_2 被氧化为 SO_3，而作为添加剂的 WO_3 有助于抑制 SO_3 的生成。因此，可通过改变催化的活性成分和添加剂的选择，开发新型催化剂，降低 SO_2 的氧化率。此外，影响 SO_2 氧化的因素还有催化剂的结构、层数以及脱硝运行工况等。Soh 和 Nam 研究表明，催化剂的比表面积、孔径和 V_2O_5 的含量等对 SO_2 的氧化有较大影响。Schwämmle 等也研究了催化剂几何参数对 SO_2 氧化的影响，结果表明 SO_2 转化率与催化剂壁厚线性正相关。Forzatti 等指出，随着催化剂使用时间的增加，SO_2 转化率也会增大。此外，低负荷下会加快 SO_2 的氧化；烟气每通过一层催化剂，SO_2 的转化率会增加 0.2%～0.8%。

7.3.2.3 现有污染物脱除设备对 SO_3 的协同脱除

（1）低低温电除尘器协同脱除

传统的静电除尘器具有很高的除尘效率，可以达到 99%以上，但其对 1μm 以下的亚微米颗粒的脱除效果不佳。7.3.1.1 节中指出，低低温电除尘技术是在电除尘前布置换热装置，将除尘器入口烟气温度降低到 90～100℃，即低于酸露点温度，此时 SO_3 会冷凝为 H_2SO_4 雾，并附着于粉尘颗粒表面，可降低粉尘的比电阻，从而提高除尘效率。

胡斌等基于燃煤热态试验系统研究了低低温电除尘器对细颗粒和 SO_3 的协同脱除作用，结果表明，颗粒在低低温电除尘内会凝结长大，出口颗粒物的粒径高于传统电除尘，入口烟温适当降低，可增强细颗粒和 SO_3 的脱除率，SO_3 脱除率为 80%以上。林翔对改造后的低低温电除尘器的除尘效率和多污染物协同脱除效果进行了现场测试，结果表明，改造后出口粉尘平均浓度降低了 67.1%，SO_3 脱除率达到 88.114%，总汞和 $PM_{2.5}$ 的脱除率分别为 40%和 99.8%。曹御风等在对 660MW 机组进行研究时发现，低低温电除尘的飞灰比电阻较传统电除尘降低了 1 个数量级，烟尘排放浓度下降一半，SO_3 脱除率达到了 96.6%。刘含笑等指出，低低温电除尘器可大幅度减小飞灰比电阻、提高起晕电压和击穿电压、增大除尘器入口飞灰粒径、降低烟气流速和烟气量，SO_3 脱除率可达到 90%以上。

虽然低低温电除尘技术对 SO_3 的脱除效率较高，但当除尘器入口烟温降到酸露点以下时，会增加除尘器本体及下游设备被硫酸雾滴腐蚀的风险，这与灰硫比等因素有关。陆军等在 600MW 高硫煤机组上进行了低低温除尘器对 SO_3 的协同脱除试验，结果表明，低低温电除尘器对燃烧高硫煤（收到基硫分 2.93%）条件下的 SO_3 协同脱除效果显著，脱除效率为 70.9%～91.9%，在烟尘浓度足够大时，降低灰硫比，SO_3 的脱除率增加。

（2）湿法脱硫协同脱除

湿法脱硫特别是石灰石-石膏法脱硫是目前燃煤电厂应用最广泛的脱硫技术，其对 SO_2 的脱除效率可以达到 99%以上，但其对 SO_3 的捕集能力有限。原因是烟气在进入脱硫吸收塔后，经浆液洗涤，烟气温度迅速降低，低于酸露点，SO_3 会以均相成核和异相成核的方式冷凝为 H_2SO_4 雾滴，其粒径小于 0.1μm，极易随烟气绕过浆液颗粒，所以 SO_3 的脱除效果较差。

莫华等针对 5 种不同湿法脱硫技术对 SO_3 的协同脱除效果进行了评价，通过现场实测，他们发现，不同技术对 SO_3 的协同脱除效率由高到低依次为：旋汇耦合、双托盘、单托盘、海水法脱硫和空塔，脱除效率分别为86%、75%、60%、40%和18%。原因是由于其他技术比传统的空塔脱硫技术有更强的气液传质效果。需要指出的是，文章所研究的不同电厂脱硫入口 SO_3 浓度差别较大，如空塔脱硫技术（3～4mg/m^3）和海水法脱硫（7～9mg/m^3）的入口 SO_3 浓度较小，而单托盘（90～170mg/m^3）和旋汇耦合技术（106～114mg/m^3）的入口 SO_3 浓度很大，这可能也是造成不同技术对 SO_3 的脱除效果差异大的原因之一。

潘丹萍等通过试验研究指出，石灰石-石膏法脱硫中的双托盘技术对 SO_3 的脱除效率为50%～65%，高于单托盘技术的30%～40%，这与莫华等的结论类似（脱除率有差别），湿式电除尘对 SO_3 的脱除效率为47.9%～52.4%，随着 SO_3 和烟尘浓度的提高，湿法脱硫和湿式电除尘对 SO_3 的脱除率均增加，为了控制 SO_3 的排放量，有必要在脱硫后增加湿式电除尘器。此外，他们通过在脱硫净烟气中添加蒸汽和湿空气，使 SO_3 酸雾凝结长大，从而提高 SO_3 的脱除效率。

（3）湿式电除尘器协同脱除

湿式电除尘器为高效除尘设备，对 SO_3、$PM_{2.5}$、Hg 等污染物均有很好的脱除效果。杜振等通过试验研究指出，低低温电除尘和湿式电除尘的 SO_3 脱除率分别为77.88%和80.57%。雒飞等发现湿式电除尘器对 SO_3 酸雾的脱除效率总体上在30%～60%之间，而且烟气中存在 SO_3 酸雾可增强湿式电除尘对细颗粒的脱除效果。Chang 等针对柔性纤维极板湿式电除尘器对 SO_3 的脱除性能进行了测试，结果表明，比收尘面积越大、酸雾粒径越大、进口酸雾浓度越高时，SO_3 的脱除效率越高，而且柔性纤维极板的性能优于导电玻璃钢极板。

虽然湿式电除尘器对 SO_3 有一定的脱除效果，但有学者研究表明，电晕放电使气溶胶荷电的除尘原理可能会导致一部分 SO_2 氧化为 SO_3。如 Mertens 等指出，在 SO_2 存在的条件下，湿式电除尘器会产生一定量的纳米级硫酸气溶胶，导致湿式电除尘器对 SO_3 酸雾的脱除效率大幅降低。Anderlohr 等研究发现，在湿式电除尘器运行时，烟气中 SO_2 可导致硫酸气溶胶的形成和排放，这是由于电晕放电的等离子体中产生的自由基将 SO_2 氧化生成了 SO_3。

在超低排放改造的背景下，大多数燃煤电厂均装设了上述多种污染物脱除设备，图7-11给出了现有污染物脱除设备对 SO_3 的协同脱除技术路线图。杨用龙等以8台超低排放燃煤机组为研究对象，针对5种典型的超低排放工艺组合的 SO_3 协同脱除性能进行了分析对比，结果如表7-3所示。可以看到，LNB+SCR+LLT-ESP+FGD+WESP 组合的 SO_3 脱除效率最高，对于不同机组，SO_3 总脱除效率在82.8%～94.1%之间。LNB+SCR+ESP+FGD（双塔）+WESP 组合的脱除效果也比较好，SO_3 总脱除效率亦可达75.2%。F、G、H 机组的 SO_3 总脱除效率小于0，表明烟囱入口的 SO_3 浓度高于 SCR 反应器入口浓度，即 SO_3 经 SCR 增量后，烟气中总 SO_3 超出了后续环保装置的处理能力。可以发现，与A、B、C、E 机组的主要区别是F、G、H 机组未装设低低温电除尘器和湿式电除尘器设备，而且D机组的 SO_3 总脱除效率仅有9.18%，该机组也未装设湿式电除尘器。对不同环保设备的 SO_3 脱除能力分析后也发现，低低温电除尘器和湿式电除尘器的脱除效果最好。此外，对比A、B机组可以发现，不同机组容量下，采用相同的超

低排放工艺对 SO_3 的脱除率相差不大，表明超低排放工艺 SO_3 脱除性能对燃煤机组装机容量变化适应性较强。

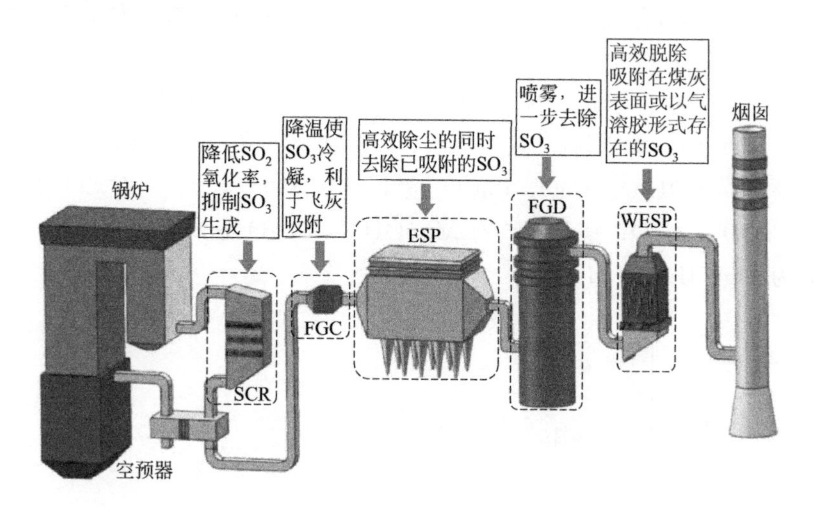

图 7-11　现有污染物脱除设备对 SO_3 的协同脱除技术路线图

表 7-3　不同超低排放工艺下 SO_3 的协同脱除效果

机组编号	装机容量/MW	超低排放工艺	SCR 入口 SO_3 浓度/(mg/m^3)	烟囱入口 SO_3 浓度/(mg/m^3)	SO_3 总脱除率/%
A	330	LNB+SCR+LLT-ESP+FGD+WESP	20.52	3.53	82.80
B	660	LNB+SCR+LLT-ESP+FGD+WESP	18.13	1.07	94.10
C	660	LNB+SCR+LLT-ESP+FGD+WESP	16.75	1.07	93.61
D	600	LNB+SCR+ESP+FGD	19.82	18.00	9.18
E	600	LNB+SCR+ESP+FGD(双塔)+WESP	33.14	8.22	75.20
F	660	LNB+SCR+RESP+FGD	16.61	16.68	−0.42
G	660	LNB+SCR+EFIP+FGD	34.55	40.88	−18.32
H	660	LNB+SCR+ESP+FGD	29.73	33.76	−13.56

注：低氮燃烧（low nitrogen combustion technology，LNB）；选择性催化还原脱硝（selective catalytic reduction，SCR）；电除尘器（electrostaticprecipitator，ESP）；低低温电除尘器（low-low temperature electrostatic precipitator，LLT-ESP）；电袋复合除尘器（electrostatic-fabric integrated precipitator，EFIP）；旋转电极电除尘器（rotary electrode electrostatic precipitator，RESP）；石灰石-石膏湿法烟气脱硫装置（wet flue gas desulphurization，FGD）；湿式电除尘器（wet electrostatic precipitator，WESP）。

7.3.2.4　喷射碱性吸收剂

上述可知，虽然现有的污染物脱除设备对 SO_3 有较好的协同脱除效果，但无法消除 SO_3 对 SCR 脱硝催化剂和空预器的危害。而且当燃用高硫煤时，现有的环保设备处理能力有限，需要开发新型的 SO_3 脱除技术。碱性吸收剂喷射技术是一种专用于脱除燃煤烟气中 SO_3 的新技术，在国外应用较多。近年来，国内神华、大唐集团等单位也开展了相关研究。根据喷射位置，碱性吸收剂喷射技术可分为炉内喷射和炉后喷射；根据吸收剂的物态，可分为干粉喷射和溶液喷射。

目前，用于脱除烟气中 SO_3 的碱性吸收剂有多种，根据化学反应的强弱及反应产物的稳定性，对 SO_3 的脱除能力由强到弱为钠基、钙基和镁基。钠基主要有 NaOH、$NaHCO_3$、Na_2CO_3、$NaHSO_3$、Na_2SO_3 等，NaOH 成本太高，不宜大量用于废气治理，$NaHCO_3$ 可在 100℃左右分解成 Na_2CO_3、CO_2、H_2O，增加了比表面积，反应速率也大幅提高，但当温度超过 180℃后会发生烧结，反应速率下降，与直接使用 Na_2CO_3 效果相当；钙基主要有 $Ca(OH)_2$、CaO、$CaCO_3$ 等，且在 300～400℃，对 SO_3 的脱除能力为 $Ca(OH)_2>CaCO_3>CaO$；镁基主要有 $Mg(OH)_2$、MgO 等，且在 350～400℃，对 SO_3 的脱除能力为 $Mg(OH)_2>MgO$。

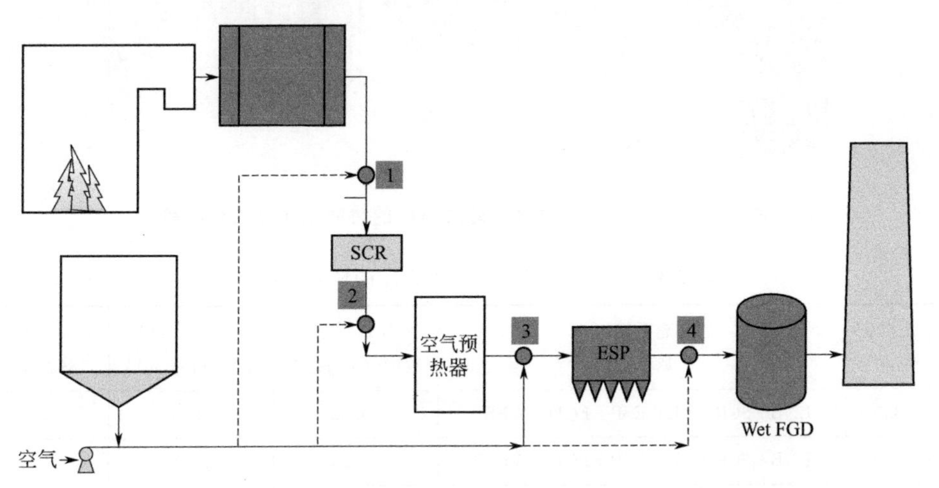

图 7-12　在烟道不同位置喷射碱性吸收剂对 SO_3 脱除的影响

楼清刚研究了向炉膛中添加 $CaCO_3$ 对 SO_3 生成的影响，结果表明：温度越高，钙硫比越大，生成的 SO_3 越少。虽然炉内喷射碱性吸收剂可减少 SO_3 在炉内的生成量，但该技术无法抑制 SO_2 在 SCR 催化剂作用下发生的氧化反应，因此炉内喷射无法从根本上解决 SO_3 的生成问题。为了更好地达到 SO_3 脱除效果，需从炉后喷射。Kong 和 Wood 探讨了在不同位置布置干式吸附剂注射系统对 SO_3 脱除的影响，如图 7-12 所示。位置 1 的最大优点是在进入 SCR 反应器前将炉内生成的 SO_3 进行脱除，减少催化剂表面硫酸氢铵的生成，防止堵塞催化剂；位置 2 可以减轻空预器的堵灰情况，但会降低烟气温度，减少锅炉的整体热效率；在不考虑空预器堵灰的情况下，位置 3 是脱除 SO_3 的最佳位置；当以浆液方式喷入时，也可考虑采用位置 4。

7.3.2.5　相变凝聚技术

7.3.1.2 节介绍的烟气冷凝技术是在脱硫后对烟气进行降温冷凝，实现降低含湿量和脱除可凝结颗粒物的目的。相变凝聚技术也是一种烟气冷凝方法，通过设计换热管束，使雾滴团聚长大更易于脱除。图 7-13 为相变凝聚技术的原理图。湿法脱硫出口的饱和湿烟气在降温过程中实现冷凝，且凝结过程属于非均相成核过程，会优先在酸雾气溶胶等细颗粒物表面核化、生长，促进细颗粒物的成长。在凝聚器内布置的多根换热管束，对流场起到扰流作用，颗粒物和液滴受到流场曳力、换热断面非均匀温度场的温度梯度力等多场力的作用，促使颗粒物间、液滴间及颗粒与液滴间发生碰撞。由于颗粒被液膜包裹，颗粒发生碰撞时，受液桥力的作用，团聚为大颗粒，继而被后续管壁上的自流液膜或高效除雾器脱除，从而实现脱除 SO_3＋除尘＋收水＋余热回收等多重功能。

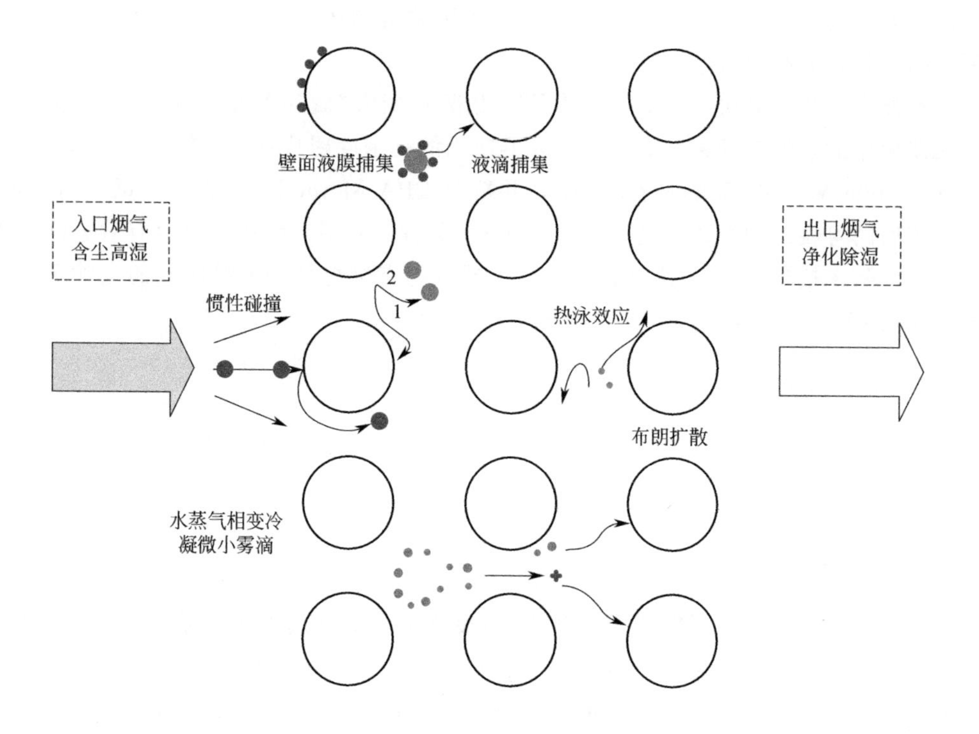

图 7-13　相变凝聚技术原理图

国电环境保护研究院开发的凝变除湿技术与此类似。他们开发的凝聚器＋湿式电除尘和凝聚器＋除雾器技术已分别在江苏省某电厂 630MW 燃煤机组和上海某电厂 1000MW 燃煤机组上投运。经验证：前者对烟气中 SO_3 的脱除效率为 90%，对溶解性盐的脱除率为 75%；后者对 SO_3 的脱除效率为 75.8%，对溶解性盐的脱除率为 65%。此外，凝变除湿技术对脱硫后饱和湿烟气的平均回收水量大于 4g/(kg・℃)，在烟气温度降低 1.5～5.3℃时，可回收烟气中 5%～20%的水分，有效节约水资源。由于显著减少水汽排放，可有效消除湿烟羽现象。

7.3.2.6　云除技术

云除技术是依据亚微米粒子在大气中的云内去除机理开发的去除可凝结颗粒物的技术，该技术充分利用了可凝结颗粒物的冷凝增长、碰并增长、黏性拖曳、热泳团聚等手段，由中国环境科学研究院环境技术工程有限公司开发。云除技术可高效去除凝结颗粒物、可溶性盐、水分等，对白色烟羽和蓝色烟羽的消除效果也较好。

云除系统主要包括热泳碰并器和水平除雾器，二者在净烟道内串联布置。利用热泳碰并器处理高湿度净烟气，其高密度翅片管结构有利于形成边界层，而且金属翅片导热性能强，作为冷却器，可在翅片表面与净烟气间形成较大的温度梯度，利用热泳力推动可凝结颗粒物向翅片表面沉降。此外，对高湿度净烟气进行降温，会导致水蒸气凝结，既可以在翅片表面与净烟气间形成蒸汽压梯度，产生蒸汽压梯度力，与热泳力结合，共同推动可凝结颗粒物向翅片表面沉降，同时又可在翅片管外表面形成冷凝水膜，沉降的可凝结颗粒物溶于水膜从而减少二次携带。净烟气通过热泳碰并器仍会形成一定量的液滴携带，逃逸液滴粒径较大（通常大于 20μm），可在后面的水平除雾器中被拦截，保证高湿度净烟气中的可凝结颗粒物的高效去除。

云除技术与相变凝聚技术类似，均是利用液滴的团聚脱除可凝结颗粒物，主要区别在于凝聚器使用的是换热管束，而热泳碰并器使用的是密度翅片管。目前云除技术已在陕西某发电厂 300MW 发电机组进行了试验，并按照 EPA Method 202 进行测试，结果表明，湿法脱硫后的可凝结颗粒物浓度在 20mg/Nm^3 左右，采用云除系统可以有效去除可凝结颗粒物，去除率接近 70%，其中对于可凝结颗粒物有机组分和无机组分的去除率分别约为 80%和 50%。

7.3.2.7 氨逃逸控制技术

燃煤电厂烟气中的 NH_3 主要来自脱硝装置的氨逃逸，氨逃逸与锅炉燃烧情况、SCR 反应器内流场分布、催化剂活性等有关。因此，控制氨逃逸可从以下几个方面开展。

(1) 锅炉燃烧控制

减小锅炉燃烧氧量，反应器入口 NO_x 浓度降低，氨逃逸也随之降低。在其他条件相同的情况下，运行下层磨煤机相当于延长了火焰长度，可以降低反应器入口 NO_x 浓度和氨逃逸。此外，向下摆动燃烧器摆角、增大一次风粉浓度和 SOFA 风量均可以降低反应器入口 NO_x 浓度，从而减小氨逃逸量。

(2) 流场优化

SCR 脱硝系统中的烟气流场非常复杂，流场分布不均匀现象较为严重，流场均匀是 NH_3 与 NO_x 充分反应的前提条件。在烟道内设置导流板可有效改善速度分层现象，并且在导流板后加装气流均布器，可以改善流场不均匀的状况。根据机组的具体情况，合理设置导流板的位置、数量、形式等，在改善流场的同时要尽可能低地增加系统压降。

(3) 喷氨优化

烟气流场的不均匀带来 NO_x 浓度分布的不均匀，根据 NO_x 浓度分布，通过对喷氨格栅进行优化调整，可改善氨氮摩尔比分布的均匀性。SCR 脱硝系统均设有喷氨格栅，每侧经一个母管上的多个支管喷入反应器的入口烟道中，每个支管均有蝶阀控制喷氨量，根据喷氨格栅截面内的 NO_x 浓度和流场分布情况对各支管阀门进行调整，保证良好的氨氮摩尔比分布，使各区域喷氨量与 NO_x 流场相匹配，提高脱硝效率，避免局部区域过量喷氨而导致逃逸氨偏高。

（4）保证催化剂的活性和清洁度

定期检测催化剂的活性，如活性不高，考虑更换催化剂或新增催化剂层。运行中要采取合理的吹灰制度，保证声波吹灰和蒸汽吹灰的有效投入，以消除烟气通过脱硝催化剂时遗留的粉尘，通过保持催化剂的清洁，以保证其活性，降低氨逃逸。

（5）测量仪表和测量方法的改进

采用原位光学法测量氨逃逸率时，应合理设置仪表的安装位置及激光对位，关注安装处结构变形、探头附近的水蒸气、吹扫空气对仪表的影响。定期对氨逃逸率测量仪表进行检查和校验，由飞灰中氨含量辅助推断氨逃逸状况，氨逃逸异常时应及时对仪表工作状态进行检查。由于烟道截面内氨的分布不均匀，应选择具有代表性的位置安装测点，或进行多点取样的方式。超低排放改造时，应按要求更换合适精度的仪表，或采用多点取样的方式，降低测量误差对氨逃逸控制准确度的不利影响。

7.4 有色烟羽的治理实例

7.4.1 河北某电厂烟气冷凝再热改造工程

河北某电厂总装机容量为4×330MW，其中一期工程2×330MW机组于1996年投产发电，二期工程2×330MW机组于2005年投产发电。四台锅炉均为北京巴布科克·威尔科克斯有限公司制造的1025t/h亚临界压力，一次中间再热，单汽包，自然循环，露天布置，单炉堂，平衡通风，固态排渣，煤粉锅炉。汽轮机为亚临界、中间再热、两缸两排气、抽汽、凝汽式汽轮机。每台机组配一个冷却塔，两台机组共用一根烟囱。一期工程于2007年加装了石灰石-石膏湿法脱硫装置，2012—2013年，完成两台机组烟气脱硝改造，并对两台机组除尘器进行提效改造，采用整体加高末级电场旋转电极技术。二期工程在建设初期就配套了石灰石-石膏湿法脱硫装置和四室四电场静电除尘器，并在2012—2013年，完成两台机组烟气脱硝改造，采用低氮燃烧＋SCR工艺。电厂在超低排放改造期间，由于拆除了GGH，烟囱采用湿烟气排放，烟囱出口处出现大量液态凝结水，形成了湿烟羽。2017年11月，衡水市环保局印发了治理湿烟羽的通知，对烟气的排放温度和相对湿度提出了具体要求，并要求深度治理后SO_3的排放浓度不高于$5mg/m^3$。

因此，电厂在2018年进行了有色烟羽治理改造，采用烟气冷凝再热技术。由于场地条件、烟风系统阻力和施工难度的限制，烟气冷凝一期工程采用浆液冷却技术，二期工程采用烟气冷凝器。烟气再热均采用MGGH技术。具体改造方案为：

① MGGH降温段布置在电除尘器入口，升温段布置在烟囱前烟道上。

② MGGH采用开式循环，来水取自机侧8号低加入口和7号低加出口，换热后的回水回至6号低加入口。

③ MGGH降温段回收烟气余热先用于加热湿除后湿烟气，然后加热一、二次风送风和凝结水。

④ 两台 MGGH 增压泵一用一备。

⑤ 一期浆液冷却器布置在二级塔顶层浆液循环泵管道上，材质为 2205。

⑥ 二期烟气冷凝器布置在二级吸收塔出口至湿除烟道上，材质为氟塑料。

⑦ 冷却水采用主机循环冷却水，设置三台循环水泵，两用一备。

其主要技术参数见表 7-4。

表 7-4 河北某电厂烟气冷凝再热改造技术参数

项目		单位	烟气参数
设计烟气参数			
烟气流量		$Nm^3/h(6\% O_2$,标干)	1088640
		Nm^3/h(实际 O_2,标湿)	1121251
		m^3/h(工况)	1806591
烟气含尘浓度		$g/Nm^3(6\% O_2$,标干)	40
烟气温度		℃	150
烟气含水量		%	6.6
干烟气含氧量		%	5.41
改造设计参数			
烟气冷却器	入口温度	℃	169/154(夏/冬)
	出口温度	℃	<95
	阻力	Pa	<600
烟气再热器	入口温度	℃	45/42(夏/冬)
	出口温度	℃	大于 58
	阻力	Pa	<300
一、二次暖风器	温升	℃	≥30
冷凝器	出口温度	℃	45/42(夏/冬)
	出口湿度	%	9.5/8.5(夏/冬)
SO_3		mg/Nm^3	<5

经改造后效果显著：

① 除尘器入口烟温降至 95℃左右，吸收塔入口烟温降至 100℃左右，初步核算节水约 50t/h。

② 冷凝后烟气温度低于 45℃，湿度 7%～9%之间。

③ 再热后烟气温度高于 58℃，烟气扩散效果增强。

④ SO_3 排放浓度基本上低于 $5mg/Nm^3$。

7.4.2 基于相变凝聚技术的改造实例

将基于相变凝聚技术的相变凝聚器（phase-change agglomerator，PCA）用于 1000MW 机组、600MW 机组和 280t/h 炉的污染物脱除，PCA 采用氟塑料管。三台机组/炉的 PCA 布置方式分别见图 7-14。1000MW 机组配套的 PCA 与除雾器一体化设计，将烟气温度从 50～57℃降至 45～52℃，设计降温幅度为 5℃；600MW 机组配套的 PCA 与湿式电除尘器一体化设计，将烟气温度从 50～57℃降至 48～55℃，设计降温幅度为 2℃；280t/h 炉配套的 PCA 与除雾器、烟气再热器一体化设计，将烟气温度从 54℃降至 51℃，设计降温幅度为 3℃，然后通过烟气再热器将烟气温度升至 80℃，其中烟气再热器还未安装。三台机组/炉的 PCA 设计参数见表 7-5。

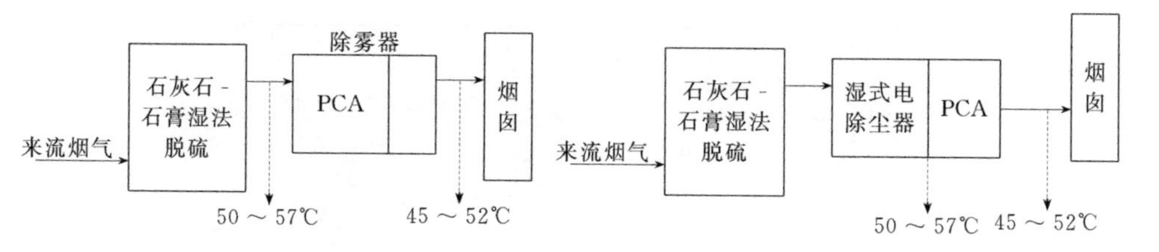

(a) 1000MW机组配套的PCA布置方式　　(b) 600MW机组配套的PCA布置方式

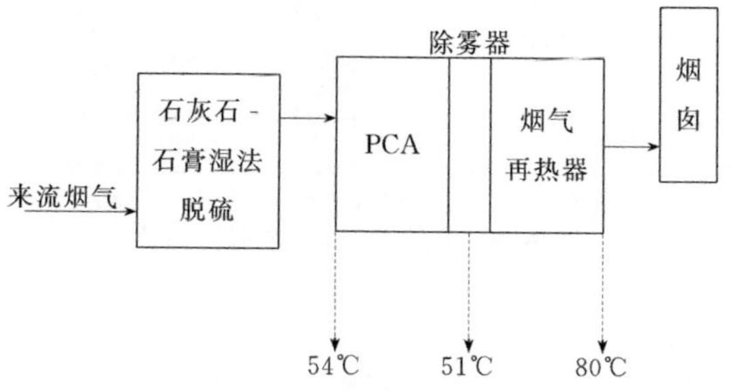

(c) 280t/h炉配套的PCA布置方式

图7-14　PCA布置方式

表7-5　三台机组/炉的PCA设计参数

项目	单位	1000MW机组	600MW机组	280t/h炉
入口烟气量	m^3/h	4030690	2780666	360000
入口烟气温度	℃	50～57	50～57	54
出口烟气温度	℃	45～52	48～55	51
设备阻力	Pa	≤200	≤100	≤300
冷却水量	t/h	3700	1000	约160
凝结水量	t/h	70	10～15	约4

PCA对SO_3脱除效果见图7-15，可以看到，280t/h炉在负荷为260t/h和200t/h的条件下，PCA对SO_3的脱除效率分别为19.3%和18.9%；600MW机组使用湿式电除尘器时SO_3的脱除效率为65%，PCA与湿式电除尘器耦合使用时，出口SO_3浓度为7.4mg/m^3，对SO_3的脱除效率达90%，较单独使用湿式电除尘器时提高了25%；1000MW机组使用除雾器时SO_3的脱除效率为54.5%，PCA与除雾器耦合使用时，SO_3排放浓度为1.6mg/m^3，对SO_3的脱除效率为75.8%，较单独使用除雾器时提高了21.3%。对于不同机组，SO_3的脱除效果差异较大，这与烟气中SO_3浓度值、降温幅度、除雾器除雾效果等多因素有关。整体来看，PCA对SO_3的脱除效率为20%左右，如再通过适度升温，可进一步减弱有色烟羽问题。此外，PCA对颗粒物也有比较好的脱除效果，总颗粒物脱除效率为35%～72%，$PM_{2.5}$脱除效率为29%～66%，具体脱除效率与入口颗粒物浓度有关。

7.4.3　某2×350MW机组冷凝再热改造工程

某电厂2×350MW机组开展了燃煤机组污染物NO_x排放≤10mg/m^3，SO_2排放≤10mg/m^3，烟尘排放≤1mg/m^{3}的超低排放改造示范工程，并于2019年1月完成湿烟羽

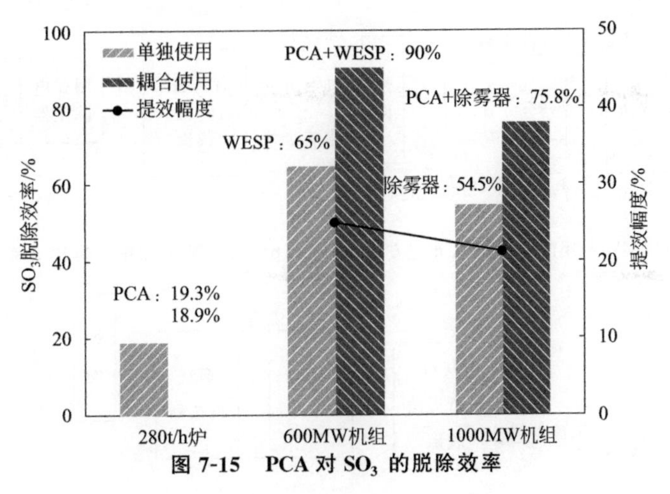

图 7-15　PCA 对 SO_3 的脱除效率

治理改造。

湿烟羽治理改造工程采用“烟气喷淋冷凝除湿＋兑风加热”的组合技术。本次改造将吸收塔中间部位增高，增加升气帽、填料层、喷淋层与除雾器，此外增加兑风换热器和水水板式换热器。兑风换热器主要是用于热二次风和空气换热，水板式换热器主要用于烟气冷凝水和海水循环水换热。“消白”流程为先降温，采用烟气冷凝水循环喷淋，与烟气直接接触进行冷凝除湿，喷淋后烟气冷凝水温度升高，冷凝水再与海水循环水进行换热降温，此过程烟气冷凝水不断析出，需不断排出，经处理后水质较高，可做多种用途。用热二次风与空气进行换热，换热后的热二次风进入送风机出口经空预器进行二次循环加热，烟气冷凝除湿之后与加热后的空气混合进行再升温，进而达到“消白”效果。

经改造后效果如下。

(1) 节水效果显著

喷淋冷凝换热方式使烟温降低，将烟气过饱和水汽析出形成凝结水，通过升气帽、集液槽实现凝结水的有效收集，实现节水功能，实际运行每台机组收水约 30～50t/h。凝结水经微孔过滤后，水质较好，经第三方权威检验机构对凝结水全要素化验分析，浊度为 1～2NTU，pH 值为 7 左右，硫酸盐 SO_4^{2-} 含量为 253mg/L，Cl^- 含量为 20.5mg/L，无重金属离子超标情况。此部分水完全可用作淡化水补水及工艺水补水，也可做绿化用水，节水效果明显，可实现脱硫系统零水耗，符合国家节能节水的政策要求。

(2) 实现多污染物的协同脱除

充分降低烟气中的烟尘、SO_2、Hg 等多种污染物排放浓度，且脱除效果显著，实现多污染物协同脱除。改造后烟气经过填料、除雾器与湿式除尘，可实现颗粒物达标排放，烟尘含量长期稳定在 1mg/m^3 以下。喷淋水中加入脱硫药剂可实现 SO_2 二次治理，即在不改变原有脱硫设施情况下实现二次脱硫，达到≤10mg/m^3 的排放指标。

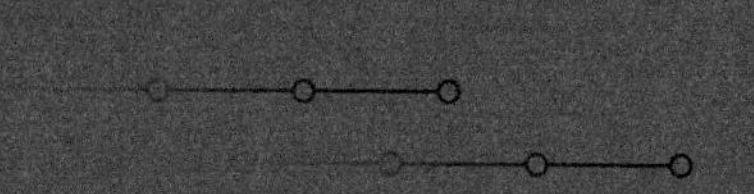

第8章 有色烟羽治理技术的后评价

8.1 有色烟羽治理后经济性分析

8.1.1 蓝色烟羽治理的经济性分析

蓝色烟羽主要是由于烟气中 SO_3 气溶胶或硫酸气溶胶浓度过高，而造成烟气呈现蓝烟的现象。

燃煤电厂中已经安装有低低温电除尘器、湿式电除尘器等装置的，SO_3 的排放浓度一般较低，不需要大规模改造。对于燃煤硫分高、缺少低低温电除尘器及湿式电除尘器等高效脱除 SO_3 装置的电厂，SO_3 排放浓度较高，根据实际情况，需要进行相对应的改造。改造的投资造价在 20～50 元/kW，见表 8-1。

表 8-1　协同脱除 SO_3 投资

技术方法	脱除效率/%	造价(元/kW)
低低温电除尘器	60～80	20～30
湿式电除尘器	30～80	50
凝变除尘装置	30～75	30
喷射碱性吸收剂	>90	30～40

对于 SO_3 排放浓度高的燃煤电厂，治理蓝色烟羽的经济效益体现在，治理后的烟气会减少对电厂炉后设备的腐蚀，减少对下游设备检修维护工作量。由于各燃煤电厂所用煤质不同、设备不同，治理蓝色烟羽所产生的经济效益也会有较大的差异。需要注意的是，蓝色烟羽的产生是由于烟气中 SO_3 浓度较高，采用烟气加热技术是无法治理蓝烟的，因为加热后的烟气温度远远低于硫酸的露点温度，SO_3 仍以硫酸气溶胶的形式存在。

8.1.2 白色烟羽治理的经济性分析

白色烟羽是由于烟气通过烟囱排入大气后，烟温迅速下降，烟气中的气态水凝结而产生的可见“烟羽现象”。由于凝结水中没有污染物，因此，白色烟羽中的污染物全部来源于燃煤电厂通过超低排放后的常规污染物，如 SO_2、NO_x 和烟尘（可过滤颗粒物），其污染物浓度非常小，对环境的影响可以忽略不计。所以，超低排放后的白色烟羽对环境几乎没有影响。

目前，根据白色烟羽形成原因及消除的基本原理，对白色烟羽治理技术主要有烟气再热、烟气冷凝和烟气冷凝再热复合3种技术，如图8-1所示。

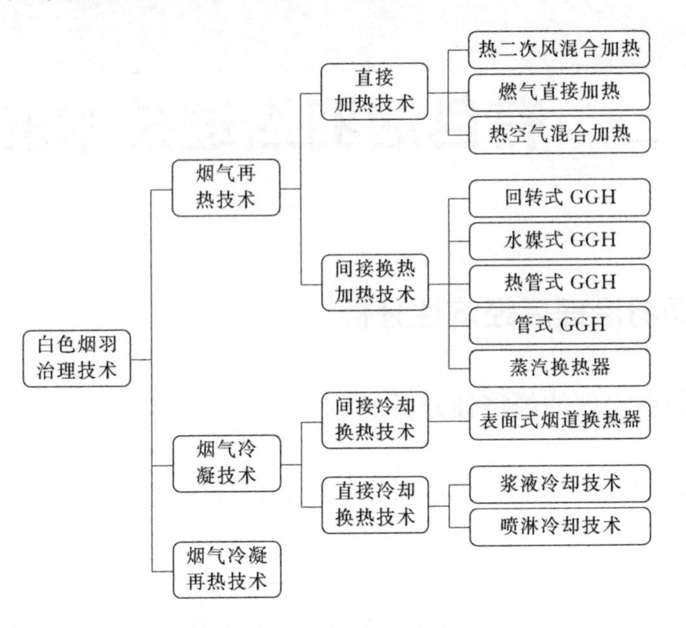

图8-1 白色烟羽治理技术分类

烟气再热技术就是对脱硫系统出口的湿饱和烟气进行加热，使烟气的相对湿度远离饱和湿度曲线。烟气再热技术可提升烟气的再热条件，实现脱白，但并不能减少污染物的总量，该技术受环境温度、湿度的影响较大。目前，烟气再热技术可分为两类：一类是烟气间接换热加热技术，如回转式GGH、管式GGH、MGGH、蒸汽换热等；另一类是烟气直接加热技术，如热二次风混合加热、燃气直接加热、热空气混合加热等。

烟气冷凝技术是对脱硫系统出口的烟气进行冷却，使烟气沿着饱和湿度曲线降温，在降温的过程中含湿量不断下降的过程。烟气冷凝技术可协同除去烟气中的烟尘、可溶性硫酸盐等污染物，可缓解烟羽现象，消除烟囱雨，但无法完全消除白烟。烟气冷凝技术可分为间接冷凝和直接冷凝。

烟气冷凝再热复合技术是烟气冷凝技术和烟气再热技术的有机结合，烟气通过冷凝降温后，烟气中的水汽凝结析出，通过除雾器等装置补集，烟气的含湿量明显降低，再通过烟气升温装置，烟气升温的幅度相比单纯的烟气再热技术显著减少，节约热源消耗。通过冷凝换热方式，使得烟气温度降低，烟气中的饱和水析出成为凝结水，可以实现节水的目的。由于冷凝装置与加热装置为两个独立的系统，因此可以根据燃煤电厂实际情况有针对性地选择各种方式的组合搭配。

由于目前国家、行业内还没有烟羽治理方面的设计技术规范和标准，燃煤电厂可根据当地政府的要求，从气候条件、污染物减排、设备运行情况、场地条件、机组负荷、冷源与热源的情况进行方案、技术、经济性的对比分析。下面以河北某燃煤电厂白色烟羽技术改造为例，对选出的烟气冷凝再热复合技术最佳方案进行经济性分析。

该燃煤电厂1号、2号机组装机容量为2×600MW，于2007年投产发电。两台机组已全面实现超低排放，主要环保设施：单塔双循环湿式脱硫系统、SCR（选择性催化还原法）脱硝装置、双室四电场静电除尘器、湿式电除尘器。项目所在地人口众多、环境污染压力较大。该电厂在实施超低排放改造中已拆除 GGH，采用湿烟气排放，烟囱出口存在湿烟羽现象。冷凝方案有两种：烟气冷凝换热技术和浆液冷却技术；烟气再热技术方案有：间接换热加热和混合加热两种。各个方案的经济性对比见表 8-2、表 8-3 所示。

表 8-2　烟气冷凝换热技术方案经济性对比

项目	方案一烟气冷凝换热技术		方案二浆液冷却技术
布置位置	脱硫塔与湿除之间	湿除与烟囱之间	脱硫塔浆液循环泵出口管道处
冷凝器进出口烟温/℃	50/45	50/45	—
浆液冷却前后烟温/℃	—	—	49.5/44.8
阻力/Pa	540	170	—
引风机增容	是	否	是
换热器材质	塑料	2205 双相不锈钢	2205 双相不锈钢
换热面积/m^2	10900	3960	1050
对水平衡的影响	不影响	不直接影响，凝结水考虑处理	影响水平衡，需增加水处理装置
投资/万元	1630＋900（含引风机扩容）	1600	1450
电耗/kW	1030	880	220
电费/(万元/年)	170	145	36

表 8-3　烟气再热技术方案经济性对比

项目		方案一蒸汽换热器加热	方案二烟气余热加热
布置位置		湿除与烟囱之间，金属换热器	冷却段：除尘器前水平烟道；加热段：湿除与烟囱之间
烟气参数	烟气量/(m^3/h)	2994522	2994522
	湿除出口加热前烟温/℃	45	45
	加热后烟温/℃	60	60
	烟气侧阻力/Pa	140	300＋140
	引风机增加电耗/kW	140	700
烟风系统	电费/万元	23	116
	引风机是否改造	不改造	扩容改造
	引风机改造费用	—	900
	蒸汽耗量/(t/h)	26	—
运维费用	蒸汽费用/万元	501	—
	循环泵电耗/kW	—	150
	运行费用/万元	524	124
投资	工程投资/万元	456	2600＋900

在烟气冷凝技术两个方案中，综合考虑投资与运维费用、占地面积、烟气系统阻力等

多种因素，决定采用方案二浆液冷凝技术。在烟气再热方案的对比中，方案一中新增烟气阻力不大，对烟风系统影响较小，引风机无须改造，总投资费用低，设备少，检修维护工作量小；方案二中新增烟风系统阻力大，引风机需要改造，投资费用高。从技术可行、投资费用低等实际因素，考虑最终决定采用蒸汽换热器加热技术。

烟羽治理改造工程的总成本费用由生产成本和财务费用构成。生产成本主要包括生产期间的物耗（蒸汽、电耗等）、修理费、固定资产折旧、人工及其他费用等。财务费用主要包括长期借款利息和流动资金借款利息等。根据前述设计方案，两台600MW机组工程造价主要包括浆液冷凝器工艺系统、蒸汽加热系统、电气系统、热控系统等。烟气治理改造工程成本估算如表8-4，图8-2所示。

表 8-4　烟气治理改造工程成本估算

序号	项目名称	数量	单价(元)	合计/万元	单位成本/[元/(kW·h)]	各项占总计/%
1	机组容量/MW	1200				
2	机组年运行小时数/h	5500				
3	项目总投资(含税)/万元			4996		
4	蒸汽费/万元	286000	35	1001	0.0015	66
5	电费/(kW·h)	3960000	0.3	119	0.0002	8
6	修理费/万元	4366	1%	44	0.0001	3
7	折旧费/万元	4366	20年残值为0	218	0.0003	14
8	财务费用/万元			69	0.0001	5
9	人工及其他费用/万元			60	0.0001	4

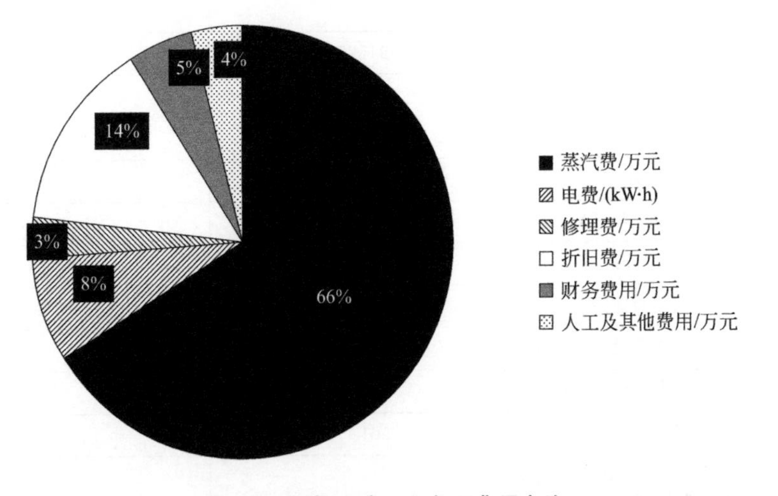

图 8-2　烟气改造工程各项费用占比

由上表可以得知，本次烟羽改造费用中，由于采用的是浆液冷凝换热技术与蒸汽换热器加热技术，所以蒸汽费占最大比例，其次是折旧费、电费。财务费用、人工费用及修理费共占总成本的 12%，本项目治理白色烟羽的总投资费用将近 5000 万元。因此，烟羽治理改造与初投资、运行小时数、预期发电量、成本电价、水价、消白系统运行和维护都有较大的影响。

8.2 有色烟羽治理后环境效益分析

8.2.1 蓝色烟羽环境效益

蓝色烟羽的出现是烟气中 SO_3 浓度高的体现，SO_3 在烟气中的浓度超过 35mg/m^3 以上，烟气就会呈现出蓝色，即蓝色烟羽现象。燃煤电厂中 SO_3 的来源一般有两个方面：一是在煤的燃烧过程中，煤中含有可燃性硫等，在锅炉炉膛中燃烧时生成 SO_2，部分 SO_2 进一步氧化成 SO_3；二是由于 SCR 中使用的钒类催化剂，对 SO_2 有强烈的催化氧化作用，烟气中部分 SO_2 会被氧化为 SO_3，增大了烟气中 SO_3 的生成量与排放量。由图 8-3 可知，酸露点与烟气中 SO_3 浓度呈正相关关系，即 SO_3 浓度越高，酸露点就越高，形成的硫酸气溶胶颗粒就越多，烟羽的长度也会越长，造成的蓝色烟羽现象就越严重。因此，消除蓝色烟羽，关键是减少烟气中 SO_3 的浓度。

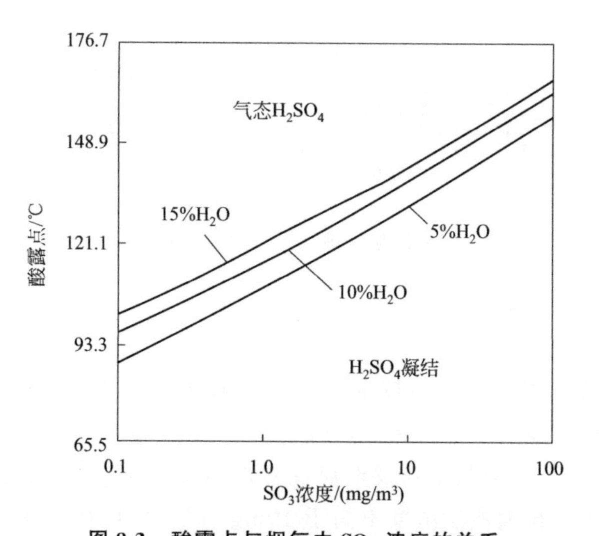

图 8-3　酸露点与烟气中 SO_3 浓度的关系

SO_3 在脱硫后的烟气中主要以硫酸雾的形式存在，出现蓝色烟羽时烟气中的 SO_3 浓度一般在 35mg/m^3 以上，通过治理可以下降到 3.6mg/m^3。这意味着以 SO_3 形式存在的硫酸雾浓度下降了 31.4mg/m^3，因其排入大气后会形成硫酸盐，所以硫酸盐颗粒物的浓度会远远超过超低排放颗粒物排放质量浓度 10mg/m^3 的要求，蓝色烟羽对环境空气中 $PM_{2.5}$ 的影响是较为明显的。因此，凡是有蓝色烟羽现象的电厂，应进行 SO_3 的深度减排；没有出现蓝色烟羽的电厂，也应对烟气中的 SO_3 进行监测，分析其对周围大气质量的影响。从国内外已有的经验来看，当 SO_3 的排放质量浓度小于 5mg/m^3 时，对环境空气质量的影响较小。

8.2.2 白色烟羽环境效益

8.2.2.1 节水效益

治理白色烟羽若采用烟气冷凝技术，随着烟温的降低，烟气中饱和含水量下降，析出的水量不断增多，回收的水可用作电厂的其他用途。图 8-4 中反映了饱和湿烟气排烟温度与节水量之间的关系。以 300MW 机组为例，当烟温为 60℃、55℃和 50℃时，烟温下降 1℃，节水量分别为 12.7t/h、9.4t/h、7.4t/h。如果按照烟温降低 5℃计算，烟温由 50℃降至 45℃，节水 31.6t/h。按照每吨水 2.65 元，运行时间 5000h 计算，每年节水的经济效益约为 4.19×10^5 元。

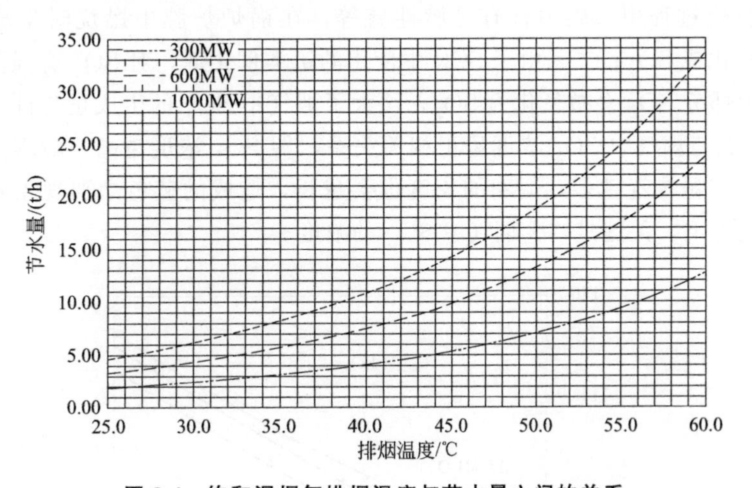

图 8-4 饱和湿烟气排烟温度与节水量之间的关系

8.2.2.2 在污染物减排方面

白色烟羽治理若采用直接加热技术，一般要求烟温达到 75～80℃之后再进行排放，但对于污染物的浓度并没有影响。相反，由于加热烟气而损失的热量，经过折算，每度电会增加煤耗量 2g。2017 年全国平均发电煤耗每度电 294.17g，按照超低排放电厂常规污染物限值的要求，烟尘排放质量浓度不高于 $10mg/m^3$、SO_2 排放质量浓度不高于 $35mg/m^3$、NO_x 排放质量浓度不高于 $50mg/m^3$，合计不大于 $95mg/m^3$。每度电增加煤耗量 2g，则相当于常规污染物排放量增加 $0.65mg/m^3$。可见，采用直接加热的方式消除白色烟羽，不仅没有减少污染物排放，反而会增加污染物排放。

白色烟羽治理若采用冷凝技术，冷凝技术对燃煤电厂常规污染物的浓度几乎没有影响，但此方法可有效捕集烟气中的硫酸雾和液滴中的溶解盐等，即可捕集可凝结颗粒物。湿烟气中的水分为液态水和气态水，只有液态水才会携带可溶性盐，而气态水也就是水蒸气，是不含可溶性盐的。根据实测和计算，满足超低排放要求的电厂，脱硫系统采用石灰石-石膏湿法脱硫，溶解盐的质量浓度小于 $1mg/m^3$。按 50%的去除效率计算，溶解盐仅降低 $0.5mg/m^3$，因此，其减排效果也很有限。

8.2.2.3　消除白色烟羽视觉效果

白色烟羽的存在主要会对视觉产生一定的影响，但其实白色烟羽本身对环境的影响不大。消除白色烟羽的视觉影响对于提高周边民众对环境改善的满意度具有一定的意义，也可以提高污染物的扩散效果。若采用烟气直接加热技术，其能耗较高；而烟气冷凝技术可减轻白色烟羽的视觉影响，但除非将烟气冷却到接近环境温度，否则仍无法彻底消除；较为成熟的技术路线是采用先冷凝析出饱和水蒸气，再进行小幅再加热的技术，可达到消除烟羽视觉影响的效果，并有效降低加热能耗。

2019 年 10 月生态环境部发布的《京津冀及周边地区 2019—2020 年秋冬季大气污染综合治理攻坚行动方案》中指出：对于稳定达到超低排放要求的电厂，不得强制要求治理白色烟羽。

对于已达到超低排放要求的燃煤电厂，治理白色烟羽的环境效益并不明显。加热技术还会增加污染物的排放，冷凝技术虽然可减少污染物的排放，但非常有限，对环境改善的贡献并不明显，而且会使边际成本明显增加，对于视觉影响来说，白色烟羽治理能收获的环境效益也较小。

8.3　有色烟羽管理现状和治理存在的不足

8.3.1　有色烟羽管理现状

目前，还没有任何一个国家对有色烟羽提出环保治理的要求，但在美国已经有 22 个洲对燃煤电厂烟气中 SO_3 浓度有限值要求，其中有 14 个洲要求 SO_3 浓度小于 $6mg/m^3$；德国虽然没有明确烟气中 SO_3 浓度的限值，但综合指标要求 SO_2 与 SO_3 浓度排放不得超过 $50mg/m^3$；日本则是将 SO_3/H_2SO_4 纳入颗粒物限值中。对我国来说，2017 年开始，越来越多的省份出台相应的政策及当地标准，见表 8-5，在燃煤电厂中广泛运用低低温电除尘器、复合式脱硫塔、湿式电除尘器等，对 SO_3 的协同治理有一定的效果。另外，江苏省徐州市和连云港市、山西省临汾市、大同市、浙江省绍兴市等地提出了燃煤电厂有色烟羽的相关政策要求。

表 8-5　部分省市有色烟羽治理政策要求

省市	文件名	时间	有关要求	治理方法
天津	《关于进一步加强我市火电、钢铁等重点行业大气污染深度治理有关工作的通知》	2017 年	本市行政辖区内的发电燃煤锅炉(已安装湿式电除尘设备的可除外)、供暖燃煤锅炉、工业燃煤锅炉、钢铁烧结机、垃圾焚烧炉等应采取烟温控制及其他有效措施消除石膏雨、有色烟羽等现象	采取相应技术降低烟气排放温度和含湿量，通过收集烟气中过饱和水蒸气中水分，减少烟气中可溶性盐、硫酸雾、有机物等可凝结颗粒物的排放
天津	《火电厂大气污染物排放标准》(DB 12/810—2018)	2018 年	4～10 月燃煤电厂锅炉烟气排放温度小于 48℃，11 月～次年 3 月小于 45℃	应采取相应技术降低烟气排放温度，通过收集烟气中液滴和饱和水蒸气中水分的方式，减少溶解性盐类和可凝结颗粒物的排放；采取相应技术降低烟气排放温度后，可利用余热或其他方式对烟气再加热

续表

省市	文件名	时间	有关要求	治理方法
河北	《河北省钢铁、焦化、燃煤电厂深度减排攻坚方案》	2018年	2018年全省城市主城区及环境空气敏感区具备改造条件的钢铁烧结(球团)、焦化、燃煤电厂锅炉等开展石膏雨和有色烟羽治理试点工程;2019年全省推进完成具备改造条件的60%以上治理任务;至2020年全省全部完成。烟温控制采取降温冷凝方法的,正常工况下,夏季(4~10月)冷凝后烟温达到48℃以下,烟气含湿量11.0%以下;冬季(11月~次年3月)冷凝后烟温达45℃以下,烟气含湿量9.5%以下	燃煤电厂应采取相应技术降低烟气排放温度和含湿量,通过收集烟气中过饱和水蒸气中水分,减少烟气中可溶性盐、硫酸雾、有机物等可凝结颗粒物的排放;鼓励燃煤发电企业利用回收余热或其他方式对烟气再加热,以提高排烟温度,抬升排烟高度,尽量减少石膏雨和有色烟羽
上海	《上海市燃煤电厂石膏雨和有色烟羽测试技术要求(试行)》	2017年	对燃煤电厂石膏雨、有色烟羽的测试程序、方法做了规定,提出采取烟气加热或烟气冷凝再热技术的燃煤电厂可免于测试,并要求安装摄像头监控烟囱烟羽并确保不见有色烟羽	采取烟气加热技术的,正常工况下排放烟温应持续稳定达到75℃以上,冬季(每年11月~次年2月)和重污染预警启动时排放烟温应持续稳定达到78℃以上;采取烟气冷凝再热技术且能达到消除石膏雨和白色烟羽同等效果的,正常工况下排放烟温必须持续稳定达到54℃以上,冬季和重污染预警启动时排放烟温应持续稳定达到56℃以上
浙江	《燃煤电厂大气污染物排放标准》(DB 33/2147—2018)	2018年	要求位于环境敏感区的燃煤电厂应采取烟温控制或其他有效措施消除石膏雨、有色烟羽等现象	与上海市类似

8.3.2 治理有色烟羽存在的不足

(1) 相关政策仍不足

2019年10月生态环境部发布了《京津冀及周边地区2019—2020年秋冬季大气污染综合治理攻坚行动方案（征求意见稿）》，其中指出：对于稳定达到超低排放要求的电厂，不得强制要求治理白色烟羽。这一政策的出台对于仅要消除烟羽视觉影响的燃煤电厂做出了限值，但对于以SO_3为主的可凝结颗粒物的治理政策并不明确。可凝结颗粒物浓度高、粒径小、危害大，是大气污染的重要贡献成分。由于其浓度较高，可凝结颗粒物的治理应该成为后超低时代重污染区域雾霾治理的工作重点之一。

(2) 有色烟羽的治理应因厂治宜

有色烟羽的治理应根据各燃煤电厂采用环保技术的不同而有所不同。如采用海水脱硫的燃煤电厂，排烟温度一般在30℃左右，按美国EPA要求不必考虑烟气中可凝结颗粒物，除非环境温度足够低，一般难见有色烟羽。因此，海水脱硫的燃煤电厂开展有色烟羽治理和观测有待商榷；对于采用烟塔合一排放烟气的燃煤电厂，燃煤烟气与冷却塔水汽混合排放，目前如何有效开展有色烟羽治理和观测也仍待解决。

(3) 排放要求和监测方法缺失

在我国所有地方政府出台的烟气深度治理政策文件中，尽管表述各不相同，但基本上均提及对可凝结颗粒物的控制。除衡水市明确要求烟气中 SO_3 不高于 $5mg/m^3$ 外，其他地区所有文件中均未明确污染物的排放控制要求，更无监测方法的相关要求。如前文所述，我国目前在国家层面暂无针对燃煤电厂 SO_3 排放的监测方法标准，各单位开展的监测基本上属于研究性监测，对于监测标准、监测方法、监测对象尚未统一。

(4) 现有设施对 SO_3 协同治理不够充分

燃煤电厂对 SO_3 的治理源于 2000 年的美国 Gavin 电厂，该厂在加装 SCR 烟气脱硝后，出现了“蓝烟”现象。增加了脱硝设施 SCR 后，烟气中的 SO_3 浓度增加，湿烟气中的 SO_3 以亚微米粒径的硫酸气溶胶形式存在，其粒径越小，短波长的散射就越强，所以烟羽会呈现出蓝色。为了有效控制蓝色烟羽，湿式电除尘器在美国燃煤电厂得到有效应用。低低温电除尘器、湿式电除尘器、电袋复合除尘器和湿法烟气脱硫这些环保设施均对 SO_3 具有明显协同减排效果，但只有以硫酸小液滴形式存在的 SO_3，才易被这些设施协同脱除。因此，低低温电除尘器必须运行在酸露点温度以下，其协同脱除效果才会明显，脱除效率可以达到 80%以上。实际上，现在有不少电厂的低低温电除尘器运行在酸露点温度以上，对 SO_3 的脱除效率普遍偏低。湿式电除尘器、湿法脱硫对 SO_3 的脱除效果与硫酸小液滴的大小及烟气流速密切相关，脱除效率与工艺及参数密切相关，不同工艺的石灰石-石膏湿法脱硫对 SO_3 的协同脱除效率可从 16.3%变化到 86.9%。下面以某电厂金属极板式湿式电除尘器为研究对象，考察其对 SO_3 的协同治理效果。通过调整湿法脱硫喷淋层运行方式，改变湿式电除尘器入口工况条件，对湿式电除尘器脱除 SO_3 的特性进行测试。测试结果如表 8-6 所示。机组负荷分别稳定在 240MW 和 274MW，一级脱硫塔分别投运 3 层和 2 层，测定湿式电除尘器进出口的烟气流量、烟气温度、SO_3 浓度及脱除效率。测点布置在湿式电除尘器的进出口，进口断面选择在与进口喇叭型烟箱小口相接的垂直管段上，出口测试断面选择在与出口喇叭型烟箱小口相接的水平直管段上，采样方法采用控制冷凝法。

表 8-6　湿式电除尘器进出口 SO_3 浓度及脱除效率

机组负荷/MW	240	274
工况烟气流量/(m^3/h)	1.12×10^6	1.43×10^6
进口 SO_3 浓度(标干,6% O_2)/(mg/m^3)	0.88	1.06
出口 SO_3 浓度(标干,6% O_2)/(mg/m^3)	0.50	0.55
SO_3 脱除率/%	43.18	48.11

由表 8-6 可以看出，机组负荷从 240MW 变化到 274MW 时，烟气流量增加，一级脱硫塔由 3 层喷淋变为 2 层喷淋，湿式除尘器的进口与出口 SO_3 浓度从 $088mg/m^3$ 变化为 $1.06mg/m^3$，出口 SO_3 浓度从 $0.50mg/m^3$ 变化为 $0.55mg/m^3$，脱硫效率由 43.18%上

升到48.11%。从测试数据中可以看到，此湿式电除尘器对SO_3脱除率并不高，维持在40%左右。这主要是由于湿式电除尘器中SO_3酸雾大多以亚微米甚至小于0.1μm的细小雾滴形式存在，而对于细小微粒的颗粒，电场荷电作用不明显，在0.1～1.0μm粒径段，属于较难荷电区域。另外，小颗粒质量较轻，所受电场力较小，热泳力也会大幅影响脱除效率。

8.4 有色烟羽治理建议

8.4.1 技术角度建议

① 建议国家尽快针对我国燃煤电厂的湿烟气特点，抓紧研究湿烟气中SO_3和可凝结颗粒物的赋存形式、监测方法与控制技术，并进行工程示范；

② 系统研究超低排放条件下，现有烟气治理设施对烟气中SO_3和可凝结颗粒物的协同脱除效果与影响因素，厘清不同治理设施对SO_3和可凝结颗粒物的脱除机理；

③ 建议结合不同燃煤电厂实际情况（煤质、烟气治理技术、所在区域环境质量等情况），分门别类、因厂制宜、有的放矢地研究制定SO_3管理政策，提高政策的科学性、实效性，避免一刀切现象；

④ 深入研究湿烟气条件下，有色烟羽的成分、成因、物理特性、扩散规律及其环境影响。

8.4.2 管理角度建议

① 尽管《燃煤电厂超低排放烟气治理工程技术规范》（HJ 2053—2018）明确了燃煤电厂排放颗粒物的组成为可过滤颗粒物（FPM）、可凝结颗粒物（CPM）和溶解性固形物，但我国目前对可凝结颗粒物（CPM）的测试标准体系不完善。建议国家尽快明确烟气中SO_3和可凝结颗粒物的定义，出台固定污染源烟气中SO_3和可凝结颗粒物的监测方法标准，以示范工程测试为基础，建立较准确的排放源清单，明确燃煤电厂以及如钢铁、焦化、化工等其他行业所排放SO_3的影响范围和影响程度，以此为国家层面出台相关政策并考虑实施路线图和时间表提供科学技术支撑。

② 修订《火电厂大气污染物排放标准》（GB 13223—2011），增加SO_3的排放标准限值；地方政府依法出台相关的政策与标准，对烟气进行治理时必须明确具体的污染物及其治理要求、监控方法。

③ 根据中国环境空气质量现状，有区域、有条件、有层次地开展燃煤电厂SO_3治理工作，并进一步向钢铁、焦化、化工等行业共享和延伸。

参考文献

[1] 张伟，张杰，汪峰，等．京津冀工业源大气污染排放空间集聚特征分析［J］．城市发展研究，2017，24（9）．

[2] 朱逸文．推进京津冀节能环保服务业发展的财税金融研究［J］．中国软科学，2015（7）．

[3] 贾建增．京津两地开展技术项目对接促进节能环保产业深度合作［J］．节能与环保，2015（5）．

[4] 《国家环境保护“十二五”规划》，国发［2011］42号．

[5] 《内蒙古自治区环境保护“十二五”规划》，内政办发［2011］122号．

[6] 李建新．燃烧污染物控制技术［M］．北京：中国电力出版社，2013.

[7] 徐明厚，于敦喜，刘小伟．燃煤可吸入颗粒物的形成与排放［M］．北京：科学出版社，2009.

[8] 中国环境保护产业协会电除尘委员会．燃煤电厂烟气超低排放技术［M］．北京：中国电力出版社，2015.

[9] 柴发合，友国瑞．空气污染和气候变化：同源与协同［M］．北京：中国环境出版社，2014.

[10] 刘许枫．燃煤机组烟尘超低排放改造建设与运行的比较研究［D］．西安：西北大学，2017.

[11] 李俊华，杨恂，常化振，等．烟气催化脱硝关键技术研发及应用［M］．北京：科学出版社，2015.

[12] 朱法华，王圣，赵国华，等．GB 13223—2011《火电厂大气污染物排放标准》分析与解读［M］．北京：中国电力出版社，2013.

[13] GB 13223—1996，火电厂大气污染物排放标准［S］．

[14] GB 13223—2003，火电厂大气污染物排放标准［S］．

[15] 《火电厂氮氧化物防治技术政策》，环发［2010］10号．

[16] 《关于推进大气污染联防联控工作改善区域空气质量的指导意见》，国办发［2010］33号．

[17] GB 13223—2011，火电厂大气污染物排放标准［S］．《节能减排“十二五”规划》，国发［2012］40号．

[18] 《大气污染防治行动计划》，国发［2013］37号．

[19] 《煤电节能减排升级与改造行动计划（2014—2020年）》的通知，发改能源［2014］2093号．

[20] 尚光旭，司传海，刘媛．“十三五”除尘脱硫脱硝行业政策导向及发展趋势［J］．中国环保产业，2016（10）：21-23.

[21] 《中华人民共和国国民经济和社会发展第十三个五年规划纲要》．

[22] 吕群．除尘对燃煤电厂超低排放工艺特性的影响［J］．中国环保产业，2019（1）：46-49.

[23] 中国电力企业联合会．中国电力行业年度发展报告［M］．北京：中国市场出版社，2013.

[24] 中国电力企业联合会．中国电力行业年度发展报告［M］．北京：中国市场出版社，2018.

[25] 朱林，刘建民，王圣，等．中国煤电行业大气污染控制及环保中长期战略研究［M］．北京：中国电力出版社，2015.

[26] 朱法华，许月阳，王圣．燃煤电厂超低排放技术重大进展回顾及应用效果分析［M］．环境保护，2016，44（6）：59-63.

[27] 郦建国，吴泉明，余顺利，等．燃煤电站电除尘器提效改造技术路线的选择［J］．中国环保产业，2013，3：58-62.

[28] 曾庭华，廖永进，袁永权，等．火电厂二氧化硫超低排放技术及应用［M］．北京：中国电力出版社，2017.

[29] 苗强．脱硝技术的现状及展望［J］．洁净煤技术，2017，23（2）：12-19.

[30] 李兰新．燃煤硫氧化物排放及环境影响［J］．煤炭与化工，2018，41（4）：128-130.

[31] 顾永正，王树民．燃煤电站脱硝系统氨逃逸及其衍生细颗粒物排放特征综述［J］．现代化工，2017，37（12）：19-23.

[32] 赵晨旭，徐鹏，渗雅君，等．气态活性氮排放的环境影响研究进展［J］．环境污染与防治，2017，39（5）：569-573.

[33] 高境，赵传峰，刘宇，等．有色烟羽分析及可凝结颗粒物管控技术综述［J］．2019，41（3）：6-10.

[34] 环境保护部．《重金属污染综合防治“十二五”规划》．

[35] 王圣．燃煤电力非传统大气污染物控制展望［J］．中国电力，2018，51（8）：173-179.

[36] 郭欣．煤燃烧过程中汞、砷、硒的排放与控制研究［D］．武汉：华中科技大学，2005.

[37] 李玲．燃煤烟气中汞脱除技术的研究进展［J］．西部皮革，2016，4：7-12.

[38] 杨利娴．我国工业源 VOCs 排放时空分布特征与控制策略研究［D］．杭州：浙江大学，2010.

[39] 刘宇，单广波，闫松，等．燃煤锅炉烟气中 SO_3 的生成、危害及控制技术研究进展［J］．环境工程，2016，11（3）：93-97.

[40] 刘含笑，陈招妹，王少权，等．燃煤电厂 SO_3 排放特征及其脱除技术［J］．环境工程学报，2019，13（5）：1128-1138.

[41] 钱翌，宋开慧，赵荣敏．氨气污染与 $PM_{2.5}$ 的关系研究进展［J］．环境工程，2018，36（5）：84-88.

[42] 邢志杰．氨排放控制对策研究［J］．绿色科技，2019，8：91-92.

[43] 杨朝飞，杜跃进．"治霾在行动"研究报告［M］．北京：中国环境出版社，2015.

[44] 陈建华，郑皓皓，葛宝珠，等．SO_2 削减对环境空气质量的影响与评价［M］．北京：化学工业出版社，2013.

[45] 裴冰．燃煤电厂可凝结颗粒物的测试与排放［J］．环境科学，2015，36（5）：1544-1549.

[46] 杨柳，张斌，王康慧，等．超低排放路线下燃煤烟气可凝结颗粒物在 WFGD、WESP 中的转化特性［J］．环境科学，2019，40（1）：121-125.

[47] 胡月琪，马召辉，冯亚君，等．北京市燃煤锅炉烟气中水溶性离子排放特征［J］．环境科学，2015，36（6）：1966-1974.

[48] 郑楚光，张军营，赵永椿，等．煤燃烧汞的排放及控制［M］．北京：科学出版社，2010.

[49] 吴福全，梁柱，王雅玲，等．全球大气汞排放清单研究现状［J］．环境监测管理与技术，2015，27（3）：18-21.

[50]《国务院办公厅转发环保部等部门关于加强重金属污染防治工作指导意见的通知》，国发办［2009］61 号．

[51]《关于推进大气污染联防联控工作改善区域空气质量的指导意见》，国发办［2010］33 号．

[52] 蔡同锋，时志强，刘宁凯，等．江苏省 300MW 以上燃煤电厂汞排放现状分析［J］．环境科技，2014，27（5）：5-11.

[53] 赵毅，薛方明，王涵，等．"十二五"期间中国燃煤电厂汞排放量估算［J］．中国电力，2014，47（2）：135-139.

[54] 田贺忠，曲益萍．中国燃煤大气砷排放及其污染控制［J］．中国电力，2008，41（12）：82-86.

[55] 席劲瑛，王灿，武俊良．工业源挥发性有机物（VOCs）排放特征与控制技术［M］．北京：中国环境出版社，2014.

[56] 赵毅，陶子晨，沈耀，等．燃煤电厂 SO_3 控制技术综述［J］．山东化工，2018，47（4）：151-153.

[57] 杜振，杨立强，魏宏鸽，等．低低温电除尘器对粉尘特性和 SO_3 脱除效果影响分析［J］．中国电力，2017，50（9）：125-128.

[58] 李欣怡，潘丹萍，胡斌，等．燃煤烟气中 SO_3 迁移转化特性及其控制的研究现状及展望［J］．化工进展，2018，37（12）：4887-4896.

[59] 雒飞，胡斌，吴昊，等．湿式电除尘对 $PM_{2.5}/SO_3$ 酸雾脱除特性的试验研究［J］．东南大学学报（自然科学版），2017，47（1）：91-97.

[60] 潘丹萍，吴昊，黄荣廷，等．石灰石-石膏法烟气脱硫过程中 SO_3 酸雾脱除特性［J］．东南大学学报（自然科学版），2016，46（2）：311-316.

[61] 舒喜，田原润，惠润堂，等．SO_3 在燃煤电厂各设备中形成和脱除现状研究［J］．环境科学与技术，2017，40（11）：121-126.

[62] 王述浩，李水清，段璐，等．相变凝聚器内蒸汽凝结与细颗粒团聚规律研究［J］．中国电机工程学报，2017，37（24）：7230-7236.

[63] 谭厚章，熊英莹，王毅斌，等．湿式相变凝聚器协同多污染物脱除研究［J］．中国电力，2017，50（2）：128-134.

[64] 姚宣，杨建辉，王洪亮，等．碱性吸收剂喷射脱除电厂烟气 SO_3 技术及理论模型［J］．中国电力，2018，51（4）：130-135.

[65] 胡东，王海刚，郭婷婷，等．燃煤电厂烟气 SO_3 控制技术的研究及进展［J］．科学技术与工程，2015，15（35）：92-99.

[66] 王艳，段学军．氨污染：被忽视的雾霾元凶［J］．生态经济，2017，33（6）：6-9.

[67] 韩娟娟，沈雷．流场模拟在脱硝系统超低排放中的应用 [J]．中国环保产业，2019，8：32-34.

[68] 游松林，罗洪辉，王振，等．燃煤电厂 SCR 脱硝系统氨逃逸率控制技术研究 [J]．华电技术，2019，41 (2)：55-59.

[69] 马立阁．燃煤电站烟气 SCR 脱硝控制系统改进 [J]．发电设备，2016，30 (3)：210-214.

[70] 朱法华，李军状，马修元，等．清洁煤电烟气中非常规污染物的排放与控制 [J]．电力科技与环保，2018，34 (1)：23-26.

[71] 朱法华，马修元．清洁煤电烟气中非常规污染物的排放与控制技术 [J]．中国环境科学学会学术年会论文集，2017：1499-1505.

[72] 杨丁，叶凯，郭俊．燃煤电厂烟气多污染物协同治理技术 [J]．中国环保产业，2016，7：55-60.

[73] 赵毅，聂国欣，贾里杨．燃煤电厂烟气脱汞技术的研究 [J]．华北电力大学学报，2019，46 (2)：103-110.

[74] 张丙凯，杨应举，陈晓毅，等．CeO_2-WO_3/TiO_2 催化剂对燃煤烟气汞的催化氧化 [J]．燃烧科学与技术，2015，21 (3)：236-240.

[75] 秦亚迪，王淑娟，禚玉群．改性 SCR 催化剂对燃煤电厂烟气中汞的催化氧化研究进展 [J]．环境工程技术学报，2018，8 (5)：539-545.

[76] 华晓宇，章良利，宋玉彩，等．燃煤机组超低排放改造对汞排放的影响 [J]．热能动力工程，2016，31 (7)：110-116.

[77] 张建星，邓双，姚福德，等．燃煤烟气中汞吸附技术的研发进展 [J]．环境科技，2013，26 (4)：46-54.

[78] 徐静颖，卓建坤，姚强．燃煤有机污染物生成排放特性与采样方法研究进展 [J]．化工学报，2019，70 (8)：2823-2834.

[79] 杨江毅，陆强．选择性脱除三氧化硫技术研究 [J]．环境工程，2019，37 (1)：106-112.

[80] 王宏亮，薛建明．燃煤电站锅炉烟气中 SO_3 的生成及控制 [J]．电力科技与环保，2014，30 (5)：17-20.

[81] 楼清刚．煤燃烧过程中 SO_3 生成的试验研究 [J]．能源与环境，2008，6：46-49.

[82] Srivastava R K，Miller C A，Erickson C，et al. Emissions of Sulfur Trioxide from Coal-Fired Power Plants [J]．Journal of the Air & Waste Management Association，2004，54 (6)：750-762.

[83] 赵瑞，刘毅，李延兵，等．浅谈燃煤电站 SO_3 检测方法及脱除策略 [J]．神华科技，2015，13 (5)：62-66.

[84] 陶雷行，翁杰，李晓峰，等．燃煤烟气超低排放全流程协同削减三氧化硫效果分析 [J]．中国电力．2018，51 (3)：177-183.

[85] 刘宇，单广波，闫松，等．燃煤锅炉烟气中 SO_3 的生成、危害及控制技术研究进展 [J]．大气污染防治，2016：93-97.

[86] 汪波，王瑀喆，李永华．烟燃煤电厂烟气中 SO_3 的测量与分析 [J]．东北电力技术，2017，38 (1)：47-49，57.

[87] 刘秀如，赵勇，孙漪清，等．燃煤电厂 SO_3 控制及脱除技术研究进展 [J]．电力科学与工程．2018. 34 (2)：56-61.

[88] 曾庭华，廖永进，易勇智，等．火电厂二氧化硫超低排放技术及应用 [M]．北京：中国电力出版社，2017.

[89] 刘亚明，束航，徐齐胜，等．SCR 脱硝过程中 SO_2 催化氧化的原红外研究 [J]．燃料化学学报，2015，43 (8)：1018-1024.

[90] 胡敏．催化裂化烟气 SO_3 排放问题分析与对策 [J]．炼油技术与工程，2016，46 (9)：1-7.

[91] 郭链，刘含笑，郦建国，等．固定源 SO_3 测试技术研究 [J]．中国环保产业，2016 (11)：42-43.

[92] 胡敏，郭宏昶，李宗余．催化裂化烟气蓝色烟羽形成原因分析与对策 [J]．炼油技术与工程，2015，45 (11)：7-12.

[93] 李彦，武彬，徐旭常．SO_2、SO_3 和 H_2O 对烟气露点温度影响的研究 [J]．环境科学学报，1997，17 (1)：126-130.

[94] 罗汉成，潘卫国，丁红蕾，等．燃煤锅炉烟气中 SO_3 的产生机理及其控制技术 [J]．锅炉技术，2015，46 (6)：69-72.

[95] 李俊华，杨恂，常化振，等．烟气催化脱硝关键技术研发及应用 [M]．北京：科学出版社，2015.

[96] 莫华，朱法华，王圣．火电行业大气污染物排放对 $PM_{2.5}$ 的贡献及减排对策 [J]．中国电力，2013，46 (8)：

1-6.
[97] 潘丹萍，吴昊，鲍晶晶，等．电厂湿法脱硫系统对烟气中细颗粒物及 SO_3 酸雾脱除作用研究 [J]．中国电机工程学报，2016，36 (16)：4356-4362.
[98] 陈焱，许月阳，薛建明．燃煤烟气中 SO_3 成因、影响及减排对策 [J]．电力科技与环保．2011，27 (3)：35-37.
[99] Moser R E. SO_3's impacts on plant O&M：Part I [EB/OL]．2006，150 (8)：40．http：//www.powermag.com.
[100] NERVERS N D. Air pollution control engineering [M]．2th ed. Beijing：McGraw Hill，2000：199.
[101] 胡宇峰，薛建明．燃煤电站烟气中 SO_3 对机组运行的影响及对策研究 [J]．电力科技与环保，2017，33 (1)：21-24.
[102] 马双忱，金鑫，孙云雪，等．SCR 烟气脱硝过程硫酸氢铵的生成机理与控制 [J]．热力发电，2010，39 (8)：12-17.
[103] 束航，张玉华，范红梅，等．SCR 脱硝中催化剂表面 NH_4HSO_4 生成及分解的原位红外研究 [J]．化工学报，2015，66 (11)：4460-4468.
[104] 齐立强，原永涛，史亚微．燃煤烟气中的 SO_3 对微细颗粒物电除尘特性的影响 [J]．动力工程学报，2011 (7)：539-543.
[105] 宋祖华．固定污染源废气中三氧化硫测试方法初探 [J]．环境监控与预警，2019，11 (2)：34-37.
[106] 肖雨亭，贾曼，徐莉，等．烟气中三氧化硫及硫酸雾滴的分析方法 [J]．环境科技，2012，25 (5)：43-48.
[107] 禾志强．火电厂大气污染物排放测试技术 [M]．北京：中国电力出版社，2017.
[108] 陆军，刘永强，周飞，等．高硫煤机组低低温省煤器 SO_3 协同脱除试验研究 [J]．热力发电，2016，45 (12)：30-36，55.
[109] 林翔．低低温电除尘器提效及多污染物协同治理探讨 [J] ．机电技术，2014 (3)：10-13.
[110] 胡斌，刘勇，任飞，等．低低温电除尘协同脱除细颗粒与 SO_3 实验研究 [J]．中国电机工程学报，2016，36 (16)：4319-4325.
[111] 张绪辉．低低温电除尘器对细颗粒物及三氧化硫的协同脱除研究 [D]．北京：清华大学，2015.
[112] 潘丹萍，吴昊，黄荣廷，等．石灰石-石膏法烟气脱硫过程中 SO_3 酸雾脱除特性 [J]．东南大学学报，2016，46 (2)：311-316.
[113] 莫华，朱杰，黄志杰，等．超低排放下不同湿法脱硫技术脱除 SO_3 效果测试与分析 [J]．中国电力，2017，50 (3)，46-50.
[114] 赵瑞，刘毅，李延兵，等．浅谈燃煤电站 SO_3 检测方法及脱除策略 [J]．神华科技，2015，13 (5)：62-66.
[115] 沈浩．湿式电除尘器用于控制燃煤烟气污染物的测评 [J]．电力与能源．2014，35 (1)：54-58.
[116] 徐勤云，吕志超，刘果．湿式电除尘在燃煤电厂的应用情况介绍 [J]．科研，2015 (1)：188.
[117] 闫君．湿式静电除雾器脱除烟气中酸雾的试验研究 [D]．济南：山东大学，2010.
[118] 高智溥，胡冬，张志刚，等．碱性吸附剂脱除 SO_3 技术在大型燃煤机组中的应用 [J]．中国电力．2017，50 (7)：102-108.
[119] 郭东明．微细颗粒物及痕量有害物质污染治理技术 [M]．北京：化学工业出版社，2018.
[120] 曾庭华，廖永进，袁永权，等．火电厂二氧化硫超低排放技术及应用 [M]．北京：中国电力出版社，2017.
[121] 胡冬，王海刚，郭婷婷，等．燃煤电厂烟气 SO_3 控制技术的研究及进展 [J]．科学技术与工程，2015，15 (35)：92-99.
[122] 刘洋，蒋妮娜，孔岩，等．燃煤电厂中 SO_3 控制技术试验研究 [J]．能源与环境，2018，6：85-86，89.
[123] 王宏亮，薛建明，许月阳，等．燃煤电站锅炉烟气中 SO_3 的生成及控制 [J]．电力科技与环保．2014，30 (5)：17-20.
[124] 郭彦鹏，狄华娟，潘丹萍，等．燃煤烟气中 SO_3 的形成及其控制措施 [J]．中国电力．2016，49 (8)：154-156，171.
[125] 李锋，於承志，张朋，等．低 SO_2 氧化率脱硝催化剂的开发 [J]．电力科技与环保，2010：26 (4)：18-21.
[126] 胡永峰，白永峰．SCR 法烟气脱硝技术在火电厂的应用 [J]．节能技术，2007，25 (2)：152-156.
[127] 朱繁，何洪，李坚，等．V_2O_5-MoO_3/TiO_2 催化剂的 NO_x 选择性催化还原及 SO_2 氧化活性 [J]．工业催化，

2012，20（9）：71-76.

[128] 常宇钰．Al_2O_3-TiO_2-ZrO_2 复合氧化物为载体的 SCR 脱硝催化剂的研究 [J]．重庆：重庆大学，2014.

[129] 谭青，冯雅晨．我国烟气脱硝行业现状与前景及 SCR 脱硝催化剂的研究进展 [J]．化工进展，2011，S30：709-713.

[130] 冯国华，刘含笑，颜士娟，等．氟塑料换热相变凝聚器技术及工程应用 [J]．聚焦大气污染防治，2018，(12)：41-44.

[131] 李欣怡，潘丹萍，胡斌，等．燃煤烟气中 SO_3 迁移转化特性及其控制的研究现状及展望 [J]．化工进展，2018，37（12）：4887-4896.

[132] 中国电力企业联合会．中国煤电清洁发展报告 [J]．中国电力企业管理，2017（19）：49-51.

[133] 裴冰．固定源排气中可凝结颗粒物排放与测试探讨 [J]．中国环境监测，2010，26（6）：9-12.

[134] 况世选，李桂喜．浅谈煤炭的生成及其主要元素成分 [J]．现代营销（下旬刊），2011（5）：177.

[135] 张雷．对固定污染源排气中颗粒物测定的思考——以可凝结颗粒物为例 [J]．科技信息，2012（18）：457-458.

[136] 江得厚，苏跃进．治霾当务之急是控制可凝结颗粒物的排放浓度 [J]．电力科技与环保，2018（4）：1-6.

[137] 林木松，李宇春，苏伟，等．火电厂燃煤重金属分布及其污染控制 [M]．北京：中国电力出版社，2015.

[138] 郑楚光，张军营、赵永春，等．煤燃烧汞的排放及控制 [M]．北京：科学出版社，2010.

[139] 李丽，唐念，张凯，等．燃煤电厂重金属排放与控制 [M]．北京：中国电力出版社，2018.

[140] 裴冰．燃煤电厂烟尘铅排放状况外场实测研究 [J]．环境科学学报，2013，33（6）：1697-1702.

[141] 高炜，支国瑞，薛志钢，等．1980—2007 年我国燃煤大气汞、铅、砷排放趋势分析 [J]．环境科学研究，2013，26（8）：822-828.

[142] Standard test tethod for elemental，oxidized，particle-bound，and todal mercury in flue gas generated from coal-fred stationary sources（Ontario Hydro Method）[S]．ASTM standard，2001.

[143] US EPA. Method 29-Determination of metals emissions from stationary sources [S]．40 CFR Part 61，Appendix B，U. S. Government Printing Office，Washington，DC，February，2000：1461-1531.

[144] US EPA. Method 101A-Determination of particulate and gaseous mercury emissions from sewagesludge incinerators [S]．40 CFR Part 61，Appendix B，U. S. Government Printing Office，Washington，DC，February，2000：1731-1754.

[145] US EPA. Method 30A-Determination of total vapor phase mercury emissions from stationary sources [EB/OL]．http：//www. Epa. Gov/ttn/emc/promgate/Meth30A.

[146] US EPA. Method 30B-Determination of total vapor phase mercury emissions from coal-fired combustion sources using carbon sorbent traos [EB/OL]．http：//www. Epa. Gov/ttn/emc/promgate/Meth30B.

[147] 许月阳，薛建明，王宏亮．燃煤烟气常规污染物净化设施协同控制汞的研究 [J]．中国电机工程学报，2014.

[148] 张鹏宇，曾汉才，张柳．活化处理的活性炭吸附汞的试验研究 [J]．电力科学与工程，2004.

[149] 张军营，任德贻，钟秦．固硫剂对煤燃烧过程中硒挥发性的抑制作用 [J]．环境科学，2001.

[150] 张智慧，胡俊玲．用固体吸附剂控制燃煤重金属排放及其对 SO_2，NO_x 的影响 [J]．燃料化学学报，1998.

[151] 张亮，禚玉群，杜雯，等．非碳基改性吸附剂汞脱除性能实验研究 [J]．中国电机工程学报，2010，17：27-34.

[152] 郝郑平，等．挥发性有机污染物排放控制过程、材料与技术 [M]．北京：科学出版社，2016.

[153] 叶代启．工业挥发性有机物的排放与控制 [M]．北京：科学出版社，2017.

[154] 许太明，陈刚，牛炳晔．等离子体与光催化复合空气净化技术研究 [J]．能源环境保护，2006.

[155] 王雪，张晓莉，王峰举．燃煤电厂烟气中的 VOCs 治理技术研究进展 [J]．科技论坛，2016.

[156] 张鹤清，胡洪营，席劲瑛．6 种挥发性有机物在甲苯驯化微生物中的好氧生物降解性能 [J]．环境科学，2003.

[157] 李国文，胡洪营，郝吉明．生物滴滤塔中挥发性有机物降解模型及应用 [J]．中国环境科学，2001.

[158] 於建明，沙昊雷，陈建孟．复合生物滤塔耦合处理含 H_2S 和 VOCs 废气研究 [J]．浙江工业大学学报，2008.

[159] 孙丽欣，王琨，李玉华．生物滴滤法处理油烟有机污染物 [J]．哈尔滨工业大学学报，2006.

[160] 姚增权，火电厂烟羽的传输与扩散 [M]．北京：中国电力出版社．2003.

[161] 刘志坦，惠润堂，杨爱勇，等．燃煤电厂湿烟羽成因及对策研究 [J]．环境与发展，2017，29 (10)：43-46.

[162] 高文翰，马锋，李海新．有色烟羽形成机理及治理技术综述 [C]．安徽：2018 中国环境科学学会科学技术年会，2018.

[163] 欧阳丽华，庄烨，刘科伟，等．燃煤电厂湿烟囱降雨成因分析 [J]．环境科学，2015，36 (06)：1975-1982.

[164] 周至祥．湿法 FGD 湿烟囱工艺的问题及对策 [J]．电力环境保护，2003 (01)：19-21.

[165] 姚增权．湿烟气的抬升与凝结 [J]．国际电力，2003，7 (01)：42-46.

[166] 莫华，朱杰．燃煤电厂有色烟羽治理要点分析与环境管理 [J]．中国电力，2019，52 (03)：10-15，35.

[167] 上海市环境保护局．燃煤电厂大气污染物排放标准，2016.

[168] 上海市环境保护局．上海市燃煤电厂石膏雨和有色烟羽测试技术要求（试行），2017.

[169] 上海市环境保护局．上海市燃煤发电机组环保排序办法，2017.

[170] 天津市环境保护局．关于进一步加强我市火电、钢铁等重点行业大气污染深度治理有关工作的通知，2017.

[171] 天津市环境保护局．火电厂大气污染物排放标准，2018.

[172] 山西省环境保护厅．燃煤电厂大气污染物排放标准，2018.

[173] 山西省人民政府．山西省打赢蓝天保卫战 2019 年行动计划，2019.

[174] 山西省临汾市大气污染防治行动指挥部．关于督促加快钢铁、焦化、燃煤电厂白色烟羽治理的通知，2018.

[175] 吕梁市人民政府．吕梁市打赢蓝天保卫战 2019 年行动计划，2019.

[176] 阳泉市市场监督管理局．阳泉市打赢蓝天保卫战 2019 年行动计划，2019.

[177] 运城市人民政府办公室．运城市打赢蓝天保卫战 2019 年工作计划，2019.

[178] 广东省环境保护厅．广东省打赢蓝天保卫战 2018 年工作方案，2018.

[179] 江西省人民政府．江西省打赢蓝天保卫战三年行动计划（2018－2020 年），2018.

[180] 河北省大气污染防治工作领导小组．河北省钢铁、焦化、燃煤电厂深度减排攻坚方案，2018.

[181] 石家庄市人民政府．石家庄市 2018 年大气污染综合治理工作方案，2018.

[182] 浙江省人民政府．燃煤电厂大气污染物排放标准，2018.

[183] 杭州市质量技术监督局．锅炉大气污染物排放标准，2018.

[184] 徐州市人民政府．关于加快推进全市燃煤发电企业烟气综合治理的通知，2018.

[185] 连云港市环境保护局．连云港市“打赢蓝天保卫战”2018 年工作计划的通知，2018.

[186] 陕西省生态环境厅．锅炉大气污染物排放标准，2018.

[187] 生态环境部．京津冀及周边地区 2019—2020 年秋冬季大气污染综合治理攻坚行动方案，2019.

[188] 张磊．湿法烟气脱硫系统 GGH 堵塞的原因分析及对策 [J]．甘肃冶金，2016，38 (01)：20-22.

[189] 陈建明．湿法烟气脱硫系统 GGH 腐蚀和结垢对策研究 [J]．电力科技与环保，2013，29 (03)：30-33.

[190] 苏鹏．烟羽综合治理及冷却喷淋装置数值模拟优化研究 [D]．北京：中国矿业大学，2019.

[191] 赵玉．三维肋片管式烟气换热器（GGH）在超低排放改造中的研究与实践 [J]．轻工科技，2019，35 (08)：81-83.

[192] 王键，傅钟泉，蒲良毅，等．燃煤锅炉脱硫装置新型烟气换热器设计及性能分析 [J]．热力发电，2009，38 (08)：10-13，51.

[193] 陈文理．MGGH 技术在 1000MW 机组中应用的技术、经济性分析 [J]．电力建设，2014，35 (05)：103-107.

[194] 胡斌，刘勇，任飞，等．低低温电除尘协同脱除细颗粒与 SO_3 实验研究 [J]．中国电机工程学报，2016，36 (16)：4319-4325，4514.

[195] Bäck A. Enhancing ESP efficiency for high resistivity fly ash by reducing the flue gas temperature [M]. Berlin：Springer Berlin Heidelberg，2009.

[196] 林翔．低低温电除尘器提效及多污染物协同治理探讨 [J]．机电技术，2014 (03)：10-13.

[197] 曹御风，姚宇平，刘含笑，等．低低温电除尘器粉尘及 SO_3 协同去除研究 [J]．中国电力，2017，50 (09)：121-124.

[198] 刘含笑，姚宇平，郦建国，等．低低温电除尘技术适用性及污染物减排特性研究 [J]．动力工程学报，2018，38 (08)：650-657.

[199] 蒋俊．低低温电除尘器的应用及其存在的问题［C］．安徽：第十五届中国电除尘学术会议．2013.

[200] 张锐，信丹丹，孙晓菲．热管技术在降低电站锅炉排烟温度中的应用［J］．电站系统工程，2011，27（03）：23-25.

[201] 马金祥，陈军．HGGH 技术在燃煤电厂烟羽治理中的应用［C］．上海：2017 燃煤电厂“石膏雨”、“有色烟羽”深度治理技术交流研讨会．2017.

[202] 张攀，范祥子．蒸汽加热法去除烟气白雾技术［J］．洁净煤技术，2018，24（04）：131-135.

[203] 倪迎春，张东平．热二次风加热脱硫后净烟气在 600MW 机组中的应用［J］．电力科学与工程，2013，29（08）：69-72.

[204] 李占元，孙月，杨建兴，等．国华台山电厂 600MW 机组加热脱硫后净烟气技术研究［J］．热力发电，2008（09）：51-52，55.

[205] 倪迎春．利电 8 号机组脱硫超低排放技术改造与运行实践［J］．电力科学与工程，2016，32（01）：17-22.

[206] 王春昌．掺二次热风加热脱硫出口净烟气技术的经济性［J］．中国电力，2012，45（01）：37-40.

[207] 田路泞，韩哲楠，董勇，等．燃煤电厂湿烟气余热及水分回收技术研究［J］．洁净煤技术，2017，23（05）：105-110.

[208] 舒喜，杨爱勇，叶毅科，等．冷凝再热复合技术应用于燃煤电厂湿烟羽治理的可行性分析［J］．环境工程，2017，35（12）：82-85，91.

[209] Offen G. Modeling of SO_3 formation process in coal-fired boilers［R］. EPRI Report，2007.

[210] 顾卫荣，周明吉，马薇，等．选择性催化还原脱硝催化剂的研究进展［J］．化工进展，2012，31（07）：1493-1500.

[211] Soh B W，Nam I S. Effect of support morphology on the sulfur tolerance of V_2O_5/Al_2O_3 catalyst for the reduction of NO by NH_3［J］. Industrial & Engineering Chemistry Research，2003，42（13）：2975-2986.

[212] Schwämmle T，Bertsche F，Hartung A，et al. Influence of geometrical parameters of honeycomb commercial SCR-$DeNO_x$-catalysts on $DeNO_x$-activity，mercury oxidation and SO_2/SO_3-conversion［J］. Chemical Engineering Journal，2013，222：274-281.

[213] Forzatti P，Nova I，Beretta A. Catalytic properties in $deNO_x$ and SO_2-SO_3 reactions［J］. Catalysis Today，2000，56（4）：431-441.

[214] 刘宇，单广波，闫松，等．燃煤锅炉烟气中 SO_3 的生成，危害及控制技术研究进展［J］．环境工程，2016，34（12）：93-97.

[215] 靳星．静电除尘器内细颗粒物脱除特性的技术基础研究［D］．北京：清华大学，2013.

[216] 陆军，刘永强，周飞，等．高硫煤机组低低温省煤器 SO_3 协同脱除试验研究［J］．热力发电，2016，45（12）：30-36，55.

[217] 莫华，朱杰，黄志杰，等．超低排放下不同湿法脱硫技术脱除 SO_3 效果测试与分析［J］．中国电力，2017，50（03）：46-50.

[218] Pan D，Yang L，Wu H，et al. Removal characteristics of sulfuric acid aerosols from coal-fired power plants［J］. Journal of the Air & Waste Management Association，2017，67（3）：352-357.

[219] 潘丹萍，吴昊，姜业正，等．应用水汽相变促进湿法脱硫净烟气中 $PM_{2.5}$ 和 SO_3 酸雾脱除的研究［J］．燃料化学学报，2016，44（01）：113-119.

[220] 杜振，杨立强，魏宏鸽，等．低低温电除尘器对粉尘特性和 SO_3 脱除效果影响分析［J］．中国电力，2017，50（09）：125-128.

[221] 雒飞，胡斌，吴昊，等．湿式电除尘对 $PM_{2.5}/SO_3$ 酸雾脱除特性的试验研究［J］．东南大学学报（自然科学版），2017，47（01）：91-97.

[222] Chang J，Dong Y，Wang Z，et al. Removal of sulfuric acid aerosol in a wet electrostatic precipitator with single terylene or polypropylene collection electrodes［J］. Journal of Aerosol Science，2011，42（8）：544-554.

[223] 李欣怡，潘丹萍，胡斌，等．燃煤烟气中 SO_3 迁移转化特性及其控制的研究现状及展望［J］．化工进展，2018，37（12）：4887-4896.

[224] Mertens J，Anderlohr C，Rogiers P，et al. A wet electrostatic precipitator（WESP）as countermeasure to mist

formation in amine based carbon capture [J] . International Journal of Greenhouse Gas Control, 2014, 31: 175-181.

[225] Anderlohr C, Brachert L, Mertens J, et al. Collection and generation of sulfuric acid aerosols in a wet electrostatic precipitator [J] . Aerosol Science and Technology, 2015, 49 (3): 144-151.

[226] 杨用龙，苏秋凤，张杨，等．燃煤电站典型超低排放工艺的 SO_3 脱除性能及排放特性 [J] ．中国电机工程学报，2019 (10)：2962-2970.

[227] Kong Y, Wood M. Dry injection of trona for SO_3 control [J] . Power, 2010, 154: 114.

[228] 朱法华，李军状，马修元，等．清洁煤电烟气中非常规污染物的排放与控制 [J] ．电力科技与环保，2018，34 (01)：23-26.

[229] Liu J, Zhu F, Ma X. Industrial application of a deep purification technology for flue gas involving phase-transition agglomeration and dehumidification [J] . Engineering, 2018, 4 (3): 416-420.

[230] 周作发．电厂锅炉脱硝系统氨逃逸危害、影响因素及运行调整 [J] ．变频器世界，2019 (06)：113-118.

[231] 游松林，罗洪辉，王振，等．燃煤电厂 SCR 脱硝系统氨逃逸率控制技术研究 [J] ．华电技术，2019，41 (02)：55-59.

[232] 周林海，刘含笑，蔡锡锋，等．PCA 的多污染物脱除性能研究 [J] ．冶金能源，2019，38 (04)：58-64.